现代电气控制技术应用实践

（第 2 版）

主　编　吕志香　　王树梅

副主编　陶　涛　　马小燕

主　审　王　斌

北京理工大学出版社

BEIJING INSTITUTE OF TECHNOLOGY PRESS

图书在版编目（ＣＩＰ）数据

现代电气控制技术应用实践／吕志香，王树梅主编
. — 2 版. -- 北京：北京理工大学出版社，2024.5
ISBN 978-7-5763-4068-6

Ⅰ. ①现… Ⅱ. ①吕… ②王… Ⅲ. ①电气控制-高
等职业教育-教材 Ⅳ. ①TM921.5

中国国家版本馆 CIP 数据核字（2024）第 106420 号

责任编辑：王玲玲　　文案编辑：王玲玲
责任校对：周瑞红　　责任印制：施胜娟

出版发行 / 北京理工大学出版社有限责任公司
社　　址 / 北京市丰台区四合庄路 6 号
邮　　编 / 100070
电　　话 / (010) 68914026（教材售后服务热线）
　　　　　　(010) 63726648（课件资源服务热线）
网　　址 / http://www.bitpress.com.cn

版 印 次 / 2024 年 5 月第 2 版第 1 次印刷
印　　刷 / 河北盛世彩捷印刷有限公司
开　　本 / 787 mm×1092 mm　1/16
印　　张 / 22.75
字　　数 / 504 千字
定　　价 / 89.00 元

图书出现印装质量问题，请拨打售后服务热线，负责调换

前　　言

　　高职教育的培养目标是"培养适应生产、建设、管理、服务第一线需要的高素质技能型人才"。为了适应高职高专人才培养方案的需求，编写具有高职特色的教材成为高等职业教育高水平建设的一项重要内容。

　　现代电气控制技术应用实践是一门工程性和实践性都很强的综合性课程，本教材减少理论内容，注重实践操作，将学生所学的常用电气控制技术、PLC控制技术、现场总线技术及先进组态技术等方面的内容进行综合应用，教材内容与学生就业、职业相联系，为电气、机电、机器人相关专业学生就业所需技术提供基础保障。

　　本教材内容以现代电气控制系统安装与调试技能大赛项目设备为基础，从学生比较熟悉的基础控制系统入手，过渡到综合运用的控制系统。案例中硬件接线与绘图由简到繁，控制要求由易到难，使学生的学习内容逐步加深，起到循序渐进的作用。

　　本教材分为基础篇、提高篇和拓展篇3个篇章共13个项目，基础篇由普通车床、电动葫芦、搅拌机、鼓风机及龙门刨床电气控制系统安装与调试5个基础项目组成，内容包括YL-158GA电气控制技术实训装置介绍，使用S7-300 PLC、S7-200 SMART对电机实现点动及连续、正/反转、星-三角、双速、变频控制及采用MCGS监控电机运行状态；提高篇由智能饲喂、标签打印、灌装贴标、立体仓库及混料罐电气控制系统安装与调试5个项目组成；拓展篇由仓库分拣、自动涂装及智能立体车库电气控制系统安装与调试组成。提高篇与拓展篇均为综合控制系统，内容包括S7-200 SMART、S7-300 PLC及MCGS控制器的组网、系统通信区设置、运动控制系统组态、电气控制系统程序设计及人机界面的设计。

　　本教材项目一由吕志香、黄昕立编写，项目八~项目十三由吕志香编写，项目二、项目六、项目七由王树梅编写，项目三、项目四由马小燕编写，项目五由陶涛编写。全书由吕志香、王树梅统稿，王斌主审。

　　在编写本教材过程中，编者参考了大量已经出版的教材及历年现代电气控制系统安装与调试赛项的国赛题库，在此向原作者及国赛题库专家表示感谢。另外，在编写本教材过程中，得到了扬州工业职业技术学院领导支持和现代电气控制系统安装与调试赛项团队师生的帮助，在此一并致谢。

　　由于时间仓促，限于作者水平，书中不妥之处在所难免，恳请读者原谅，并提出宝贵意见，谢谢！

编　者

目 录

基础篇

提高篇

基础篇

普通车床电气控制系统安装与调试

 **学习目标**

德育教育1
安全在我心中，
生命在我手中

①掌握普通车床电气控制系统原理图；
②能用 S7-200 SMART 控制车床点动和连续运行；
③能根据电气控制系统原理图进行车床点动和连续控制接线；
④能完成车床电气控制系统的运行和调试。

车床是主要用车刀对旋转的工件进行车削加工的机床。在车床上还可以用钻头、扩孔钻、铰刀、丝锥、板牙和滚花工具等进行相应的加工。车床的主要组成部件有主轴箱、交换齿轮箱、进给箱、丝杠、光杠、溜板箱、刀架、尾架、床身、床脚和冷却装置。

主轴箱：又称床头箱，它的主要任务是将主电机传来的旋转运动经过一系列的变速机构使主轴得到所需的正、反两种转向的不同转速。同时，主轴箱分出部分动力将运动传给进给箱。主轴箱中的主轴是车床的关键零件。主轴在轴承上运转的平稳性直接影响工件的加工质量，一旦主轴的旋转精度降低，则机床的使用价值就会降低。

进给箱：又称走刀箱，进给箱中装有进给运动的变速机构，调整其变速机构，可得到所需的进给量或螺距，通过光杠或丝杠将运动传至刀架以进行切削。

丝杠与光杠：用于连接进给箱与溜板箱，并把进给箱的运动和动力传给溜板箱，使溜板箱获得纵向直线运动。丝杠是专门用来车削各种螺纹而设置的，在进行工件的其他表面车削时，只用光杠，不用丝杠。要结合溜板箱的内容区分光杠与丝杠的区别。

溜板箱：是车床进给运动的操纵箱。其内装有将光杠和丝杠的旋转运动变成刀架直线运动的机构，通过光杠传动实现刀架的纵向进给运动、横向进给运动和快速移动，通过丝杠带动刀架做纵向直线运动，以便车削螺纹。

刀架：有两层滑板（中、小滑板）、床鞍与刀架体共同组成。用于安装车刀并带动车刀做纵向、横向或斜向运动。

尾架：安装在床身导轨上，并沿此导轨纵向移动，以调整其工作位置。尾架主要用来安装后顶尖，以支撑较长工件，也可以安装钻头、铰刀等进行孔加工。

床身：是车床上带有精度要求很高的导轨（山形导轨和平导轨）的一个大型基础

部件。用于支撑和连接车床的各个部件，并保证各部件在工作时有准确的相对位置。

冷却装置：冷却装置主要通过冷却水泵将水箱中的切削液加压后喷射到切削区域，降低切削温度，冲走切屑，润滑加工表面，以提高刀具使用寿命和工件的表面加工质量。

1.1　控制要求

根据车床的运动情况和工艺要求，车床电气控制部分由以下几个部分组成。

一、主运动

一般中小型车床主轴拖动电机选用单相鼠笼式异步电机，采用直接启动方式，其正、反向运动通过摩擦离合器来实现，因此，主轴电机只做单向旋转。为了能实现快速停车，常采用机械制动或者电气制动。

二、进给运动

加工螺纹时，要求刀具移动和主轴转动有固定的比例关系。

三、辅助运动

车削加工时，需要对刀具和工件进行冷却。因此，需要一台电机拖动冷却泵输出冷却液对刀具和工件进行冷却。冷却泵电机需在主轴电机启动之后才能启动，而主轴电机停止时，冷却泵电机也停止。

为了实现溜板箱的快速移动，由单独的快速移动电机拖动，采用点动方式控制。

1.2　系统方案设计

普通车床控制系统框图如图1-1所示。本系统采用S7-200 SMART作为控制器，启动按钮和停止按钮控制主轴及进给运动电机的启动和停止，快速移动按钮控制快速移动电机的点动运行。

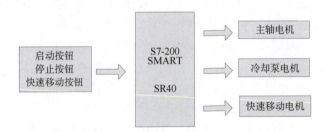

图1-1　普通车床控制系统框图

1.3　系统电气设计与安装

1.3.1　电气原理分析

普通车床的电气主电路图如图1-2所示。图中，M1为主轴电机，带动主轴旋转；M2 为冷却泵电机，拖动冷却泵输出冷却液；M3 为快速移动电机，拖动刀架实现快速移动。

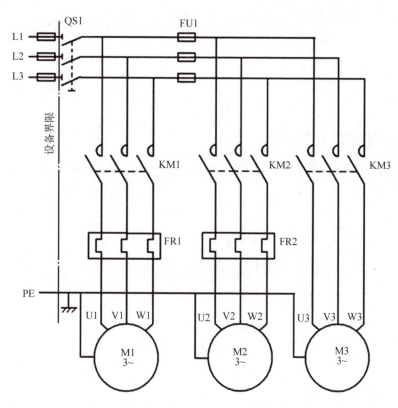

图 1-2　普通车床控制主电路

按下启动按钮，接触器 KM1 线圈得电吸合，KM1 主触点闭合，主轴电机 M1 启动，通过摩擦离合器及传动机构拖动主轴的正转和反转；按下停止按钮，KM1 线圈断电，主触点断开，电机 M1 停转。

冷却泵电机 M2 由接触器 KM2 控制，主轴电机 M1 启动后，KM2 接触器线圈才能得电，KM2 主触点吸合；当 M1 电机停止时，KM2 接触器线圈断电，KM2 主触点断开，M2 电机也停止。

快速移动电机 M3 由接触器 KM3 控制，按住快速移动按钮，KM3 线圈得电，KM3 主触点吸合，电机 M3 快速移动；松开快速移动按钮，KM3 线圈断电，KM3 主触点断开，电机 M3 停止。

1.3.2　I/O 地址分配

根据普通车床控制系统的分析，本系统输入信号有启动按钮、停止按钮、快速移动按钮，输出信号有主轴电机接触器 KM1、冷却泵电机接触器 KM2、快速移动电机接触器 KM3。具体输入/输出信号地址分配情况见表 1-1。

表 1-1　输入/输出信号地址分配表

输入信号			输出信号		
序号	信号名称	PLC 地址	序号	信号名称	PLC 地址
1	启动按钮	I0.0	1	主轴接触器 KM1	Q0.0
2	停止按钮	I0.1	2	冷却泵接触器 KM2	Q0.1
3	快速移动按钮	I0.2	3	快速移动接触器 KM3	Q0.2

1.3.3　系统的 PLC 接线图

根据原理分析及控制系统输入/输出地址分配表，该控制系统的 PLC 接线图如图 1-3 所示。

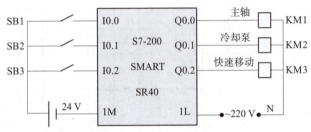

图 1-3　PLC 接线图

1.3.4　系统安装与接线

一、认识安装工具和电气元器件

本项目为学生第一次在 YL-158GA 电气控制技术实训装置上进行的控制系统安装与接线，因此，学生需要先认识安装工作所需的电工工具及部分耗材，如图 1-4 和图 1-5 所示。

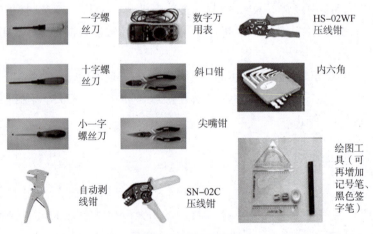

图 1-4　电工工具

黄绿红
1 mm
45 m/卷

 缠绕管
φ10 mm,
10 m/卷

 M4×20螺丝
16只
M4×1.3螺母
16只
M4垫片
16只

 黄绿
1 mm
45 m/卷

 轧带
3×120黑
100根

 蓝
0.75 mm
90 m/卷

 冷压插
Sv1.25-4
300只

 M6×25螺丝
20只
M6×3.8螺母
20只

黑
0.5 mm
90m/卷

插针
QE-1008
1 000只

 金属膜电阻
1/4 W, 1 kΩ
4只

 异型管
2 m

 冷压端子
FDD1.25-250
10只

图 1-5 部分耗材

核对工具清单和电气元器件清单，见表 1-2 和表 1-3。

表 1-2 工具清单

序号	工具	规格	数量
1	剥线钳	HY-150	1
2	压线钳	HS-06WF	1
3	尖嘴钳	DL2106	1
4	斜口钳	DL2206	1
5	螺丝刀	SLD-A5033/SLD-A5034	1
6	万用表	MY60	1
7	内六角	09101CH	1

表 1-3 电气元器件清单

序号	名称	文字符号	型号	数量
1	三相异步电机	M	YS5024	2
2	组合开关	QS	DZ47LE-32	1
3	熔断器	FU	RT28N-32	1
4	交流接触器	KM	CJX2-09	5
5	热继电器	FR	NR2-25	2
6	按钮	SB	LA68B	6

二、认识设备

（一）正面柜门

正面柜门上有电源总开关及保护、电源启动及保护、多功能仪表、触摸屏、温度控制器及电气控制元件按钮、指示灯及十字开关，如图1-6所示。

设备介绍

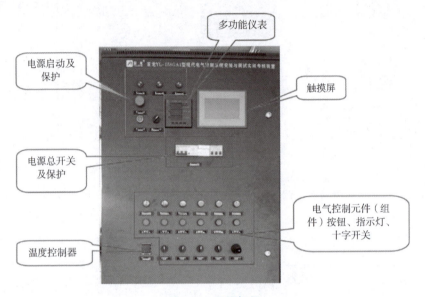

图1-6　正面柜门

（二）正面门后

正面门后有正面门板电源输出的三相五线的插口、触摸屏通信线插口窗及电气控制元件按钮、指示灯、十字开关、温控器引出线对应的标识如图1-7所示。

图1-7　正面门后

（三）正面门后电气控制元件引出线

正面门后电气控制元件引出线接线端子如图1-8所示。

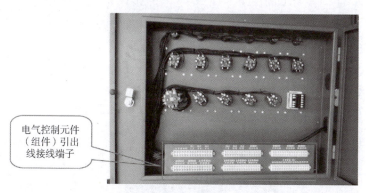

电气控制元件
（组件）引出
线接线端子

图1-8　正面门后电气控制元件引出线接线端子

（四）正面上面板

正面上面板有柜内照明用日光灯、电流表、电压表、4~20 mA 电流输出、0~10 V 电压输出、步进电机驱动器、伺服电机驱动器及开关、PLC 固定导轨及变频器等电气元件，如图1-9所示。

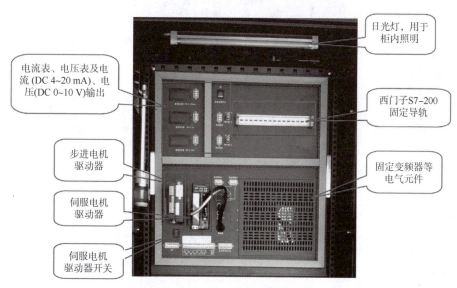

电流表、电压表及电流 (DC 4~20 mA)、电压(DC 0~10 V)输出

步进电机驱动器

伺服电机驱动器

伺服电机驱动器开关

日光灯，用于柜内照明

西门子S7-200固定导轨

固定变频器等电气元件

图1-9　正面上面板

（五）正面下面板

正面下面板有电气元件区、对接引线接线端子及小车运动单元，如图 1-10 所示。

（六）反面柜门

反面柜门有电源总开关及保护、电源启动及保护、电源各相电压及电流显示仪表、电气控制元件按钮、指示灯及十字开关，如图1-11所示。

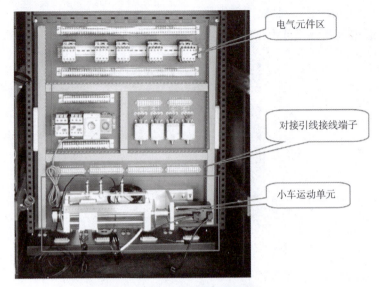

图1-10　正面下面板

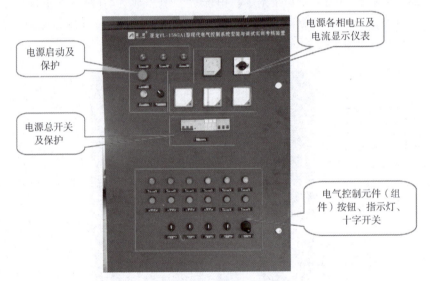

图1-11　反面柜门

（七）反面门后

反面门后有三相五线电源输出插口，如图1-12所示。

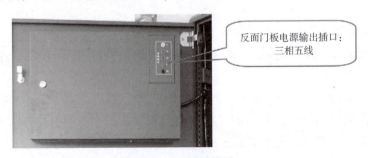

图1-12　反面门后

（八）反面上面板

反面上面板有柜内照明用日光灯、电流表、电压表、4～20 mA 电流输出、0～10 V 电压输出、24 V 和 5 V 直流电源输出、PLC 固定导轨及变频器等电气元件固定位置，如图 1-13 所示。

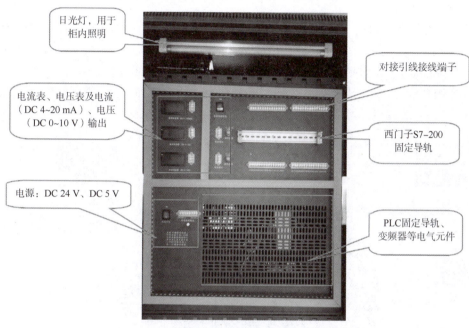

日光灯，用于柜内照明

对接引线接线端子

电流表、电压表及电流（DC 4~20 mA）、电压（DC 0~10 V）输出

西门子S7-200固定导轨

电源：DC 24 V、DC 5 V

PLC固定导轨、变频器等电气元件

图 1-13 反面上面板

三、安装步骤

（一）电源接线

1. 380 V/220 V 电源

在 YL-158GA1 型现代电气控制系统安装与调试实训考核装置中，S7-300 PLC、S7-200 SMART SR40、变频器、伺服电机驱动器、步进电机驱动器等器件上标注 U、V、W 或者 L1、L2、L3 的接线端子，均需接入 380 V 三相交流电源，由实训装置正反面板上的三相五线制电源供电；器件上标注 L1、N、$\perp$ 接线端子均需接入 220 V 单相交流电源，L1 由实训装置正反面板上的三相五线制电源中的任一相火线接入，零线 N 和 $\perp$ 由面板上 N 和 PE 端子接入。

2. 24 V 电源

在 YL-158GA1 型现代电气控制系统安装与调试实训考核装置中，S7-300 PLC、S7-200 SMART SR40、变频器、伺服电机驱动器、步进电机驱动器等器件上标注 L+、M 的端子，均需接入 24 V 电源。L+接 24 V 电源正端（24 V），M 接 24 V 电源负端（0 V）。

（二）PLC 的 I/O 接线

PLC 的 I/O 接线根据控制系统接线图进行接线，注意信号必须构成回路。

1.4 系统软件设计与调试

1.4.1 S7-200 SMART 介绍

PLC 介绍

　　2012 年 7 月 30 日，西门子发布了一款经济型 PLC 产品 SIMATIC S7-200 SMART，如图 1-14 所示。SMART 为简单（Simple）、易维护（Maintenance-Friendly）、高性价比（Affordable）、坚固耐用（Robust）及上市时间短（Timely to Market）的简称，它是小型 PLC S7-200 的升级换代产品，指令基本相同，增加了以太网端口和信号板，保留了 RS-485 端口，增加了 I/O 点数，编程界面更为人性化。

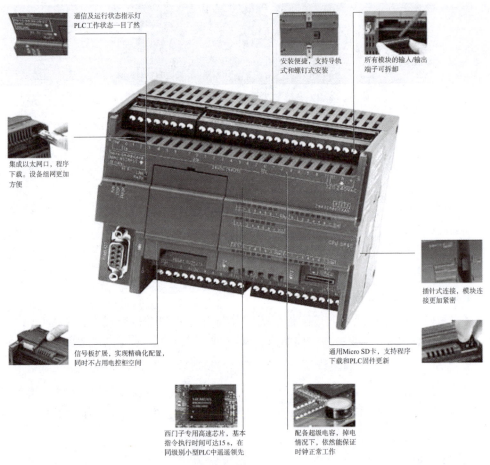

通信及运行状态指示灯
PLC工作状态一目了然

安装便捷，支持导轨
式和螺钉式安装

所有模块的输入/输出
端子可拆卸

集成以太网口，程序
下载。设备组网更加
方便

插针式连接，模块连
接更加紧密

信号板扩展，实现精确化配置，
同时不占用电控柜空间

通用Micro SD卡，支持程序
下载和PLC固件更新

西门子专用高速芯片，基本
指令执行时间可达15 s，在
同级别小型PLC中遥遥领先

配备超级电容，掉电
情况下，依然能保证
时钟正常工作

图 1-14　S7-200 SMART

　　目前市场上 S7-200 SMART PLC 主要有以下两种：

　　①继电器输出类型：CPU-SR20/SR40/SR60，主要用于控制对象为接触器、继电器及指示灯等。

　　②晶体管输出类型：CPU-ST30/ST40/ST60，主要用于控制对象为伺服驱动器、步进驱动器及变频器等。

1.4.2　PLC 程序设计

一、启动运行 S7-200 SMART 编程软件

普通车床电气
控制系统设计

双击电脑桌面上的 S7-200 SMART 编程软件图标，打开编程软件，如图 1-15 所示。

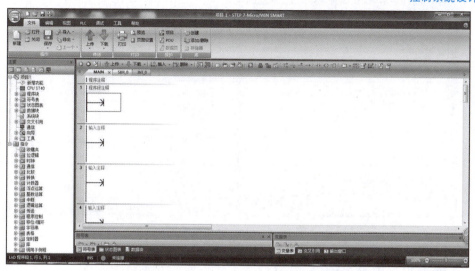

图 1-15　S7-200 SMART 软件编程界面

二、硬件组态

在图 1-15 左侧 CPU 处双击，弹出 CPU 设置对话框，如图 1-16 所示。在模块处单击下拉菜单，选择"CPU SR40（AC/DC/Relay）"。

系统块						
	模块		版本	输入	输出	订货号
CPU	CPU ST40 (DC/DC/DC)	▼	V02.00.00_00.00...	I0.0	Q0.0	6ES7 288-1ST40-0AA0
SB						
EM 0						
EM 1						
EM 2						
EM 3						
EM 4						
EM 5						

系统块						
	模块		版本	输入	输出	订货号
CPU	CPU SR40 (AC/DC/Relay)	▼	V02.00.00_00.00...	I0.0	Q0.0	6ES7 288-1SR40-0AA0
SB						
EM 0						
EM 1						
EM 2						
EM 3						
EM 4						
EM 5						

图 1-16　CPU 设置对话框

三、设置以太网通信地址

1. 修改电脑 IP 地址

在电脑桌面的右下角双击网络标识 ，进行电脑的 IP 地址设置（192.168.2.9，此地址可以自己设定）。具体设置步骤如图 1-17 所示。

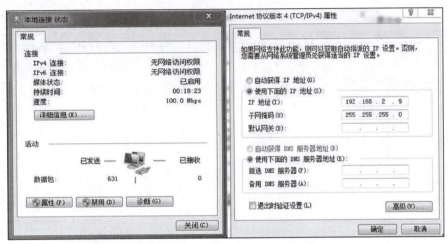

图 1-17　电脑 IP 地址设置

2. 设置 PLC 的 IP 地址

电脑 IP 地址设置完成后，再进行 PLC 地址的设置。双击 PLC 编程软件左侧的通信按钮，弹出通信设置窗口，如图 1-18 所示。单击"查找 CPU"按钮，如果 PLC 已经连接好，通信设置窗口右侧的 MAC 地址、IP 地址等会自动显示出来，如图 1-19 所示。此处 MAC 地址是西门子 PLC 的"身份证"，每个 PLC 的 MAC 地址都不相同，IP 地址可以按要求进行修改，但必须与电脑的 IP 地址在同一个网段，即 IP 地址的前三位是一致的。

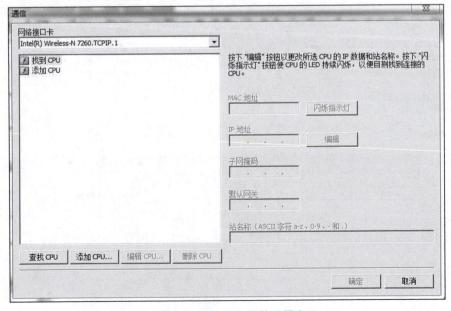

图 1-18　S7-200 SMART 通信设置窗口（1）

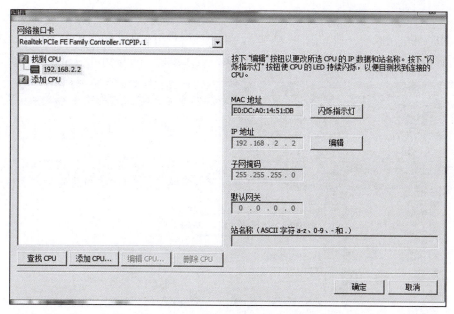

图 1-19　S7-200 SMART 通信设置窗口（2）

四、程序编写

（一）主轴电机

按下启动按钮 I0.0，主轴电机接触器线圈得电，主触点吸合，主轴电机运行，如图 1-20 所示。

（二）冷却泵电机

由于工件在加工过程中会发热，为了给工件降温，冷却泵电机在主轴电机工作之后启动，提供冷却液对工件降温，如图 1-21 所示。

图 1-20　主轴电机运行　　　　　　　　图 1-21　冷却泵电机启动

（三）刀架快速移动电机

刀架快速移动电机控制方式为点动控制，按下快速移动按钮，刀架电机电动运行，松开按钮，电机停止，如图 1-22 所示。

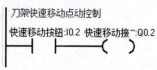

图 1-22　刀架快速移动电机运行

五、编译、下载与调试

程序编写完成后，按照图 1-23 中所示顺序进行程序编译和下载。先单击 1 号位置进行程序编译，查看 2 号位置是否有错误，若无错误，再单击 3 号位置进行下载。

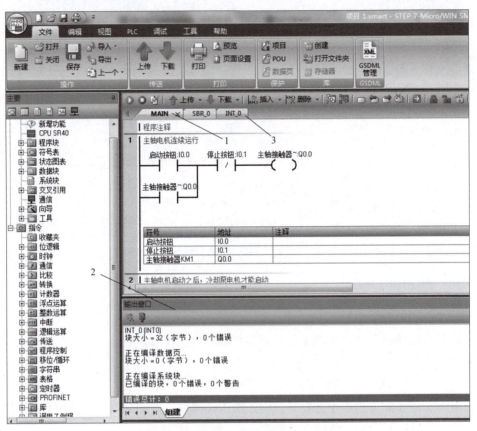

图 1-23　程序编译

"下载"对话框如图 1-24 所示。下载完成之后，就可以进行系统的运行调试了。

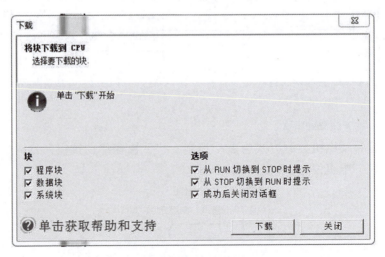

图 1-24　程序下载界面

1.5　实践演练与评价反馈

1.5.1　实践演练

一、任务分工

完成小组任务分配表。

小组任务分配表

班级			组号	
组长			学号	
组员 1		学号	组员 2		学号	
组员 3		学号	组员 4		学号	
组员 5		学号	组员 6		学号	
任务分工	姓名		负责工作	

二、知识准备

引导问题 1：哪些电气元器件可以实现电机的短路保护、过载保护和欠失压保护？

_____

_____

引导问题 2：如何区分高压电源和低压电源？

_____

_____

引导问题 3：本设备所用 PLC 的型号有哪些？型号所表示的具体含义是什么？

_____

_____

_____

引导问题4：如何使用万用表区分按钮、行程开关、接触器等元器件的常开触点和常闭触点？

_____

_____

_____

三、工作实施

各小组根据项目控制要求，参考教材内容完成以下工作。

①列出 PLC 的 I/O 分配表。

序号	输入信号	PLC 地址	序号	输出信号	PLC 地址

②根据 PLC 的 I/O 分配表，绘制 PLC 的 I/O 接线图。

③根据项目控制要求设计系统控制程序。

_____

_____

_____

_____

_____

④下载程序并进行调试，确认是否满足系统控制要求，填写调试记录，并谈谈完成本项目的心得体会。

_____

_____

_____

_____

四、自主探究

根据所学内容进行项目拓展，各小组进行讨论，编写项目拓展任务书。

_____

_____

_____

_____

1.5.2　评价反馈

评价反馈由个人与小组自评、小组互评以及教师评价组成，填写个人与小组自评表、小组互评表以及教师评价表。

个人与小组自评表

班级		组名		日期	年　月　日
评价指标	评价内容			配分	得分
知识准备	1. 是否已提前熟悉本项目的控制要求； 2. 本项目涉及前序课程所学专业知识是否复习。			10	
操作实践	是否根据控制要求完成以下工作： 1. 硬件接线已调试完成； 2. 系统控制程序已调试完成； 3. 系统联机调试已完成。			40	
学习态度	1. 上课是否按时出勤； 2. 是否积极主动参与项目的安装与调试工作； 3. 同学之间是否相互理解、相互支持； 4. 与教师沟通是否顺畅。			10	
学习方法	1. 学习方法是否得当，有工作计划； 2. 技能实操是否符合操作规程； 3. 是否可以获得进一步提升的能力。			10	
工作过程	1. 每次课的工作任务完成情况； 2. 能否主动发现并提出有价值的问题； 3. 是否有解决问题的能力。			10	

续表

评价指标	评价内容	配分	得分
自评反馈	1. 按时保质完成工作任务； 2. 掌握本项目相关专业知识； 3. 具有较强的分析问题、解决问题的能力； 4. 具有较强的团队协作能力； 5. 具有严谨的思维能力和表达能力。	20	
自评总分			
总结反馈			

小组互评表

班级		组名		日期	年　月　日
评价指标	评价内容			配分	得分
元器件选型	1. 根据控制要求选择合适的元器件种类； 2. 根据控制要求选择合适的元器件型号。			15	
硬件组装与调试	1. 输入/输出信号分析； 2. 硬件选型； 3. I/O 分配表及接线图绘制； 4. 硬件安装、接线与调试。			35	
控制程序设计与调试	1. 能正确设计程序； 2. 按控制要求进行调试。			40	
互评反馈	1. 按时保质完成工作任务； 2. 掌握本项目相关专业知识； 3. 具有较强的分析问题、解决问题的能力； 4. 具有较强的团队协作能力； 5. 具有严谨的思维能力和表达能力； 6. 是否完成本项目的心得体会。			10	
互评总分					
合理建议					

教师评价表

班级			组名			日期		年　月　日	
小组成员签名									
序号	评价指标	评价内容		评价标准				配分	得分
1	任务分工	1. 根据项目要求合理分工； 2. 小组成员之间协作情况。		1. 分工不合理，扣2分； 2. 团队成员之间出现不和谐现象，酌情扣2~5分。				10	
2	元器件选型	1. 根据控制要求选择合适的元器件种类； 2. 根据控制要求选择合适的元器件型号。		1. 元器件种类错误，每处扣2分； 2. 元器件型号错误，每处扣2分。				15	
3	硬件组装与调试	1. 输入/输出信号分析； 2. 硬件选型； 3. I/O 分配表及接线图绘制； 4. 硬件安装、接线与调试。		1. I/O 地址遗漏或者错误，每处扣2分； 2. 接线图绘制错误或者不规范，每处扣2分； 3. 硬件安装不规范、接线不规范或者错误，每处扣2分。				30	
4	控制程序设计与调试	1. 能正确设计程序； 2. 按控制要求进行调试。		1. 指令有错误，每处扣2分； 2. 按控制要求进行，功能未实现的，每处扣5分。				35	
5	职业素养	1. 遵守教学场所规章制度； 2. 安全生产、文明操作意识。		1. 迟到、早退或不遵守教学场所规章制度，扣5分； 2. 设备首次上电前未进行请示，扣2分；带电操作者，视情况扣5~10分； 3. 出现重大事故或者人为损坏设备，扣10分； 4. 工具材料摆放不整齐，扣2分；踩踏导线，扣2分； 5. 项目完成后，未进行工位清理，扣5分。				10	

电动葫芦电气控制系统安装与调试

德育教育 2　自我
保持与互相制约之
"自锁"与"互锁"

 学习目标

①掌握电动葫芦电气控制系统原理图；

②能用 S7-200 SMART 实现电动葫芦吊钩电机和移动电机的
正、反转运行；

③能进行电动葫芦吊钩电机和移动电机的正反转控制接线；

④能完成电动葫芦电气控制系统的运行和调试。

2.1　控制要求

电动葫芦结构
介绍

在主电路中，接触器 KM1 的主触点闭合时，电机定子绕组为正
转（升）；接触器 KM2 的主触点闭合为反转（降）；热继电器 FR1 的
热元件串联在电机 M1 上，对其进行过载保护。KM3 的主触点闭合
时，电机定子绕组为正转（进）；接触器 KM4 的主触点闭合时，为反转（退）。热继
电器 FR2 的热元件串联在电机 M2 上，对其进行过载保护。

辅助电路中，按下按钮开关 SB1 时，接触器 KM1 的电磁线圈通电，主触点闭合，
使电机 M1 正转动上升；常闭辅助触点断开联锁，常开辅助触点闭合，HL1 指示灯
亮。松开按钮开关 SB1，接触器 KM1 的电磁线圈失电，各触点复位，HL1 指示灯灭，
电机 M1 停止转动。

按下按钮开关 SB2，接触器 KM2 的电磁线圈通电，主触点闭合，电机 M1 反转动
下降；常闭辅助触点断开联锁，常开触点闭合，HL2 指示灯亮。松开按钮开关 SB2，
接触器 KM2 的电磁线圈失电，各触点复位，HL2 指示灯灭，电机 M1 停止转动。

按下按钮开关 SB3，接触器 KM3 的电磁线圈通电，主触点闭合，电机 M2 正转动
左移；常闭辅助触点断开联锁，常开辅助触点闭合，HL3 指示灯亮。松开按钮开关
SB3，接触器 KM3 的电磁线圈失电，各触点复位，HL3 指示灯灭，电机 M2 停止
转动。

按下按钮开关 SB4，接触器 KM4 的电磁线圈通电，主触点闭合，电机 M2 反转动
右移；常闭辅助触点断开联锁，常开辅助触点闭合，HL4 指示灯亮。松开按钮开关
SB4，接触器 KM4 的电磁线圈失电，各触点复位，HL4 指示灯灭，电机 M2 停止
转动。

若两台电机中有一台或两台电机过载，热继电器 FR 的常闭触点断开，两台电机均会停止转动。行程开关 SQ1、SQ2、SQ3、SQ4 起保护作用，防止电机转动时超出行程范围。

2.2　系统方案设计

电动葫芦控制系统框图如图 2-1 所示。本系统采用 S7-200 SMART 作为控制器，按钮 SB1、SB2 控制升降电机的上升和下降，按钮 SB3、SB4 控制移动电机的前进和后退，热继电器为电机的过载保护，限位开关为电机的行程保护。

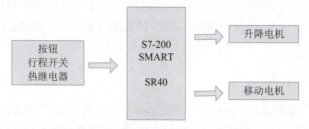

图 2-1　电动葫芦控制系统框图

2.3　系统电气设计与安装

电动葫芦电气控制
原理分析

2.3.1　电气原理分析

电动葫芦的电气原理图如图 2-2 所示。M1 为吊钩电机，控制吊钩的上升和下降运行；M2 为移动电机，控制吊钩的前进和后退。

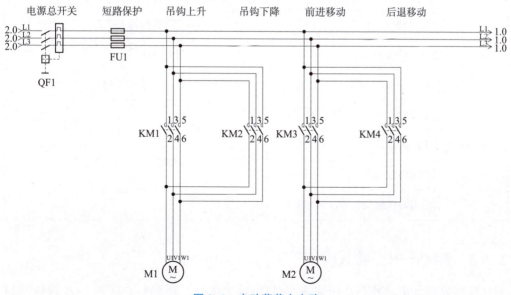

图 2-2　电动葫芦主电路

按下升降电机上升按钮开关 SB1 时，接触器 KM1 的电磁线圈通电，主触点闭合，电机 M1 正转动上升；松开按钮开关 SB1，接触器 KM1 的电磁线圈失电，各触点复位，电机 M1 停止转动。

按下升降电机下降按钮开关 SB2 时，接触器 KM2 的电磁线圈通电，主触点闭合，电机 M1 反转动下降；松开按钮开关 SB2，接触器 KM2 的电磁线圈失电，各触点复位，电机 M1 停止转动。

按下吊钩移动前进按钮开关 SB3 时，接触器 KM3 的电磁线圈通电，主触点闭合，电机 M2 正转动前进；松开按钮开关 SB3，接触器 KM3 的电磁线圈失电，各触点复位，电机 M2 停止转动。

按下吊钩移动后退按钮开关 SB4 时，接触器 KM4 的电磁线圈通电，主触点闭合，电机 M2 反转动右移；松开按钮开关 SB4，接触器 KM4 的电磁线圈失电，各触点复位，电机 M2 停止转动。

2.3.2 I/O 地址分配

根据电动葫芦控制系统的分析，本系统输入信号有上升启动按钮 SB1、下降启动按钮 SB2、前进启动按钮 SB3、后退启动按钮 SB4，输出信号有升降电机上升接触器 KM1、升降电机下降接触器 KM2、移动电机前进接触器 KM3、移动电机后退接触器 KM4。具体输入/输出信号地址分配情况见表 2-1。

电动葫芦电气控制系统硬件设计

表 2-1　输入/输出信号地址分配表

输入信号			输出信号		
序号	信号名称	PLC 地址	序号	信号名称	PLC 地址
1	上升启动按钮 SB1	I0.0	1	上升接触器 KM1	Q0.0
2	下降启动按钮 SB2	I0.1	2	下降接触器 KM2	Q0.1
3	前进启动按钮 SB3	I0.2	3	前进接触器 KM3	Q0.2
4	后退启动按钮 SB4	I0.3	4	后退接触器 KM4	Q0.3
5	上升限位开关	I0.4			
6	下降限位开关	I0.5			
7	前进限位开关	I0.6			
8	后退限位开关	I0.7			

2.3.3 系统的 PLC 接线图

根据原理分析及控制系统输入/输出地址分配表，该控制系统的 PLC 接线图如图 2-3 所示。

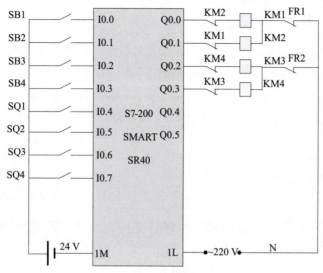

图 2-3　PLC 接线图

2.4　系统软件设计与调试

2.4.1　新建项目

电动葫芦电气控制
系统软件设计

打开软件，新建项目，另存为"项目二 电动葫芦电气控制系统程序 . smart"，具体操作步骤如图 2-4 所示。

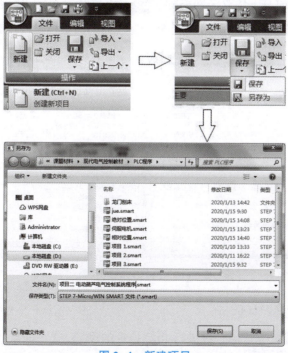

图 2-4　新建项目

2.4.2　硬件组态

在软件左侧 CPU 处双击，弹出 CPU 设置对话框，如图 2-5 所示。在模块处单击下拉按钮，选择"CPU SR40（AC/DC/Relay）"。

图 2-5　硬件组态

2.4.3　设置以太网通信地址

一、修改计算机 IP 地址

在计算机桌面的右下角双击网络标识，设置计算机的 IP 地址为 192.168.2.9（此地址可以自己设定），子网掩码为 255.255.255.0。具体设置步骤如图 2-6 所示。

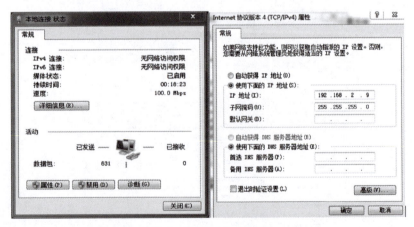

图 2-6　电脑 IP 地址设置

二、设置 PLC 的 IP 地址

电脑 IP 地址设置完成后，再进行 PLC 地址的设置。双击 PLC 编程软件左侧的通信按钮，弹出通信设置窗口，如图 2-7 所示。单击"查找 CPU"按钮，如果 PLC 已

经连接好，通信设置窗口右侧的 MAC 地址、IP 地址等会自动显示出来，如图 2-8 所示。此处 MAC 地址是西门子 PLC 的"身份证"，每个 PLC 的 MAC 地址均不相同，IP 地址可以按要求进行修改，但必须跟电脑的 IP 地址在同一个网段，也就是 IP 地址的前三位是一致的。

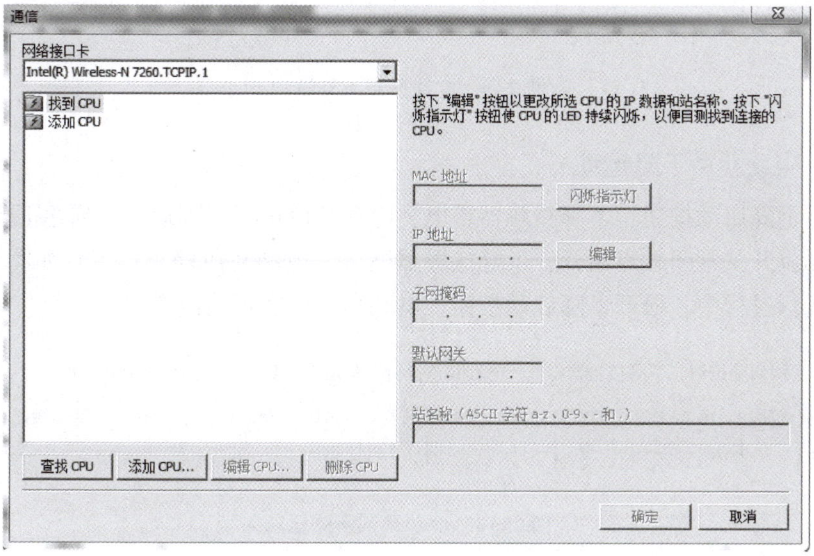

图 2-7　S7-200 SMART 通信设置窗口（1）

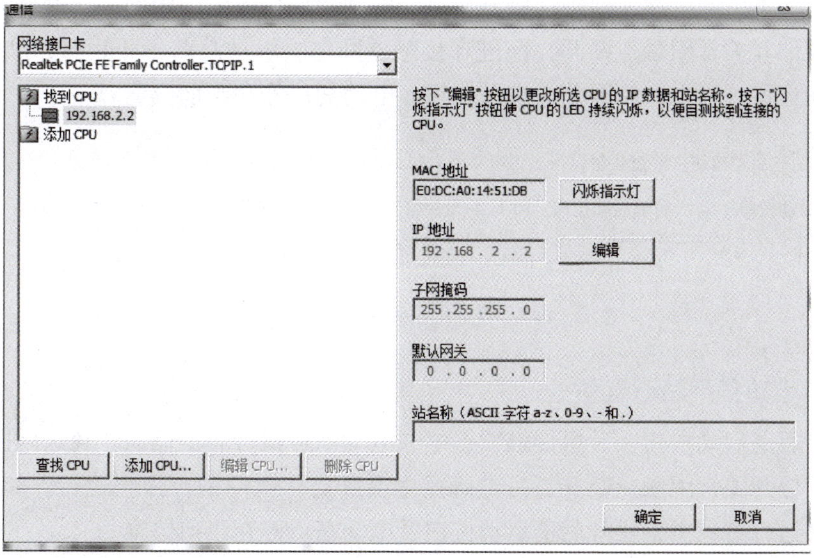

图 2-8　S7-200 SMART 通信设置窗口（2）

2.4.4　程序编写

一、电动葫芦上升运动

按下上升启动按钮，上升接触器得电，电动葫芦执行上升运动，到达上升限位开关处，限位开关常闭触点断开，上升接触器断电，电动葫芦停止运行，如图 2-9 所示。在运行过程中，松开上升启动按钮，电动葫芦停在当前位置。

按下上升启动按钮，上升接触器得电，电动葫芦执行上升运动，到达上升限位开关处停止

上升启动按钮：I0.0 下降启动按钮：I0.1 下降接触~：Q0.1 上升限位开关：I0.4 上升接触器~：Q0.0

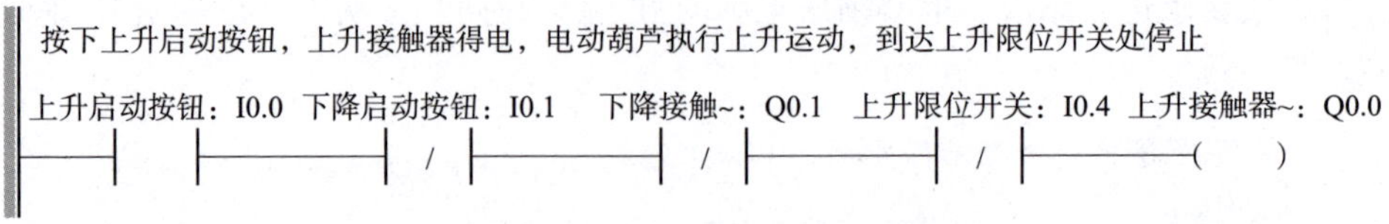

图 2-9 电动葫芦上升运动

二、电动葫芦下降运动

按下下降启动按钮，下降接触器得电，电动葫芦执行下降运动，到达下降限位开关处，限位开关常闭触点断开，下降接触器断电，电动葫芦停止运行，如图 2-10 所示。在运行过程中，松开下降启动按钮，电动葫芦停在当前位置。

按下下降启动按钮，下降接触器得电，电动葫芦执行下降运动，到达下降限位开关处停止

下降启动按钮：I0.1 上升启动按钮：I0.0 上升接触器~：Q0.0 下降限位开关：I0.5 下降接触器~：Q0.1

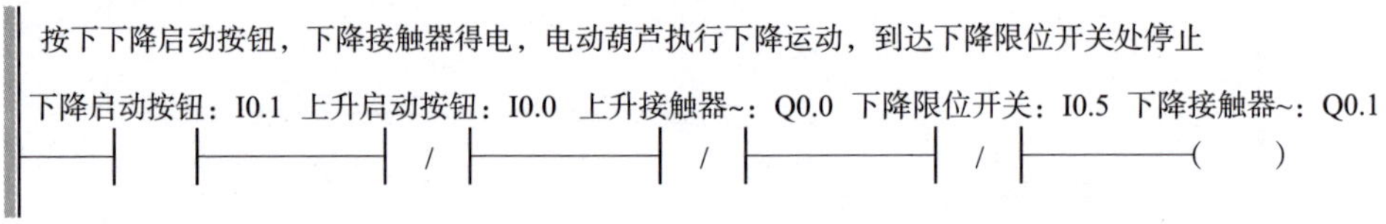

图 2-10 电动葫芦下降运动

三、电动葫芦前进运动

按下前进启动按钮，前进接触器得电，电动葫芦执行前进运动，到达前进限位开关处，限位开关常闭触点断开，前进降接触器断电，电动葫芦停止运行，如图 2-11 所示。在运行过程中，松开前进启动按钮，电动葫芦停在当前位置。

按下前进启动按钮，前进接触器得电，电动葫芦执行前进运动，到达前进限位开关处停止

前进启动按钮：I0.2 后退启动按钮：I0.3 后退接触器~：Q0.3 前进限位开关：I0.6 前进接触器~：Q0.2

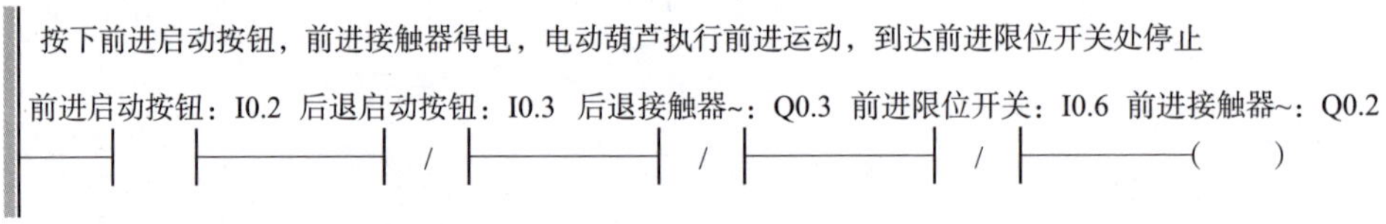

图 2-11 电动葫芦前进运动

四、电动葫芦后退运动

按下后退启动按钮，后退接触器得电，电动葫芦执行后退运动，到达后退限位开关处，限位开关常闭触点断开，后退降接触器断电，电动葫芦停止运行，如图 2-12 所示。在运行过程中，松开后退启动按钮，电动葫芦停在当前位置。

按下后退启动按钮，后退接触器得电，电动葫芦执行后退运动，到达后退限位开关处停止

后退启动按钮：I0.3 前进启动按钮：I0.2 前进接触器~：Q0.2 后退限位开关：I0.7 后退接触器~：Q0.3

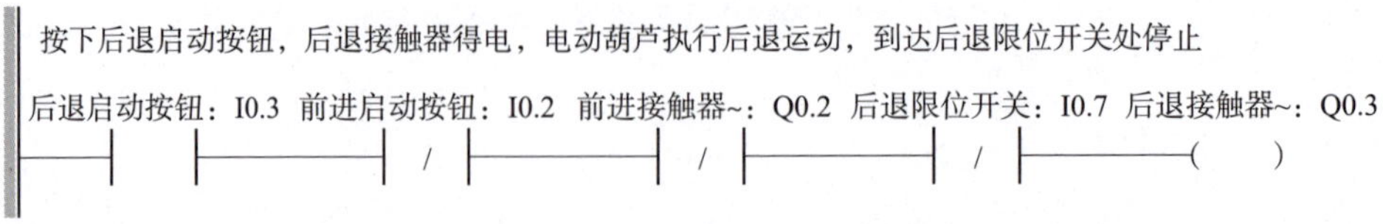

图 2-12 电动葫芦后退运动

2.5　实践演练与评价反馈

2.5.1　实践演练

一、任务分工

填写小组任务分配表。

小组任务分配表

班级		组号		
组长		学号		
组员1		学号	组员2	学号
组员3		学号	组员4	学号
组员5		学号	组员6	学号
任务分工	姓名		负责工作	

二、知识准备

引导问题1：限位开关的电气符号和文字符号分别是什么？

_____

_____

引导问题2：限位开关压下时，常开触点和常闭触点的动作过程是什么？抬起时，常开触点和常闭触点的动作过程是什么？

_____

_____

引导问题3：电机正反转控制电路中，为了防止出现电源短路现象，应采取什么措施？

_____

_____

_____

三、工作实施

各小组根据项目控制要求，参考教材内容完成以下工作。

①列出 PLC 的 I/O 分配表。

序号	输入信号	PLC 地址	序号	输出信号	PLC 地址

②根据 PLC 的 I/O 分配表，绘制 PLC 的 I/O 接线图。

③根据项目控制要求设计系统控制程序。

_____

_____

_____

_____

④下载程序并进行调试，确认是否满足系统控制要求，填写调试记录，并谈谈完成本项目的心得体会。

_____

_____

_____

_____

四、自主探究

根据本项目所学内容进行项目拓展，在日常生活中，电机正反转有哪些应用？各小组进行讨论，编写项目拓展任务书。

_____

_____

_____

_____

2.5.2　评价反馈

评价反馈由个人与小组自评、小组互评以及教师评价组成，填写个人与小组自评表、小组互评表以及教师评价表。

个人与小组自评表

班级		组名		日期	年　月　日
评价指标	评价内容			配分	得分
知识准备	1. 是否已提前熟悉本项目的控制要求； 2. 本项目涉及前序课程所学专业知识是否复习。			10	
操作实践	是否根据控制要求完成以下工作： 1. 硬件接线已调试完成； 2. 系统控制程序已调试完成； 3. 系统联机调试已完成。			40	
学习态度	1. 上课是否按时出勤； 2. 是否积极主动参与项目的安装与调试工作； 3. 同学之间是否相互理解、相互支持； 4. 与教师沟通是否顺畅。			10	
学习方法	1. 学习方法是否得当，有工作计划； 2. 技能实操是否符合操作规程； 3. 是否可以获得进一步提升的能力。			10	
工作过程	1. 每次课的工作任务完成情况； 2. 能否主动发现并提出有价值的问题； 3. 是否有解决问题的能力。			10	
自评反馈	1. 按时保质完成工作任务； 2. 掌握本项目相关专业知识； 3. 具有较强的分析问题、解决问题的能力； 4. 具有较强的团队协作能力； 5. 具有严谨的思维能力和表达能力。			20	
自评总分					
总结反馈					

小组互评表

班级		组名		日期	年　月　日
评价指标	评价内容			配分	得分
元器件选型	1. 根据控制要求选择合适的元器件种类； 2. 根据控制要求选择合适的元器件型号。			15	
硬件组装与调试	1. 输入/输出信号分析； 2. 硬件选型； 3. I/O 分配表及接线图绘制； 4. 硬件安装、接线与调试。			35	
控制程序设计与调试	1. 能正确设计程序； 2. 按控制要求进行调试。			40	
互评反馈	1. 按时保质完成工作任务； 2. 掌握本项目相关专业知识； 3. 具有较强的分析问题、解决问题的能力； 4. 具有较强的团队协作能力； 5. 具有严谨的思维能力和表达能力； 6. 是否完成本项目的心得体会。			10	
互评总分					
合理建议					

教师评价表

班级			组名		日期	年　　月　　日
小组成员签名						
序号	评价指标	评价内容		评价标准	配分	得分
1	任务分工	1. 根据项目要求合理分工； 2. 小组成员之间协作情况。		1. 分工不合理，扣2分； 2. 团队成员之间出现不和谐现象，酌情扣2~5分。	10	
2	元器件选型	1. 根据控制要求选择合适的元器件种类； 2. 根据控制要求选择合适的元器件型号。		1. 元器件种类错误，每处扣2分； 2. 元器件型号错误，每处扣2分。	15	

续表

序号	评价指标	评价内容	评价标准	配分	得分
3	硬件组装与调试	1. 输入/输出信号分析； 2. 硬件选型； 3. I/O 分配表及接线图绘制； 4. 硬件安装、接线与调试。	1. I/O 地址遗漏或者错误，每处扣 2 分； 2. 接线图绘制错误或者不规范，每处扣 2 分； 3. 硬件安装不规范、接线不规范或者错误，每处扣 2 分。	30	
4	控制程序设计与调试	1. 能正确设计程序； 2. 按控制要求进行调试。	1. 指令有错误，每处扣 2 分； 2. 程序设计中未采用互锁保护，每处扣 5 分； 3. 按控制要求进行，功能未实现，每处扣 5 分。	35	
5	职业素养	1. 遵守教学场所规章制度； 2. 安全生产、文明操作意识。	1. 迟到、早退或不遵守教学场所规章制度，扣 5 分； 2. 设备首次上电前未进行请示，扣 2 分；带电操作者，视情况扣 5~10 分； 3. 出现重大事故或者人为损坏设备，扣 10 分； 4. 工具材料摆放不整齐，扣 2 分；踩踏导线，扣 2 分； 5. 项目完成后，未进行工位清理，扣 5 分。	10	

搅拌机电气控制系统安装与调试

 学习目标

①能用 S7-200 SMART 控制三相异步电机的星-三角降压启动；

②能完成三相异步电机的星-三角降压启动系统的连接；

③能使用 MCGS 设计搅拌机电气控制系统的监控界面；

④能完成搅拌机电气控制系统的运行与调试。

德育教育3 有得必有失之"星-三角降压启动"

搅拌机无论是在现代工业还是农业的发展方面，都起着非常重要的作用，特别是液体搅拌机，能够完成两种或者多种液体按一定的比例混合搅拌。搅拌机一般由三相异步电机驱动，对于大容量电机，一般采用星-三角降压启动控制方式。

3.1 控制要求

某饮料生产企业有一台原料搅拌机，如图 3-1 所示。设备有 3 个液位传感器、2 个进料泵、1 个出料泵和 1 个搅拌电机。液位传感器分别检测搅拌机内低液位、中液位和高液位，进料泵用于向罐体内注入原料 A 和 B，搅拌电机用于原料的搅匀，出料泵用于放出已经搅匀好的饮料。

要求：

①按下启动按钮，系统开始自动运行。首先打开进料泵 1，开始向搅拌机内加入原料 A，当原料 A 放入至中液位传感器时，关闭进料泵 1。然后打开进料泵 2，向搅拌机内加入原料 B，当原料 B 放至高液位传感器时，关闭进料泵 2。启动搅拌电机，搅拌电机先以星形运行 4 s 后，转成三角形全压运行。搅拌 15 s 之后，关闭搅拌器，开启出料泵，放出已经搅拌完成的液体，当搅拌机内液位低于低液位传感器位置时，说明液体已接近放空，延时 6 s 之后关闭出料泵。

②按下停止按钮，系统应立即停止运行。

③在触摸屏上设计启动与停止两个按钮，也可以实现搅拌机的启动和停止控制，同时，设计指示灯用于指示电源接触器，进料泵、出料泵和搅拌电机的运行状态。

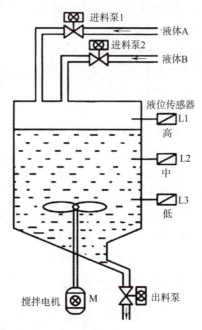

图 3-1 原料搅拌机示意图

3.2 系统方案设计

搅拌机控制系统框图如图 3-2 所示。本系统采用 S7-200 SMART 作为控制器，按钮和传感器用来控制搅拌电机、进料泵和出料泵的启动与停止；MCGS 触摸屏上设计启动和停止信号，以实现两地控制，同时，监控搅拌电机的星-三角降压启动状态及进料泵、出料泵的运行状态。

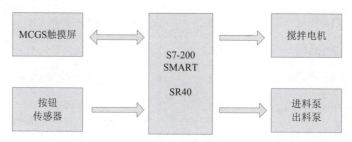

图 3-2 搅拌机控制系统框图

3.3 系统电气设计与安装

3.3.1 电气原理分析

搅拌电机星-三角降压启动原理：电机启动时，定子绕组首先

搅拌机电气控制系统原理分析

接成星形，待转速达到一定值后，再将定子绕组换成三角形接法，电机便进入全压正常运行。其主电路图如图3-3所示。

当按下启动按钮，进料泵1启动，向搅拌机内加入原料A，当原料A放至中液位传感器L2时，关闭进料泵1。然后打开进料泵2，向搅拌机内加入原料B，当原料B放至高液位传感器L1时，关闭进料泵2。启动搅拌电机，电源接触器KM和星形接触器KMY线圈得电工作，搅拌电机以低速启动运行。当定时时间4 s到时，星形接触器KMY线圈断电，三角形接触器KM△线圈得电，搅拌电机高速运行。搅拌15 s之后，关闭搅拌器，开启出料泵放出已经搅拌完成的液体。当搅拌机内液位低于液位传感器L3位置时，说明液体已接近放空，延时6 s之后关闭出料泵。按下停止按钮，控制系统立即停止工作。

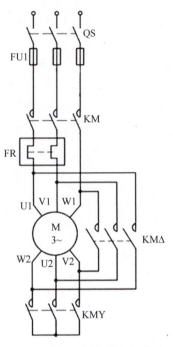

图3-3　星-三角接法主电路图

3.3.2　I/O 地址分配

根据搅拌机控制系统的分析，本系统输入信号有启动按钮、停止按钮、低液位传感器、中液位传感器及高液位传感器，输出信号有电源接触器、星形接触器、三角形接触器、进料泵1、进料泵2及出料泵。具体输入/输出信号地址分配情况见表3-1。

表3-1　输入/输出信号地址分配表

输入信号			输出信号		
序号	信号名称	PLC 地址	序号	信号名称	PLC 地址
1	启动按钮	I0.0	1	电源接触器 KM	Q0.0
2	停止按钮	I0.1	2	星形接触器 KMY	Q0.1
3	低液位传感器 L3	I0.2	3	三角形接触器 KM△	Q0.2
4	中液位传感器 L2	I0.3	4	进料泵 1	Q0.3
5	高液位传感器 L1	I0.4	5	进料泵 2	Q0.4
			6	出料泵	Q0.5

3.3.3　系统的 PLC 接线图

根据原理分析及控制系统输入/输出地址分配表，该控制系统的 PLC 接线图如图3-4所示。

搅拌机电气控制
系统硬件设计

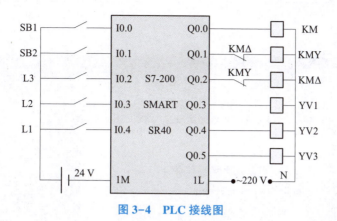

图 3-4 PLC 接线图

3.4 系统软件设计与调试

3.4.1 MCGS 组态设计

在进行触摸屏组态设计时，制作界面和元器件关联，特别是与 PLC 关联的元件，具体地址设置见表 3-2。

表 3-2 MCGS 通道与 PLC 地址连接表

输入信号			输出信号		
序号	MCGS 通道	PLC 地址	序号	MCGS 通道	PLC 地址
1	启动按钮	M0.0	1	电源接触器 KM	Q0.0
2	停止按钮	M0.1	2	星形接触器 KMY	Q0.1
			3	三角形接触器 KM△	Q0.2
			4	进料泵 1	Q0.3
			5	进料泵 2	Q0.4
			6	出料泵	Q0.5

①新建工程。

打开 MCGS 软件，在工具栏中选中"新建工程"，选择触摸屏型号为"TPC7062Ti"，如图 3-5 所示。

②设置设备窗口。

触摸屏型号选定后，单击"确定"按钮，进入"工作台"界面，双击"设备窗口"，进入设备窗口，如图 3-6 和图 3-7 所示。

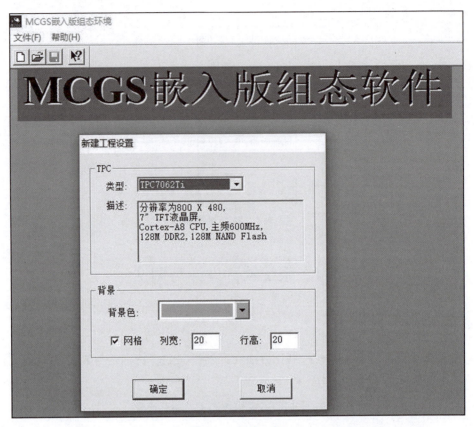

图 3-5　新建工程

图 3-6　"工作台"界面

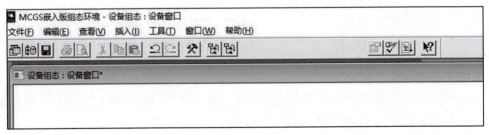

图 3-7　设备窗口

③单击工具条中的"工具箱"图标 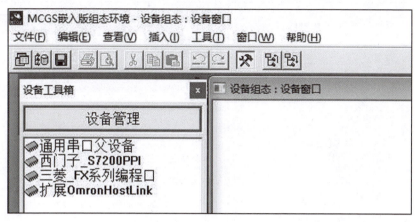，打开"设备工具箱"窗口，如图3-8所示。单击"设备工具箱"中的"设备管理"按钮，弹出如图3-9所示窗口。

图 3-8　"设备工具箱"窗口

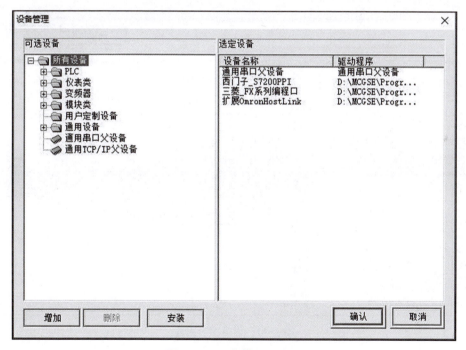

图 3-9　"设备管理"窗口

④先双击"通用TCP/IP父设备"，然后选择"可选设备"中的"西门子"，单击"西门子"前面的"+"号，选择"西门子_Smart200"，如图3-10所示。选择完成后，回到"设备组态"窗口，依次双击"通用 TCP/IP 父设备""西门子_Smart200"，完成设备组态，如图3-11所示。

⑤设置触摸屏 IP 地址。

在图 3-11 所示的设备 0 位置双击，进入"设备编辑窗口"，设置本地 IP 地址和

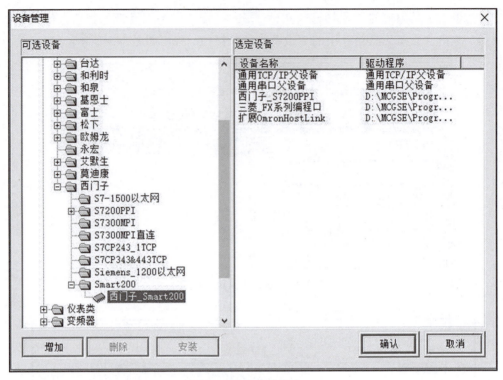

图 3-10　设备选择窗口

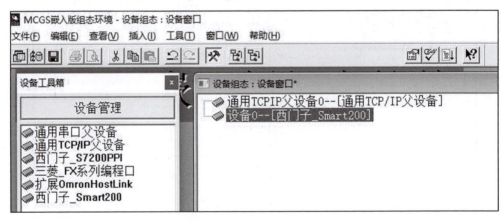

图 3-11　设备组态完成

远端 IP 地址。本地 IP 地址为触摸屏地址，远端 IP 地址为与触摸屏连接的 PLC 地址，如图 3-12 左侧所示。

⑥创建设备通道。

在图 3-12 所示设备窗口右侧，先删除全部通道，然后根据表 3-2 增加设备通道，弹出"添加设备通道"窗口，如图 3-13 所示。通道创建完成的界面如图 3-14 所示。

图 3-12　IP 地址设置窗口

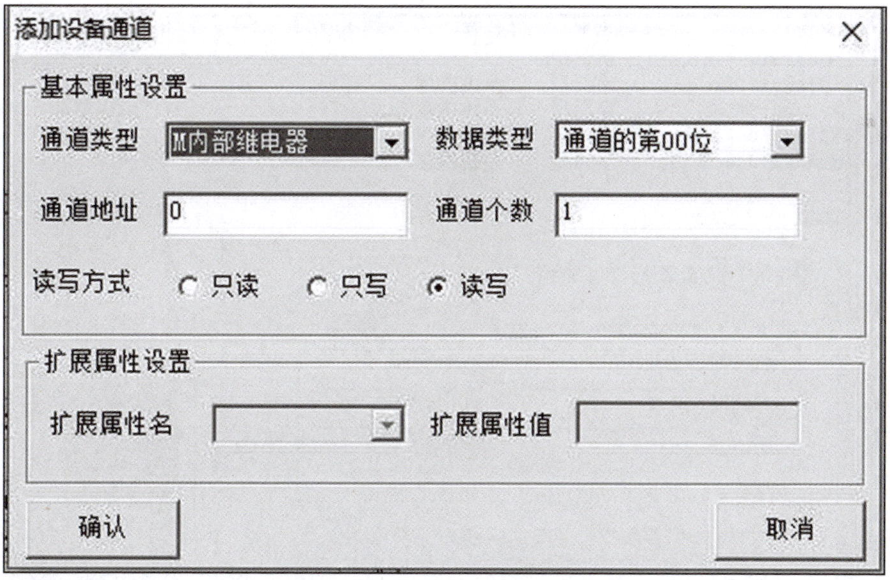

图 3-13　设备通道创建对话框

⑦回到工作台界面，选择"实时数据库"窗口，单击右侧的"新增对象"按钮，创建 MCGS 变量，双击"Data1"，弹出"数据对象属性设置"对话框，具体设置如图 3-15 所示。根据表 3-2 新增对象，如图 3-16 所示。

⑧在图 3-14 所示通道创建完成窗口中双击通道连接变量的空白处，弹出"变量选择"窗口，选择与本通道对应的变量，如图 3-17 所示。

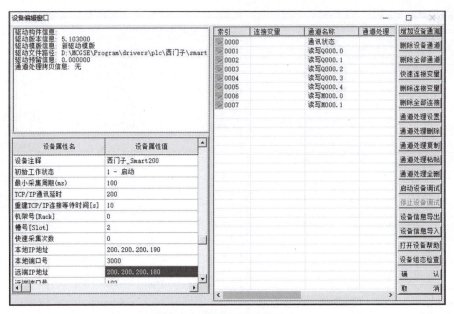

图 3-14　通道创建完成窗口

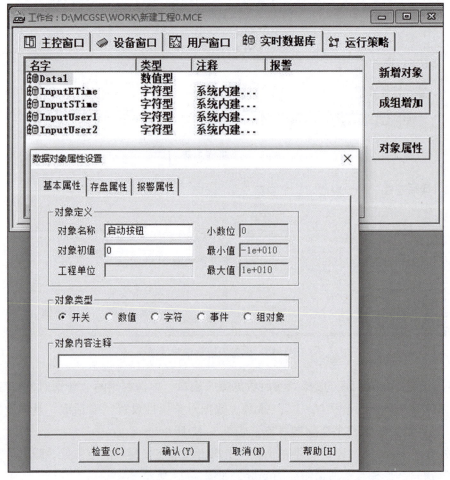

图 3-15　"数据对象属性设置"对话框

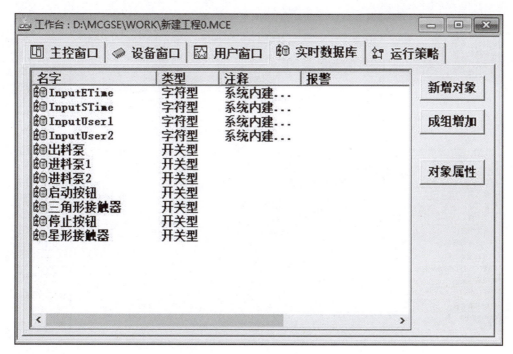

图 3-16 新增数据对象

（a）

图 3-17 通道与变量连接完成窗口

（b）

图 3-17　通道与变量连接完成窗口（续）

　　⑨回到工作台界面，选择"用户窗口"，单击右侧的"新建窗口"按钮，新建窗口 0，在"用户窗口属性设置"中将窗口名称改为"搅拌机控制系统监控"，如图 3-18 所示。

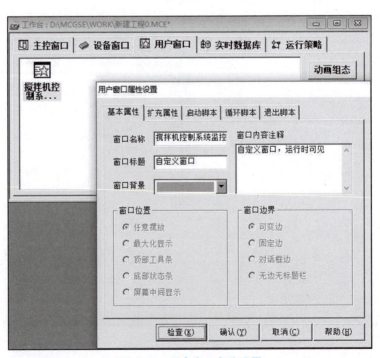

图 3-18　用户窗口名称设置

⑩双击"搅拌机控制系统监控",进入动画组态窗口,如图 3-19 所示。

图 3-19　动画组态窗口

⑪插入一个按钮。双击进入按钮属性设置窗口,在"基本属性"设置的文本中输入"启动按钮"。单击"操作属性"选项卡,勾选"数据对象值操作",抬起功能在下拉菜单中选择"清0",单击右边的"?"按钮,选择"启动按钮";按下功能在下拉菜单中选择"置1",单击右边的"?"按钮,选择"启动按钮",如图 3-20 所示。

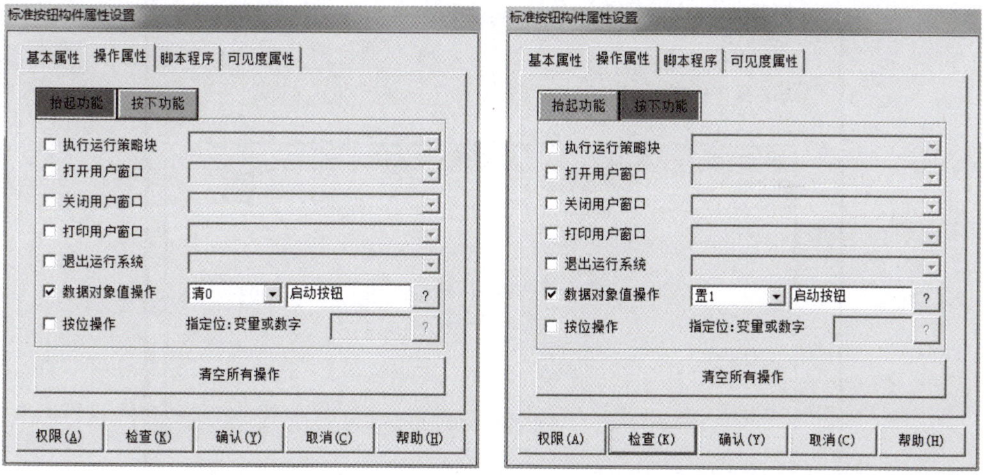

图 3-20　按钮抬起和按下功能

⑫在动态组态窗口中插入一个指示灯。单击工具箱中的"插入元件"图标 🔳 ,弹出对话框,如图 3-21 所示。在对象元件库的指示灯中选择指示灯 3,在窗口中就会出现指示灯图标 🟢 ,并在图标下面标注电源接触器 KM。双击指示灯,进入指示

灯"单元属性设置"窗口，单击"数据对象"选项卡，单击"数据对象连接"下面的"?"按钮，选择"电源接触器"，如图3-22所示。

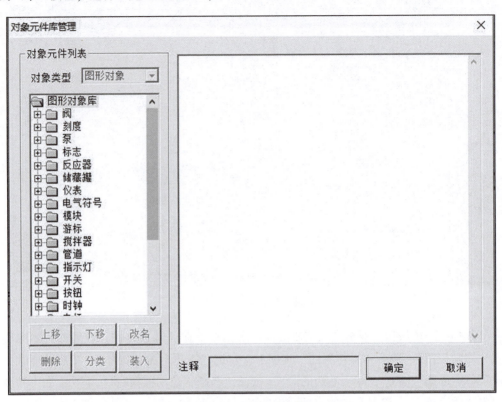

图3-21　对象元件库管理

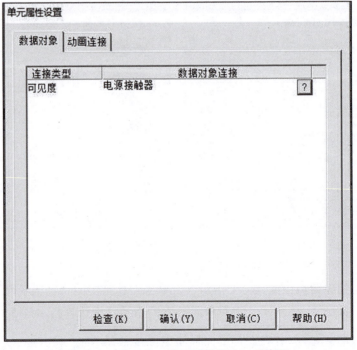

图3-22　指示灯"单元属性设置"对话框

⑬根据以上步骤完成搅拌机电气控制系统监控界面的设置，如图 3-23 所示。

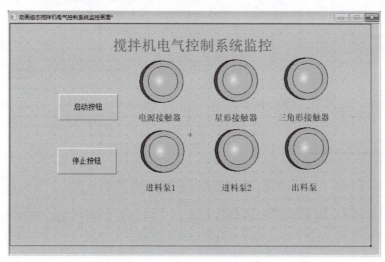

图 3-23　搅拌机电气控制系统监控界面

3.4.2　PLC 程序设计

①按下现场启动按钮或者界面启动按钮，进料泵 1 启动，当液位到达中液位传感器时或者按下停止按钮（现场停止按钮或者界面停止按钮），进料泵 1 停止，如图 3-24所示。

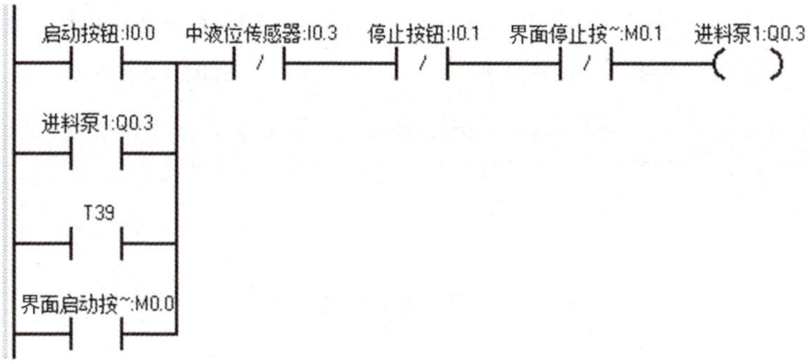

图 3-24　进料泵 1 得电运行

②当液位到达中液位传感器时，进料泵 2 启动，当液位到达高液位传感器时，进料泵 2 停止，如图 3-25 所示。

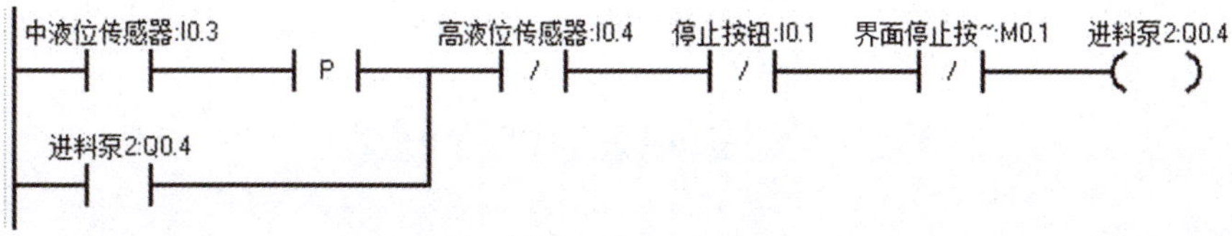

图 3-25　进料泵 2 得电运行

③当液位到达高液位传感器时，搅拌电机以星形降压启动，电源接触器和星形接触器线圈得电，星形运行 4 s，如图 3-26 所示。

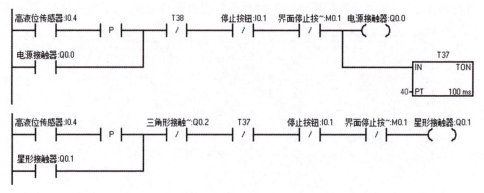

图 3-26　搅拌电机以星形降压启动

④星形运行 4 s 之后，星形接触器断电，三角形接触器得电，搅拌电机全压运行，运行 15 s 之后，搅拌电机关闭，如图 3-27 所示。

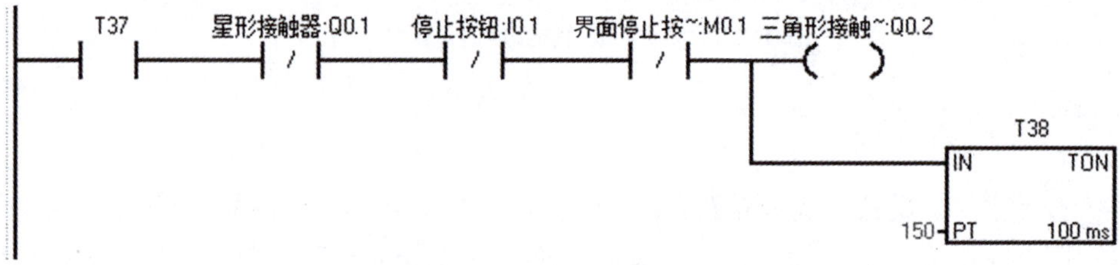

图 3-27　搅拌电机全压运行

⑤搅拌电机关闭之后，启动出料泵，当液体液位下降至低液位时，表明液体接近放空，启动 6 s 定时，时间到则液体放空，关闭出料泵，如图 3-28 所示。

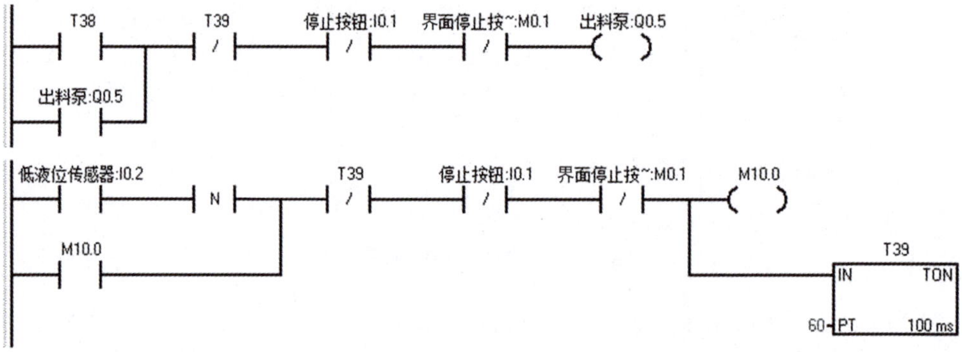

图 3-28　出料泵运行

3.5　实践演练与评价反馈

3.5.1　实践演练

一、任务分工

填写小组任务分配表。

小组任务分配表

班级		组号	
组长		学号	
组员 1		学号		组员 2		学号	
组员 3		学号		组员 4		学号	
组员 5		学号		组员 6		学号	
任务分工	姓名		负责工作	

二、知识准备

引导问题 1：液位传感器的工作原理是什么？液位传感器检测液位时，常开触点和常闭触点的工作状态是什么？

_____

_____

引导问题 2：若触摸屏 IP 地址设置为 192.168.2.1，如何正确进行 PLC 以及电脑的 IP 地址设置？

_____

_____

引导问题 3：选择 S7-200 SMART 作为控制器时，不同的定时器编号对应的分辨率是否相同？举例说明。

_____

_____

引导问题 4：在编写程序时，如何正确选用上升沿指令或者下降沿指令来检测液位上升到某位置或者下降到某位置？

_____

_____

三、工作实施

各小组根据项目控制要求，参考教材内容完成以下工作。

①列出 PLC 的 I/O 分配表。

序号	输入信号	PLC 地址	序号	输出信号	PLC 地址

②根据 PLC 的 I/O 分配表，绘制 PLC 的 I/O 接线图。

③根据项目控制要求编写系统控制程序。

④下载程序并进行调试，确认是否满足系统控制要求，填写调试记录，并谈谈完

成本项目的心得体会。

_____

_____

_____

_____

四、自主探究

根据所学内容进行项目拓展，各小组进行讨论，编写项目拓展任务书。

_____

_____

_____

_____

_____

_____

3.5.2　评价反馈

评价反馈由个人与小组自评、小组互评以及教师评价组成，填写个人与小组自评表、小组互评表以及教师评价表。

个人与小组自评表

班级		组名		日期	年　　月　　日
评价指标	评价内容			配分	得分
知识准备	1. 是否已提前熟悉本项目的控制要求； 2. 本项目涉及前序课程所学专业知识是否复习。			10	
操作实践	是否根据控制要求完成以下工作： 1. 硬件接线已调试完成； 2. 监控画面已设计完成； 3. 系统控制程序已调试完成； 4. 系统联机调试已完成。			40	
学习态度	1. 上课是否按时出勤； 2. 是否积极主动参与项目的安装与调试工作； 3. 同学之间是否相互理解、相互支持； 4. 与教师沟通是否顺畅。			10	
学习方法	1. 学习方法是否得当，有工作计划； 2. 技能实操是否符合操作规程； 3. 是否可以获得进一步提升的能力。			10	
工作过程	1. 每次课的工作任务完成情况； 2. 能否主动发现并提出有价值的问题； 3. 是否有解决问题的能力。			10	

评价指标	评价内容	配分	得分
自评反馈	1. 按时保质完成工作任务； 2. 掌握本项目相关专业知识； 3. 具有较强的分析问题、解决问题的能力； 4. 具有较强的团队协作能力； 5. 具有严谨的思维能力和表达能力。	20	
自评总分			
总结反馈			

小组互评表

班级		组名		日期	年　月　日
评价指标	评价内容			配分	得分
硬件组装与调试	1. 输入/输出信号分析； 2. 硬件选型； 3. I/O 分配表及接线图绘制； 4. 硬件安装、接线与调试。			25	
监控画面设计	1. 合理进行监控画面设计； 2. 正确选择监控画面控件； 3. 正确设置控件属性。			25	
控制程序设计与调试	1. 能正确设计程序； 2. 按控制要求进行调试。			40	
互评反馈	1. 按时保质完成工作任务； 2. 掌握本项目相关专业知识； 3. 具有较强的分析问题、解决问题的能力； 4. 具有较强的团队协作能力； 5. 具有严谨的思维能力和表达能力； 6. 是否完成本项目的心得体会。			10	
互评总分					
合理建议					

教师评价表

班级			组名			日期	年	月	日
小组成员 签名									

序号	评价 指标	评价内容	评价标准	配分	得分
1	任务 分工	1. 根据项目要求合理分工； 2. 小组成员之间协作情况。	1. 分工不合理，扣2分； 2. 团队成员之间出现不和谐现象，酌情扣2~5分。	5	
2	硬件 组装 与调试	1. 输入/输出信号分析； 2. 硬件选型； 3. I/O分配表及接线图绘制； 4. 硬件安装、接线与调试。	1. I/O地址遗漏或者错误，每处扣2分； 2. 接线图绘制错误或者不规范，每处扣2分； 3. 硬件安装不规范、接线不规范或者错误，每处扣2分。	25	
3	监控 画面 设计	1. 合理进行监控画面设计； 2. 正确选择监控画面控件； 3. 正确设置控件属性。	1. 监控画面设计不合理，扣5分； 2. 画面控件选择错误，每处扣5分； 3. 控件属性设置错误，每处扣5分。	25	
4	控制 程序 设计 与调试	1. 能正确设计程序； 2. 按控制要求进行调试。	1. 指令有错误，每处扣2分； 2. 不能实现启动，扣5分； 3. 不能实现进料，扣5分； 4. 不能实现搅拌，扣5分； 5. 不能实现放料，扣5分； 6. 不能实现停止、急停，扣5分； 7. 不能实现循环，扣5分。	35	
5	职业 素养	1. 遵守教学场所规章制度； 2. 安全生产、文明操作意识。	1. 迟到、早退或不遵守教学场所规章制度，扣5分； 2. 设备首次上电前未进行请示，扣2分；带电操作者，视情况扣5~10分； 3. 出现重大事故或者人为损坏设备，扣10分； 4. 工具材料摆放不整齐，扣2分；踩踏导线，扣2分； 5. 项目完成后，未进行工位清理，扣5分。	10	

鼓风机电气控制系统安装与调试

 学习目标

①能用 S7-200 SMART 控制双速电机的高、低速运行；
②能完成双速电机的三角形和星形接法的电路连接；
③能完成鼓风机电气控制系统的运行监控界面设计；
④能完成鼓风机电气控制系统的运行和调试。

德育教育4　因地制宜、灵活变通之"双速"控制

在工厂生产车间里，为了通风、降温、除尘和物料输送等，使用着各种不同型号的鼓风机，这些鼓风机几乎都是双速三相异步电机驱动的，在工作中还要根据生产的进度、环境温度的变化等要求进行风机的开关、高低转换等自动控制。

双速电机，顾名思义，就是有两种运行速度的电机，属于异步电机变极调速，是通过改变定子绕组的连接方法达到改变定子旋转磁场磁极对数，从而改变电机转速的。双速电机（风机）高低速变换主要是通过改变外部控制线路来改变电机线圈的绕组连接方式来实现的。

根据公式 $n=\dfrac{60f}{p}$ 可知，异步电机的同步转速与磁极对数成反比，磁极对数增加一倍，同步转速 n 下降至原转速的一半，电机额定转速 n 也将下降近似一半，所以改变磁极对数可以达到改变电机转速的目的。这种调速方法是有级的，不能平滑调速，并且只适用于鼠笼式电机。

4.1　控制要求

双速电动机工作原理

鼓风机控制系统有两个按钮控制风机的启动和停止。按下启动按钮之后，鼓风机控制系统启动，双速电机带动风机低速运行，运行 12 s 之后，双速电机自动转换为高速运行；按下停止按钮，双速电机自动切换为低速运行，运行 12 s 之后，系统停止运行。

在触摸屏上设计启动和停止两个按钮，同时做两个指示灯来显示双速电机的高、低速运行状态。

4.2 方案设计

鼓风机控制系统框图如图4-1所示。本系统采用S7-200 SMART作为控制器，启动按钮和停止按钮控制鼓风机的启动和停止；MCGS触摸屏上设计启动和停止信号，以实现两地控制，同时监控双速电机的高低速运行状态。

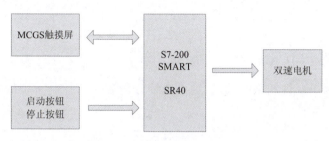

图4-1 鼓风机控制系统框图

4.3 系统电气设计与安装

4.3.1 电气原理分析

鼓风机控制系统由双速电机驱动，合上开关QS，按下启动按钮，KM1线圈得电，KM1主触点吸合，双速电机以三角形连接方式低速运行。运行12 s之后，KM1线圈失电，KM2和KM3线圈得电，KM2和KM3主触点吸合，双速电机以双星形连接方式高速运行。按下停止按钮，KM2和KM3线圈失电，KM2和KM3主触点断开，KM1线圈得电，KM1主触点吸合，双速电机切换到三角形连接方式低速运行，运行12 s之后，双速电机停止。双速电机控制系统主电路如图4-2所示。

4.3.2 I/O地址分配

根据鼓风机控制系统的分析，本系统输入信号有启动按钮、停止按钮，输出信号有三角形接触器KM1、双星形接触器KM2、双星形接触器KM3。具体输入/输出信号地址分配情况见表4-1。

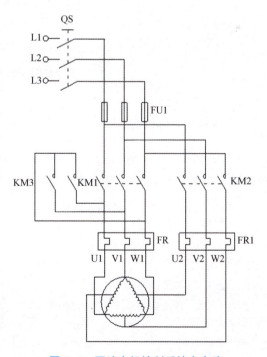

图4-2 双速电机控制系统主电路

表 4-1　输入/输出信号地址分配表

输入信号			输出信号		
序号	信号名称	PLC 地址	序号	信号名称	PLC 地址
1	启动按钮	I0.0	1	三角形接触器 KM1	Q0.0
2	停止按钮	I0.1	2	双星形接触器 KM2	Q0.1
			3	双星形接触器 KM3	Q0.2

4.3.3　系统的 PLC 接线图

根据原理分析及控制系统输入/输出地址分配表，该控制系统的 PLC 接线图如图 4-3 所示。

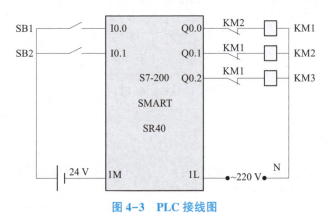

图 4-3　PLC 接线图

4.4　系统软件设计与调试

4.4.1　MCGS 组态设计

在进行触摸屏组态设计时，制作界面和元器件关联，特别是与 PLC 关联的元件，具体地址设置见表 4-2。

表 4-2　MCGS 通道与 PLC 地址连接表

输入信号			输出信号		
序号	MCGS 通道	PLC 地址	序号	MCGS 通道	PLC 地址
1	启动按钮	M0.0	1	三角形接触器 KM1	Q0.0
2	停止按钮	M0.1	2	双星形接触器 KM2	Q0.1
			3	双星形接触器 KM3	Q0.2

鼓风机电气控制系统安装与调试监控界面设计步骤可参考项目三，组态界面如图 4-4 所示。

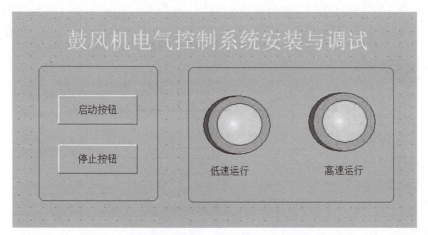

图 4-4　鼓风机电气控制系统安装与调试组态界面

4.4.2　PLC 程序设计

根据鼓风机电气控制系统的控制要求，系统控制程序分为上电初始化复位、三角形连接低速运行和双星形高速运行。

①上电初始化复位，如图 4-5 所示。

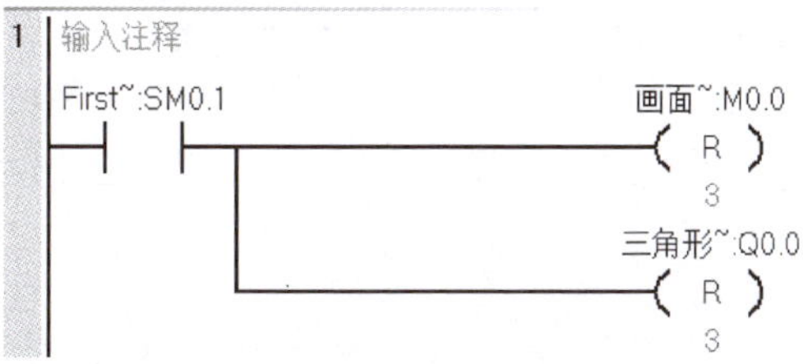

图 4-5　上电初始化复位

②按下设备上的启动按钮 I0.0 或者触摸屏上的启动按钮 M0.0，双速电机以三角形连接方式低速运行 12 s，接通 Q0.0，如图 4-6 所示。

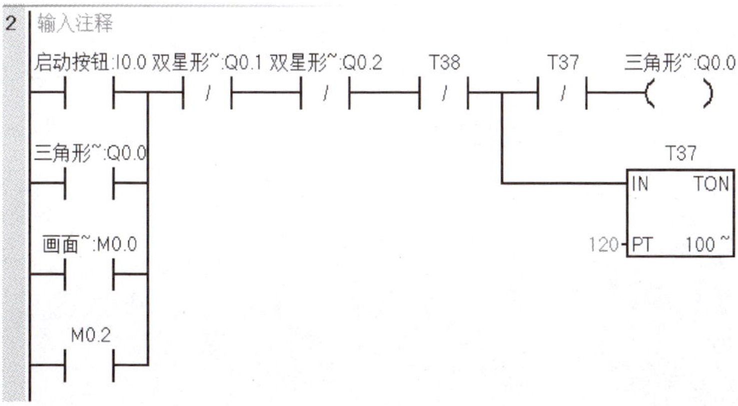

图 4-6　三角形连接低速运行

③低速运行 12 s 之后，启动双星形高速运行，接通 Q0.1 和 Q0.2，如图 4-7 所示。

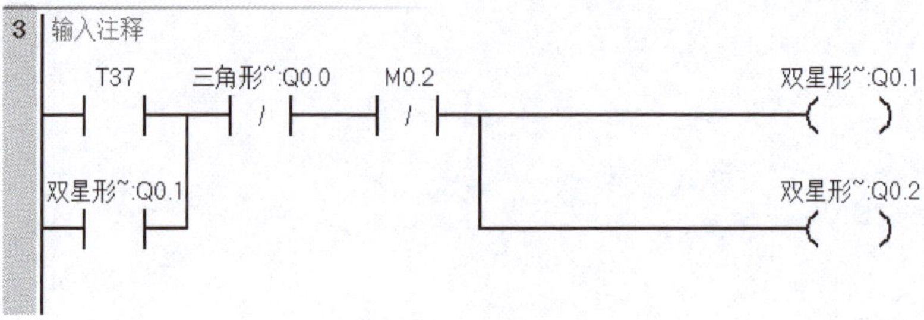

图 4-7 双星形高速运行

④按下设备上的停止按钮 I0.1 或者触摸屏上的停止按钮 M0.1，接通中间变量 M0.2，由 M0.2 停止双星形高速运行 Q0.1 和 Q0.2，启动三角形低速运行 Q0.0，同时启动 12 s 定时器 T38，当 12 s 时间到时，断开三角形低速运行 Q0.0 和中间变量 M0.2，如图 4-8 所示。

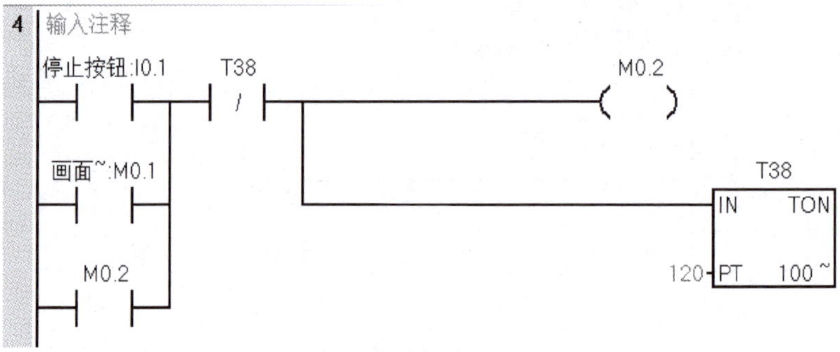

图 4-8 停止运行

双速电机主要用于煤矿、石油天然气、石油化工和化学工业。此外，在纺织、冶金、城市煤气、交通、粮油加工、造纸、医药等部门也被广泛应用。双速电机作为主要的动力设备，通常用于驱动泵、风机、压缩机和其他传动机械。

4.5 实践演练与评价反馈

4.5.1 实践演练

一、任务分工

填写小组任务分配表。

小组任务分配表

班级			组号		
组长			学号		
组员 1		学号	组员 2		学号	
组员 3		学号	组员 4		学号	
组员 5		学号	组员 6		学号	
任务分工	姓名		负责工作		

二、知识准备

引导问题 1：双速电机高低速运行时，电机的三相绕组各采用什么连接方式？

_____

_____

_____

_____

引导问题 2：双速电机的工作原理是什么？

_____

_____

_____

引导问题 3：使用 MCGS 进行监控画面设计时，设备编辑窗口中，本地 IP 地址为哪个设备的 IP 地址？远端 IP 地址为哪个设备的 IP 地址？

_____

_____

_____

_____

三、工作实施

各小组根据项目控制要求，参考教材内容完成以下工作。

①列出 PLC 的 I/O 分配表。

序号	输入信号	PLC 地址	序号	输出信号	PLC 地址

②根据 PLC 的 I/O 分配表，绘制 PLC 的 I/O 接线图。

③根据项目控制要求编写系统控制程序。

_____

_____

_____

_____

_____

④下载程序并进行调试，确认是否满足系统控制要求，填写调试记录，并谈谈完成本项目的心得体会。

_____

_____

_____

_____

_____

_____

四、自主探究

根据所学内容进行项目拓展，各小组进行讨论，编写项目拓展任务书。

_____

_____

_____

_____

4.5.2　评价反馈

评价反馈由个人与小组自评、小组互评以及教师评价组成，填写个人与小组自评表、小组互评表以及教师评价表。

个人与小组自评表

班级		组名		日期	年　　月　　日	
评价指标		评价内容		配分	得分	
知识准备	1. 是否已提前熟悉本项目的控制要求； 2. 本项目涉及前序课程所学专业知识是否复习。			10		
操作实践	是否根据控制要求完成以下工作： 1. 硬件接线已调试完成； 2. 监控画面已设计完成； 3. 系统控制程序已调试完成； 4. 系统联机调试已完成。			40		
学习态度	1. 上课是否按时出勤； 2. 是否积极主动参与项目的安装与调试工作； 3. 同学之间是否相互理解、相互支持； 4. 与教师沟通是否顺畅。			10		
学习方法	1. 学习方法是否得当，有工作计划； 2. 技能实操是否符合操作规程； 3. 是否可以获得进一步提升的能力。			10		
工作过程	1. 每次课的工作任务完成情况； 2. 能否主动发现并提出有价值的问题； 3. 是否有解决问题的能力。			10		
自评反馈	1. 按时保质完成工作任务； 2. 掌握本项目相关专业知识； 3. 具有较强的分析问题、解决问题的能力； 4. 具有较强的团队协作能力； 5. 具有严谨的思维能力和表达能力。			20		
自评总分						
总结反馈						

小组互评表

班级		组名		日期	年　月　日	
评价指标	评价内容			配分	得分	
硬件组装与调试	1. 输入/输出信号分析； 2. 硬件选型； 3. I/O 分配表及接线图绘制； 4. 硬件安装、接线与调试。			25		
监控画面设计	1. 合理进行监控画面设计； 2. 正确选择监控画面控件； 3. 正确设置控件属性。			25		
控制程序设计与调试	1. 能正确设计程序； 2. 按控制要求进行调试。			40		
互评反馈	1. 按时保质完成工作任务； 2. 掌握本项目相关专业知识； 3. 具有较强的分析问题、解决问题的能力； 4. 具有较强的团队协作能力； 5. 具有严谨的思维能力和表达能力； 6. 是否完成本项目的心得体会。			10		
互评总分						
合理建议						

教师评价表

班级		组名		日期	年　月　日	
小组成员签名						
序号	评价指标	评价内容	评价标准		配分	得分
1	任务分工	1. 根据项目要求合理分工； 2. 小组成员之间协作情况。	1. 分工不合理，扣 2 分； 2. 团队成员之间出现不和谐现象，酌情扣 2~5 分。		5	
2	硬件组装与调试	1. 输入/输出信号分析； 2. 硬件选型； 3. I/O 分配表及接线图绘制； 4. 硬件安装、接线与调试。	1. I/O 地址遗漏或者错误，每处扣 2 分； 2. 接线图绘制错误或者不规范，每处扣 2 分； 3. 硬件安装不规范、接线不规范或者错误，每处扣 2 分。		25	

序号	评价指标	评价内容	评价标准	配分	得分
3	监控画面设计	1. 合理进行监控画面设计； 2. 正确选择监控画面控件； 3. 正确设置控件属性。	1. 监控画面设计不合理，扣5分； 2. 画面控件选择错误，每处扣5分； 3. 控件属性设置错误，每处扣5分。	25	
4	控制程序设计与调试	1. 能正确设计程序； 2. 按控制要求进行调试。	1. 指令有错误，每处扣2分； 2. 不能实现低速启动，扣10分； 3. 不能实现低速转高速运行，扣5分； 4. 按下停止按钮，不能实现高速转低速运行，扣10分，不能按要求停止，扣5分。	35	
5	职业素养	1. 遵守教学场所规章制度； 2. 安全生产、文明操作意识。	1. 迟到、早退或不遵守教学场所规章制度，扣5分； 2. 设备首次上电前未进行请示，扣2分；带电操作者，视情况扣5~10分； 3. 出现重大事故或者人为损坏设备，扣10分； 4. 工具材料摆放不整齐，扣2分；踩踏导线，扣2分； 5. 项目完成后，未进行工位清理，扣5分。	10	

龙门刨床电气控制系统安装与调试

 学习目标

① 能利用 S7-300 软件控制变频器实现电机的多段速调速操作；
② 能完成 PLC、变频器与龙门刨床的电气线路连接；
③ 能完成龙门刨床的电气控制系统监控界面设计；
④ 能完成龙门刨床电气控制系统的运行与调试。

德育教育 5　变频器的前世今生

　　刨床具有门式框架和卧式长床身结构。龙门刨床主要用于刨削大型工件，也可以在工作台上装夹多个零件同时加工，是工业母机，在工业生产中占有重要地位。龙门刨床主拖动电气控制系统，是由工作台带着工件通过门式框架做直线往复运动和调速，空行程速度大于工作行程速度。传统刨床工作台的驱动可用发电机-电机组或可控硅直流调速方式，调速范围较大，在低速时也能获得较大的驱动力。但控制繁杂，维护、检修困难。

　　龙门刨床主要用来加工机床床身、箱体、横梁、立柱、导轨等大型机件的水平面、垂直面、倾斜面及导轨面等。主要由 7 部分组成，如图 5-1 所示。

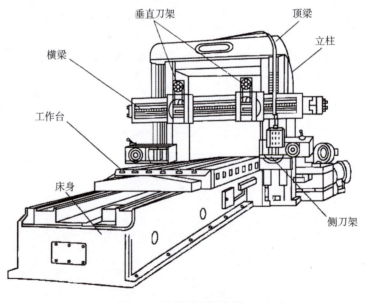

图 5-1　龙门刨床示意图

床身是一个箱形体，上有 V 形和 U 形导轨，用于安置工作台。工作台也叫刨台，用于安置工件。下有传动机构，可顺着床身的导轨做往复运动。横梁用于安置垂直刀架。在切削过程中严禁动作，仅在更换工件时移动，用于调整刀架的高度。左右垂直刀架安装在横梁上，可沿水平方向移动，刨刀也可沿刀架本身的导轨垂直移动。左右侧刀架安装在立柱上，可上、下移动。立柱用于安装横梁及刀架。龙门顶用于坚固立柱。

5.1　控制要求

龙门刨床的刨削过程是工件（安置在刨台上）与刨刀之间做相对运动的过程。因为刨刀是不动的，所以龙门刨床的主运动就是刨台的频繁往复运动。

刨台运动一个周期主要有 5 个时段，即慢速切入时段、正常切削时段、退出工件时段、高速返回时段和缓冲时段，如图 5-2 所示。为便于切削前调整，刨台必须能够点动，常称为"刨台步进"和"刨台步退"。

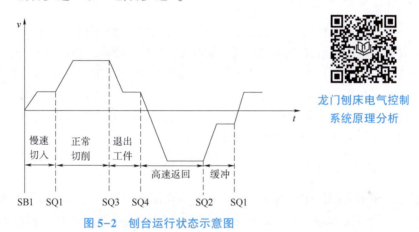

龙门刨床电气控制
系统原理分析

图 5-2　刨台运行状态示意图

工作台拖动常规采用 G-M（发电机-电机组）调速系统，通过调节直流电机电压来调节输出速度，并采用两级齿轮变速箱变速的机电联合调节方法。该调速系统结构复杂，现在多数调速系统采用 MM420 变频器驱动该机床工作台电机的工作。本装置模拟控制系统由 1 个启动按钮和 4 个位置检测传感器构成。

按下启动按钮后，系统自动运行，首先启动变频器以 15 Hz 的频率带动工件慢速切入。当工件到达 SQ1 位置时，加速至 50 Hz，带动工件高速前进，实现正常切削加工。当工件到达 SQ3 位置时，减速至 15 Hz 运行，退出工件。当工件到达 SQ4 位置时，工件以 45 Hz 高速返回。当到达 SQ2 位置时，以 20 Hz 的速度进行缓冲。当到达 SQ1 位置时，变频器停止工作。在触摸屏上添加各个位置按钮，模拟工件到达的位置，并且显示电机当前的运行频率。

5.2　系统方案设计

龙门刨床控制系统框图如图 5-3 所示。本系统采用 S7-300 PLC 作为控制器，启动按钮启动变频器进行多段速控制。触摸屏上设计启动按钮及位置按钮，实现两地控制，同时，在触摸屏上设有输出框，用于监控电机的当前运行频率。

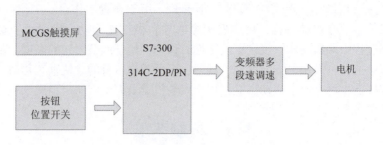

图 5-3　龙门刨床控制系统框图

5.3　系统电气设计与安装

5.3.1　电气原理分析

按下启动按钮后，系统自动运行，首先启动变频器以 15 Hz 的频率带动工件慢速切入，当工件到达 SQ1 位置时，加速至 50 Hz，带动工件高速前进，实现正常切削加工，当工件到达 SQ3 位置时，减速至 15 Hz 运行，退出工件，当工件到达 SQ4 位置时，工件以 45 Hz 高速返回，当到达 SQ2 位置时，以 20 Hz 的速度进行缓冲，当到达 SQ1 位置时，变频器停止工作。在触摸屏上添加各个位置按钮，模拟工件到达的位置，并且显示电机当前的运行频率。

5.3.2　I/O 地址分配

根据龙门刨床控制系统的分析，本系统输入信号有启动按钮及位置传感器 SQ1、SQ2、SQ3、SQ4，输出信号有第一段速 15 Hz 地址 Q4.0、第二段速 50 Hz 地址 Q4.1、第三段速 15 Hz 地址 Q4.0、第四段速 45 Hz 地址 Q4.0 和地址 Q4.1、第五段速 20 Hz 地址 Q4.2。具体输入/输出信号地址分配情况见表 5-1。

表 5-1　输入/输出信号地址分配表

输入信号			输出信号		
序号	信号名称	PLC 地址	序号	信号名称	PLC 地址
1	启动按钮	I0.0	1	DIN1	Q4.0
2	位置传感器 SQ1	I0.1	2	DIN2	Q4.1
3	位置传感器 SQ2	I0.2	3	DIN3	Q4.2
4	位置传感器 SQ3	I0.3	4		
5	位置传感器 SQ4	I0.4	5		

5.3.3　变频器多段速组合

一、MM420 变频器介绍

变频器 MM420 系列（MicroMaster 420）是德国西门子公司用于控制三相交流电

机速度的变频器。本系列有多种型号，从单相电源电压，额定功率 120 W 到三相电源电压，额定功率 11 kW 可供用户选用。

本变频器由微处理器控制，并采用具有现代先进技术水平的绝缘栅双极型晶体管（IGBT）作为功率输出器件。因此，它们具有很高的运行可靠性和功能的多样性。其脉冲宽度调制的开关频率是可选的，因而降低了电机运行的噪声。全面而完善的保护功能为变频器和电机提供了良好的保护。

MM420 具有缺省的工厂设置参数，它是给数量众多的简单的电机控制系统供电的理想变频驱动装置。由于 MM420 具有全面而完善的控制功能，在设置相关参数以后，它也可用于更高级的电机控制系统。

二、MM420 变频器的接线原理图

MM420 变频器的电路分两大部分：一部分是完成电能转换（整流、逆变）的主电路；另一部分是处理信息的收集、变换和传输的控制电路。其接线图如图 5-4 和图 5-5 所示。

变频器原理及
主要参数

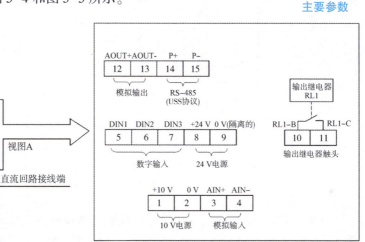

图 5-4 变频器接线端子

1. 主电路

主电路是由电源输入单相或三相恒压恒频的正弦交流电压，经整流电路转换成恒定的直流电压，供给逆变电路。逆变电路在 CPU 的控制下，将恒定的直流电压逆变成电压和频率均可调的三相交流电供给电机负载。MM420 变频器的直流环节是通过电容进行滤波的，因此属于电压型交-直-交变频器。

2. 控制电路

控制电路是由 CPU、模拟输入、模拟输出、数字输入、输出继电器触点、操作板等组成。

端子 1、2：变频器为用户提供了一个高精度的 10 V 直流稳压电源。当采用模拟电压信号输入方式输入给定频率时，为了提高交流变频调速系统的控制精度，必须配备一个高精度的直流稳压电源作为模拟电压输入的直流电源。

模拟输入端 3、4：一对模拟电压给定输入端，为用户提供频率给定信号，经变频器内模/数转换器，将模拟量转换成数字量，传输给 CPU 来控制系统。

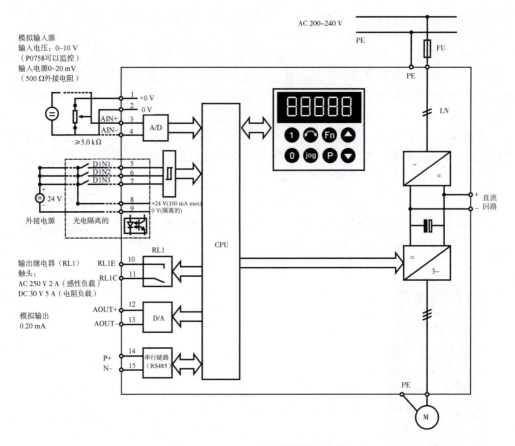

图5-5 MM420变频器接线原理图

数字输入端5、6、7：为3个完全可编程的数字输入端。数字输入信号经光耦隔离输入CPU，对电机进行正反转、正反向点动、固定频率设定值控制等。

端子8、9：24 V直流电源端，为变频器的控制电路提供24 V直流电源。

输出端10、11：为输出继电器的一对触头。

输出端12、13：为一对模拟输出端。

输入端14、15：RS-485（USS-协议）端。

三、MM420变频器的调试与操作

MM420变频器在标准供货方式时装有状态显示板（SDP），对于很多用户来说，利用SDP和制造厂的缺省设置值，就可以使变频器成功地投入运行。如果工厂的缺省设置值不适合用户的设备情况，用户可以利用基本操作板（BOP）或高级操作板（AOP）修改参数，使之匹配起来。BOP和AOP是作为可选件供货的。用户也可以用PC IBN工具"Drive Monitor"或"STARTER"来调整工厂的设置值。相关的软件在随变频器供货的CD-ROM中可以找到。MM420变频器的操作面板如图5-6所示。

1. 状态显示板（SDP）调试和操作

状态显示板（SDP）如图5-6所示。SDP上有两个LED指示灯，用于显示变频器当前的运行状态，其运行状态见表5-2。

SDP
状态显示板

BOP
基本操作板

AOP
高级操作板

图 5-6 MM420 变频器的操作面板

表 5-2 变频器运行状态

LED 指示灯状态		变频器运行状态
绿色指示灯	黄色指示灯	
OFF	OFF	电源未接通
ON	ON	运行准备就绪，等待投入运行
ON	OFF	变频器正在运行

采用 SDP 进行操作时，变频器的工厂缺省设置值见表 5-3。

表 5-3 用 SDP 操作时的缺省设置值

操作	端子	参数	缺省操作
数字输入 1	5	P0701 = '1'	ON，正向运行
数字输入 2	6	P0702 = '12'	反向运行
数字输入 3	7	P0703 = '9'	故障复位
输出继电器	10/11	P0731 = '52. 3'	故障识别
模拟输出	12/13	P0771 = 21	输出频率
模拟输入	3/4	P0700 = 0	频率设定值
	1/2		模拟输入电源

2. 基本操作面板（BOP）操作

基本操作面板（BOP）如图 5-6 所示。基本操作面板（BOP）可以改变变频器的各个参数。为了利用 BOP 设定参数，必须首先拆下 SDP，并装上 BOP。

BOP 具有 7 段显示的五位数字，可以显示参数的序号和数值、报警和故障信息，以及设定值和实际值。BOP 不能存储参数信息。

（1）基本操作面板（BOP）上的按钮及其功能

基本操作面板（BOP）上的按钮及其功能说明见表 5-4。BOP 面板操作时的工厂缺省设置值见表5-5。

表5-4　基本操作面板（BOP）上的按钮

显示/按钮	功能	功能说明
r0000	状态显示	LCD显示变频器当前的设定值
I	启动变频器	按此键启动变频器。缺省值运行时，此键是被封锁的。为了使此键的操作有效，应设定P0700=1
0	停止变频器	OFF1：按此键，变频器将按选定的斜坡下降速率减速停车。缺省值运行时，此键被封锁；为了允许此键操作，应设定P0700=1。 OFF2：按此键两次（或一次，但时间较长），电机将在惯性作用下自由停车。 此功能总是"使能"的
（改变方向键）	改变电机的转动方向	按此键可以改变电机的转动方向。电机的反向用负号（-）表示或用闪烁的小数点表示。缺省值运行时，此键是被封锁的，为了使此键的操作有效，应设定P0700=1
jog	电机点动	在变频器无输出的情况下按此键，将使电机启动，并按预设定的点动频率运行。释放此键时，变频器停车。如果变频器/电机正在运行，按此键将不起作用
Fn	功能	此键用于浏览辅助信息。 变频器运行过程中，在显示任何一个参数时按下此键并保持不动2 s，将显示以下参数值（在变频器运行中，从任何一个参数开始）： ①直流回路电压（用d表示，单位：V）； ②输出电流（A）； ③输出频率（Hz）； ④输出电压（用o表示，单位：V）。 ⑤由P0005选定的数值（如果P0005选择显示上述参数中的任何一个（3、4或5），这里将不再显示）。 连续多次按下此键，将轮流显示以上参数。 跳转功能： 在显示任何一个参数（r××××或P××××）时短时间按下此键，将立即跳转到r0000，如果需要，可以接着修改其他的参数。跳转到r0000后，按此键将返回原来的显示点。 可用于确认故障的发生
P	访问参数	按此键即可访问参数
▲	增加数值	按此键即可增加面板上显示的参数数值
▼	减少数值	按此键即可减少面板上显示的参数数值

表 5-5　用 BOP 操作时的缺省设置值

参数	说明	缺省值欧洲（或北美）地区
P0100	运行方式	50 Hz，kW（60 Hz，hp）
P0307	功率（电机额定值）	kW（Hp）
P0310	电机的额定频率/Hz	50（60）
P0311	电机的额定速度/（r·min⁻¹）	1 395（1 680）（取决于变量）
P1082	最大电机频率/Hz	50（60）

注：1. 在缺省设置时，用 BOP 控制电机的功能是被禁止的。如果要用 BOP 进行控制，参数
　　　P0700 应设置为 1，参数 P1000 也应设置为 1。
　　2. 变频器加上电源时，也可以把 BOP 装到变频器上，或从变频器上将 BOP 拆卸下来。
　　3. 如果 BOP 已经设置为 I/O 控制（P0700 = 1），在拆卸 BOP 时，变频器驱动装置将自动
　　　停车。

（2）用基本操作面板（BOP）更改参数的数值

以修改参数 P0004 及下标参数 P0719 的数值为例，来说明参数修改的步骤，见表 5-6 和表 5-7。

表 5-6　修改参数过滤器 P0004

操作步骤	显示结果
1. 按 🅟 访问参数	r 0000
2. 按 🔼 直到显示出 P0004	P0004
3. 按 🅟 进入参数数值访问级	0
4. 按 🔼 或 🔽 找到所需数值	3
5. 按 🅟 确认并存储参数数值	P0004

表 5-7　修改命令/设定值源参数 P0719

操作步骤	显示结果
1. 按 🅟 访问参数	r 0000
2. 按 🔼 直到显示出 P0719	P0719
3. 按 🅟 进入参数数值访问级	in000

操作步骤	显示结果
4. 按 ⓟ 显示当前设定值	0
5. 按 ⬆ 或 ⬇ 选择运行所需数值	12
6. 按 ⓟ 确认并存储参数数值	P0719

（3）快速修改参数数值

为了快速修改参数数值，可配合功能键 ⒻⓃ 修改显示出的每个数字，确信已处于某一参数数值的访问级，操作步骤如下。

①按 ⒻⓃ （功能键），最右边的一个数字闪烁；

②按 ⬆ 或 ⬇，修改该位数字的数值；

③再按 ⒻⓃ （功能键），相邻的下一位数字闪烁；

④执行步骤②~④，直到显示出所要求的数值；

⑤按 ⒻⓃ，退出参数数值的访问级。

3. 用高级操作面板（AOP）操作

快速流程如下：

①设置 P0010=1，开始快速调试。

②P0100 选择工作地区是欧洲/北美。

=0，功率单位为 kW；f 的缺省值为 50 Hz；

=1，功率单位为 hp；f 的缺省值为 60 Hz；

=2，功率单位为 kW；f 的缺省值为 60 Hz。

注：P0100 的设定值 0 和 1 应该用 DIP 开关来更改，使其设定的值固定不变。

③设置电机参数 P0304~P0311（有关数值参看电机铭牌）。

④设置 P3900 结束快速调试。

⑤设置 P0010=0，进入准备运行状态。

注：如果调试结束后选定 P3900=1，那么 P0010 将自动回零。

四、多段速控制

当变频器的命令源参数 P0700=2（外部 I/O）时，选择频率设定的信号源参数 P1000=3（固定频率），并在设定数字输入端子 DIN1、DIN2、DIN3 等相应的功能后，就可以通过外接的开关器件的组合通断改变输入端子的状态，从而实现电机速度的有级调整。这种控制频率的方式称为多段速控制功能。

选择数字输入 1（DIN1）功能的参数为 P0701，缺省值=1；

选择数字输入 2（DIN2）功能的参数为 P0702，缺省值=12；

选择数字输入 3（DIN3）功能的参数为 P0703，缺省值=9。

为了实现多段速控制功能，应该修改这 3 个参数，给 DIN1、DIN2、DIN3 端子赋予相应的功能。

参数 P0701、P0702、P0703 均属于"命令，二进制 I/O"参数组（P0004 = 7），可能的设定值见表 5-8。

表 5-8　参数 P0701、P0702、P0703 可能的设定值

设定值	所指定参数值意义	设定值	所指定参数值意义
0	禁止数字输入	13	MOP（电动电位计）升速（增加频率）
1	接通正转/停车命令 1	14	MOP 降速（减少频率）
2	接通反转/停车命令 1	15	固定频率设定值（直接选择）
3	按惯性自由停车	16	固定频率设定值（直接选择+ON 命令）
4	按斜坡函数曲线快速降速停车	17	固定频率设定值（二进制编码的十进制数（BCD 码）选择+ON 命令）
9	故障确认	21	机旁/远程控制
10	正向点动	25	直流注入制动
11	反向点动	29	由外部信号触发跳闸
12	反转	33	禁止附加频率设定值
		99	使能 BICO 参数化

由表 5-8 可见，参数 P0701、P0702、P0703 设定值取值为 15、16、17 时，选择固定频率的方式确定输出频率（FF 方式）。这 3 种选择说明如下：

1. 直接选择（P0701～P0703 = 15）

在这种操作方式下，一个数字输入选择一个固定频率。如果有几个固定频率输入同时被激活，选定的频率是它们的总和。例如 FF1+FF2+FF3。在这种方式下，还需要一个 ON 命令才能使变频器投入运行。

2. 直接选择+ON 命令（P0701～P0703 = 16）

选择固定频率时，既有选定的固定频率，又带有 ON 命令，把它们组合在一起。在这种操作方式下，一个数字输入选择一个固定频率。如果有几个固定频率输入同时被激活，选定的频率是它们的总和。例如 FF1+FF2+FF3。

3. 二进制编码的十进制数（BCD 码）选择+ON 命令（P0701～P0703 = 17）

使用这种方法最多可以选择 7 个固定频率。各个固定频率的数值见表 5-9。

表 5-9　固定频率的数值选择

参数	频率段	DIN3	DIN2	DIN1
	OFF	0	0	0
P1001	FF1	0	0	1
P1002	FF2	0	1	0

参数	频率段	DIN3	DIN2	DIN1
P1003	FF3	0	1	1
P1004	FF4	1	0	0
P1005	FF5	1	0	1
P1006	FF6	1	1	0
P1007	FF7	1	1	1

综上所述，实现多段速控制的参数设置步骤如下：

①设置 P0004＝7，选择"外部 I/O"参数组，然后设定 P0700＝2；指定命令源为"由端子排输入"。

②设定 P0701、P0702、P0703＝15～17，确定数字输入 DIN1、DIN2、DIN3 的功能。

③设置 P0004＝10，选择"设定值通道"参数组，然后设定 P1000＝3，指定频率设定值信号源为固定频率。

④设定相应的固定频率值，即设定参数 P1001～P1007 有关对应项。

根据以上变频器的介绍，龙门刨床电气控制系统多段速调速端子组合见表 5-10，龙门刨床电气控制系统变频器参数设置见表 5-11。

表 5-10　龙门刨床电气控制系统多段速调速端子组合

段速	DIN3 Q4.2	DIN2 Q4.1	DIN1 Q4.0
第一段速 15 Hz	0	0	1
第二段速 50 Hz	0	1	0
第三段速 15 Hz	0	0	1
第四段速 45 Hz	0	1	1
第五段速 20 Hz	1	0	0

表 5-11　龙门刨床电气控制系统变频器参数设置

参数号	设置值	说明
参数复位		
P0010	30	
P0970	1	工厂复位
调电机参数		
P0003	1	设用户访问级为标准级
P0010	1	快速调试
P0970	0	
P0304	380	电机额定电压（V）

续表

参数号	设置值	说明
P0305	1.05	电机额定电流（A）
P0307	0.37	电机额定功率（kW）
P0310	50	电机额定频率（Hz）
P0311	1400	电机额定转速（r·min^{-1}）
变频器参数设置		
P0003	3	设用户访问级为专家级
P0010	0	准备运行
P0100	0	设置使用地区，0=欧洲，功率以 kW 表示，频率为 50 Hz
P0700	2	外部 I/O
P0701	17	二进制编码选择+ON 命令
P0702	17	二进制编码选择+ON 命令
P0703	17	二进制编码选择+ON 命令
P1000	3	选择固定频率设定值
P1001	15	选择固定频率 1
P1002	50	选择固定频率 2
P1003	45	选择固定频率 3
P1004	20	选择固定频率 4
P1005	0	选择固定频率 5
P1006	0	选择固定频率 6
P1007	0	选择固定频率 7

5.3.4　系统安装与接线

龙门刨床控制系统电机转速由变频器 MM420 实现控制，根据原理分析及输入和输出地址分配，龙门刨床的变频器与 PLC 的接线图如图 5-7 所示。

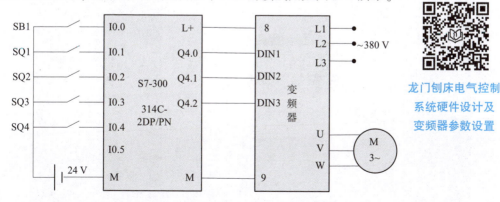

龙门刨床电气控制系统硬件设计及变频器参数设置

图 5-7　龙门刨床控制系统 PLC 与变频器接线图

5.4　系统软件设计与调试

龙门刨床电气控制
监控系统设计

5.4.1　MCGS 组态设计

在进行触摸屏组态设计时，制作界面和元器件关联，特别是与 PLC 关联的元件，具体地址设置见表 5-12。

表 5-12　MCGS 通道与 PLC 地址连接表

输入信号			输出信号		
序号	MCGS 通道	PLC 地址	序号	MCGS 通道	PLC 地址
1	启动按钮	M0.0	1	DIN1	Q4.0
2	位置传感器 SQ1	M0.1	2	DIN2	Q4.1
3	位置传感器 SQ2	M0.2	3	DIN3	Q4.2
4	位置传感器 SQ3	M0.3	4		
5	位置传感器 SQ4	M0.4	5		

龙门刨床电气控制系统安装与调试监控界面设计是 S7-300 PLC 与触摸屏的联机监控，并且需要将电机运行频率显示出来，具体设计过程如下。

①新建工程。

打开 MCGS 软件，在工具栏中选中"新建工程"，选择触摸屏型号为"TPC7062Ti"，如图 5-8 所示。

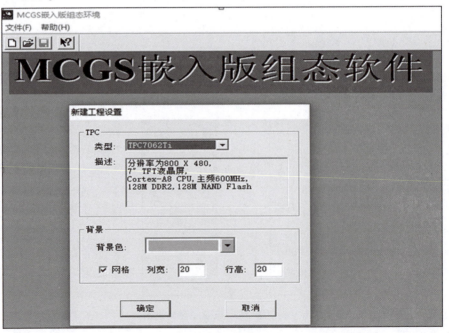

图 5-8　新建工程

②设置设备窗口。

触摸屏型号选定后，单击"确定"按钮，进入工作台界面，双击"设备窗口"，如图5-9和图5-10所示。

图5-9 工作台界面

图5-10 设备窗口

③进入设备窗口，单击工具条中的"工具箱"图标 ![工具箱图标]，打开"设备工具箱"，如图5-11所示。单击"设备工具箱"中的"设备管理"按钮，弹出如图5-12所示窗口。

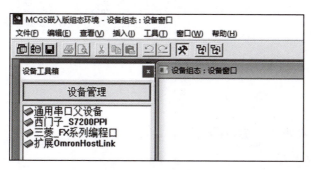

图5-11 设备工具箱窗口

④先双击"通用TCP/IP父设备"，然后选择"可选设备"中的"西门子"，单击"西门子"前面的"+"号，选择"S7CP343&443TCP"，如图5-13所示。选择完成后，回到设备组态窗口，依次双击"通用TCP/IP父设备""西门子CP443-1以太网模块"，完成设备组态，如图5-14所示。

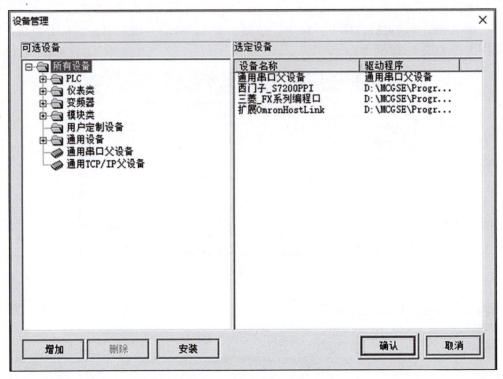

图 5-12 "设备管理"窗口

图 5-13 设备选择窗口

⑤设置触摸屏 IP 地址。

在图 5-14 所示的设备 0 位置双击，进入"设备编辑窗口"，设置本地 IP 地址和远端 IP 地址，本地 IP 地址为触摸屏地址，远端 IP 地址为与触摸屏连接的 PLC 地址，如图 5-15 所示。

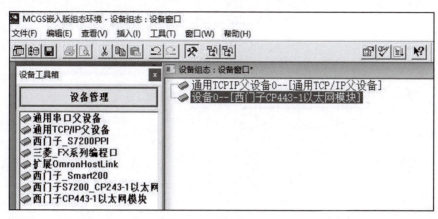

图 5-14 设备组态完成

图 5-15 设备编辑窗口

⑥创建设备通道。

在图 5-15 所示设备窗口右侧，先删除全部通道，然后根据表 5-12 增加设备通道，通道创建完成的界面如图 5-16 所示。

⑦回到工作台界面，选择实时数据库窗口，单击右侧的"新增对象"按钮，创建 MCGS 变量，双击"Data1"，弹出数据对象属性设置对话框，具体设置如图 5-17 所示。

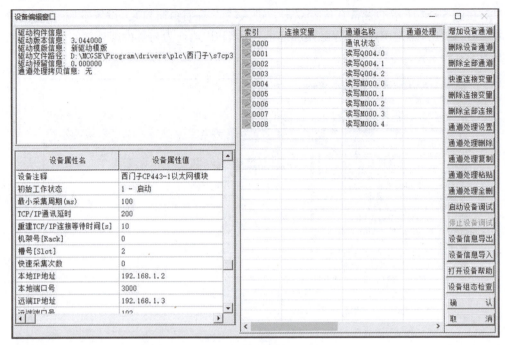

图 5-16　通道创建完成窗口

图 5-17　新增数据对象

⑧在图 5-16 所示通道创建完成窗口中双击通道"连接变量"的空白处，弹出变量选择窗口，选择与本通道对应的变量，如图 5-18 所示。

⑨回到工作台界面，选择"用户窗口"，单击右侧的"新建窗口"按钮，新建窗口0，在"用户窗口属性设置"中将窗口名称改为"龙门刨床控制系统监控"，如图 5-19 所示。

⑩双击"龙门刨床控制系统监控"，进入动画组态窗口，监控界面中按钮的设计可以参考项目三。电机运行频率显示设计使用标签元件，设置显示数值的功能，关联PLC 的数据存储器，读取变频器中电机的运行频率。组态界面如图 5-20 所示。

图 5-18　通道与变量连接完成窗口

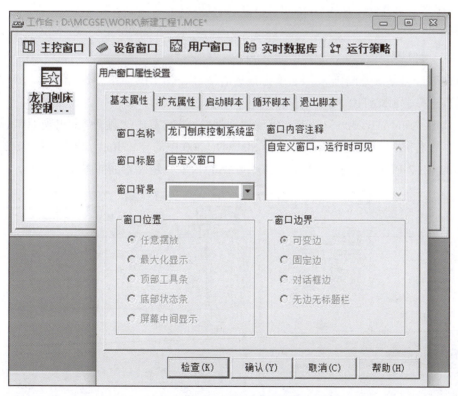

图 5-19　用户窗口名称设置

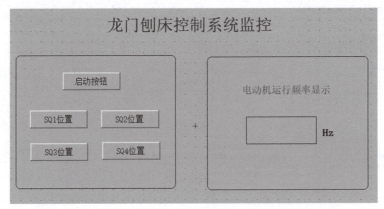

图 5-20　龙门刨床控制系统监控界面

5.4.2　PLC 程序设计

一、新建项目

双击桌面上的 SIMATIC Manager 图标，取消向导，选择"新建项目"，出现如图 5-21 所示对话框，在"名称"处输入"龙门刨床"（名称可以自拟），在"存储位置"处单击"浏览"按钮，选择合适的存储路径，单击"确定"按钮完成项目的新建任务。

二、硬件组态

在项目名称"龙门刨床"上单击鼠标右键，在弹出的菜单中选择"插入对象"，然后再选择"SIMATIC 300"站点。

双击"SIMATIC 300"站点，出现"硬件"，继续双击"硬件"，出现 HW config 界面，在右侧"配置文件"下方选择 SIMATIC 300 中的导轨 Rail、电源 PS 307 2A 及 CPU 314C-2 PN/DP（6ES7 314 6EH04-0AB0）。硬件组态界面如图 5-22 所示。

图 5-21　新建项目

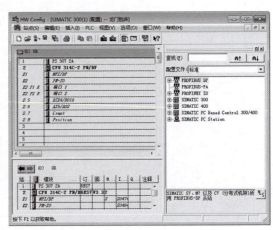

图 5-22　硬件组态

三、PLC 的 IP 地址设置

双击图 5-22 中的"PN-IO"，出现"属性-PN-IO"窗口，在"常规"选项卡的"接口"处单击"属性"按钮，修改 PLC 的 IP 地址为 192.168.1.3（此处 IP 地址应与触摸屏中远端 IP 地址一致），子网掩码 255.255.255.0，如图 5-23 所示。

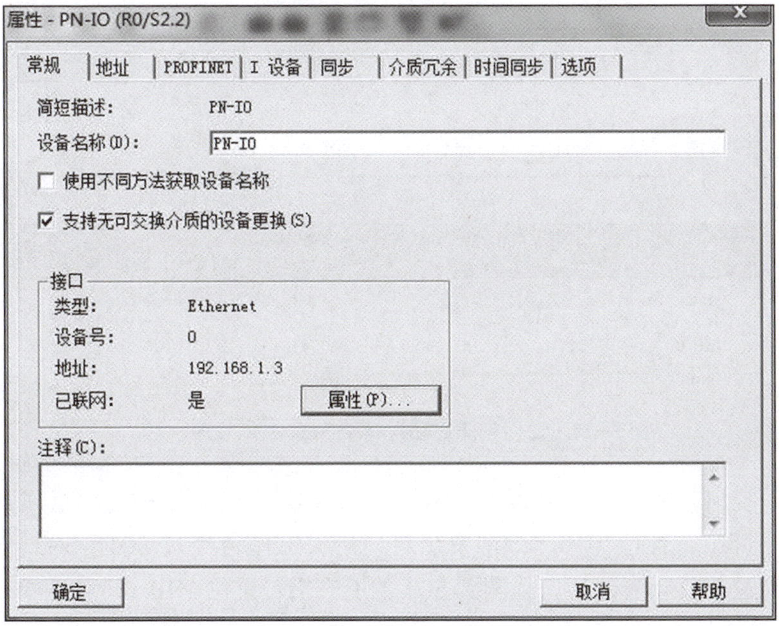

图 5-23　PLC 的 IP 地址设置

四、程序设计

①根据龙门刨床控制要求，按下启动按钮 I0.0，置位中间变量 M10.0，松开启动按钮 I0.0，中间变量 M10.0 状态保持，由 M10.0 控制系统启动；在系统启动后，运行至 SQ1 位置处，检测 SQ1 上升沿，置位 M10.1；运行至 SQ2 位置处，检测 SQ2 上升沿，置位 M10.2；运行至 SQ3 位置处，检测 SQ3 上升沿，置位 M10.3；运行至 SQ4 位置处，检测 SQ4 上升沿，置位 M10.4。如图 5-24 所示。

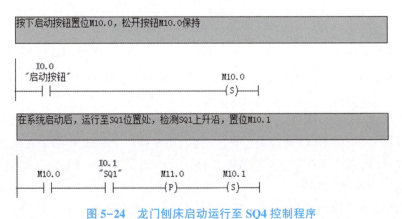

图 5-24　龙门刨床启动运行至 SQ4 控制程序

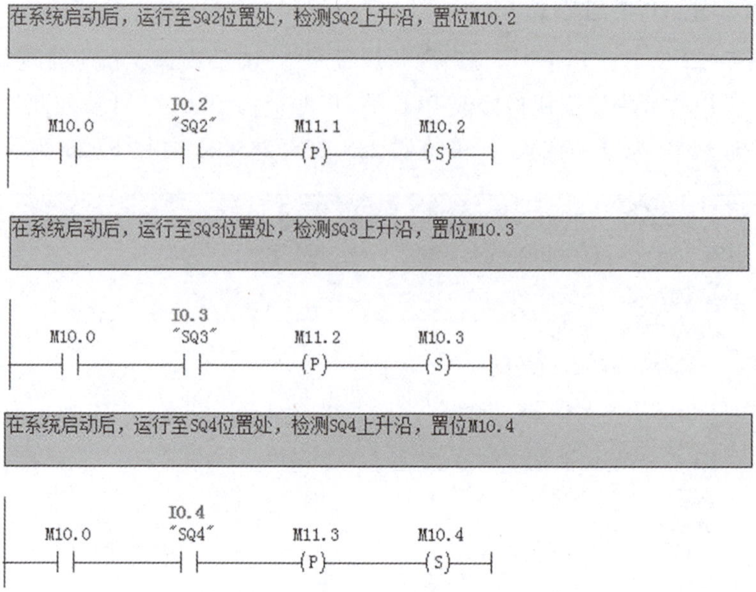

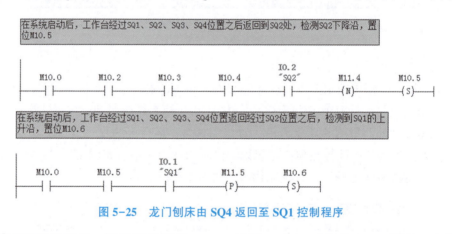

图 5-24　龙门刨床启动运行至 SQ4 控制程序（续）

②在系统启动后，工作台经过 SQ1、SQ2、SQ3、SQ4 位置之后返回到 SQ2 处，检测 SQ2 下降沿，置位 M10.5；在系统启动后，工作台经过 SQ1、SQ2、SQ3、SQ4 位置返回经过 SQ2 位置之后，检测到 SQ1 的上升沿，置位 M10.6。如图 5-25 所示。

图 5-25　龙门刨床由 SQ4 返回至 SQ1 控制程序

③按下启动按钮，启动保持信号 M10.0 接通，DIN1 对应的 Q4.0 接通，电机执行第一段速 15 Hz；工作台运行至 SQ1 处，M10.1 接通，DIN2 对应的 Q4.1 接通，电机执行第二段速 50 Hz；工作台经过 SQ2 运行至 SQ3 处，M10.3 接通，DIN1 对应的 Q4.0 接通，电机仍然执行第一段速 15 Hz；工作台运行至 SQ4 处，M10.4 接通，DIN1 对应的 Q4.0 与 DIN2 对应的 Q4.1 接通，电机执行第三段速 45 Hz；工作台以第三段速 45 Hz 返回至 SQ2 位置处，M10.5 接通，DIN3 对应 Q4.2 接通，电机执行第四段速 20 Hz。如图 5-26 所示。

④工作台返回到 SQ1 位置时，复位所有中间变量的信号，工作台停止，并为下次启动做好准备工作。如图 5-27 所示。

按下启动按钮，启动保持信号M10.0接通，DIN1对应的Q4.0接通，电机执行第一段速15 Hz；
工作台经过SQ2运行至SQ3处，M10.3接通，DIN1对应的Q4.0接通，电机仍然执行第一段速15 Hz；
工作台运行至SQ4处，M10.4接通，DIN1对应的Q4.0与DIN2对应的Q4.1接通，电机执行第三段速45 Hz

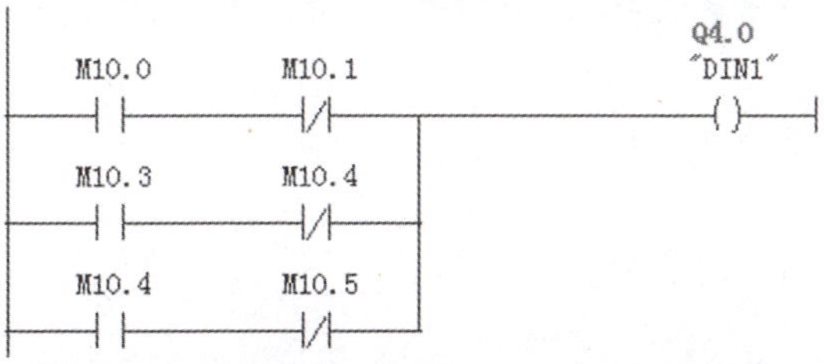

```
  M10.0      M10.1                     Q4.0
                                      "DIN1"
  ──┤├──────┤/├──────┐               ──( )──
  M10.3      M10.4    │
  ──┤├──────┤/├──────┤
  M10.4      M10.5    │
  ──┤├──────┤/├──────┘
```

工作台运行至SQ1处，M10.1接通，DIN2对应的Q4.1接通，电机执行第二段速50 Hz

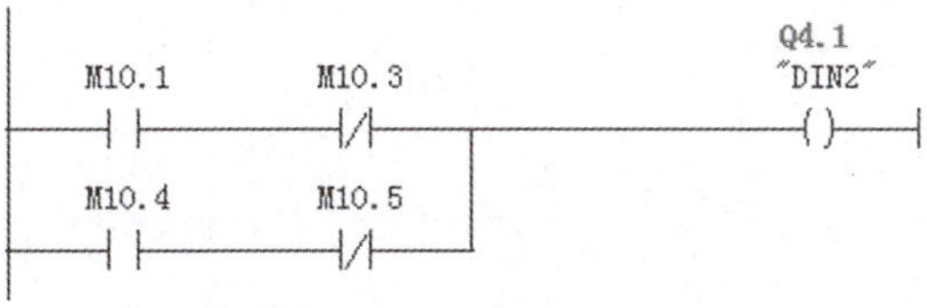

```
  M10.1      M10.3                     Q4.1
                                      "DIN2"
  ──┤├──────┤/├──────┐               ──( )──
  M10.4      M10.5    │
  ──┤├──────┤/├──────┘
```

工作台以第三段速45 Hz返回至SQ2位置处，M10.5接通，DIN3对应Q4.2接通，电机执行第四段速20 Hz

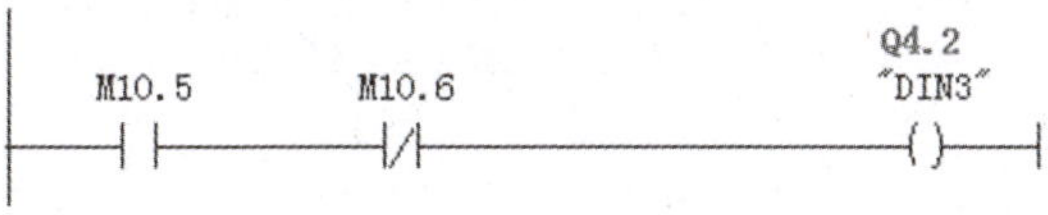

```
  M10.5      M10.6                     Q4.2
                                      "DIN3"
  ──┤├──────┤/├─────               ──( )──
```

图 5-26　电机运行段速控制程序

工作台返回到SQ1位置时，复位所有信号，工作台停止

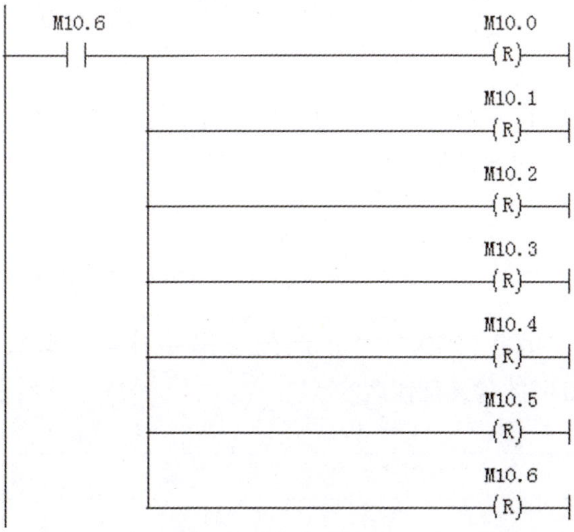

```
  M10.6                               M10.0
  ──┤├──────┬──────────────────────  ─(R)──
            │                         M10.1
            ├──────────────────────  ─(R)──
            │                         M10.2
            ├──────────────────────  ─(R)──
            │                         M10.3
            ├──────────────────────  ─(R)──
            │                         M10.4
            ├──────────────────────  ─(R)──
            │                         M10.5
            ├──────────────────────  ─(R)──
            │                         M10.6
            └──────────────────────  ─(R)──
```

图 5-27　复位程序

五、下载调试

本项目控制器为 S7-300 PLC，可进行仿真调试或者联机调试，调试步骤可参考 PLC 控制技术课程，这里不再赘述。

5.5　实践演练与评价反馈

5.5.1　实践演练

一、任务分工

填写小组任务分配表。

小组任务分配表

班级		组号	
组长		学号	
组员 1	学号	组员 2	学号
组员 3	学号	组员 4	学号
组员 5	学号	组员 6	学号
任务分工	姓名	负责工作	

二、知识准备

引导问题 1：变频器参数 P700、P701、P702、P703 的含义是什么？参数 P701、P702、P703 取值为 15、16、17 时的含义是什么？

_____

_____

引导问题 2：变频器参数 P1000、P1001～P1007 的含义是什么？参数 P1001、P1002、P1003 取值为 20、30、40 时的含义是什么？

_____

_____

引导问题 3：型号为 CPU 314 C-2PN/DP 的 S7-300 PLC，其型号中 PN 和 DP 的

含义是什么？此型号 PLC 的 CPU 本身自带多少个数字量输入点和输出点？

_____

_____

引导问题 4：变频器开关量输入端子 DIN1、DIN2、DIN3，在参数 P701、P702、P703 设置为 17 时，最多可以实现几段速调速？

_____

_____

三、工作实施

各小组根据项目控制要求，参考教材内容完成以下工作。

①列出 PLC 的 I/O 分配表。

序号	输入信号	PLC 地址	序号	输出信号	PLC 地址

②根据 PLC 的 I/O 分配表，绘制 PLC 的 I/O 接线图。

③根据项目控制要求设计系统控制程序。

④下载程序并进行调试，确认是否满足系统控制要求，填写调试记录，并谈谈完成本项目的心得体会。

四、自主探究

根据本项目所学内容进行项目拓展，各小组进行讨论，编写项目拓展任务书。

5.5.2　评价反馈

评价反馈由个人与小组自评、小组互评以及教师评价组成，填写个人与小组自评表、小组互评表以及教师评价表。

个人与小组自评表

班级		组名		日期	年　　月　　日
评价指标	评价内容			配分	得分
知识准备	1. 是否已提前熟悉本项目的控制要求； 2. 本项目涉及前序课程所学专业知识是否复习。			10	
操作实践	是否根据控制要求完成以下工作： 1. 硬件接线已调试完成； 2. 监控画面已设计完成； 3. 系统控制程序已调试完成； 4. 系统联机调试已完成。			40	
学习态度	1. 上课是否按时出勤； 2. 是否积极主动参与项目的安装与调试工作； 3. 同学之间是否相互理解、相互支持； 4. 与教师沟通是否顺畅。			10	
学习方法	1. 学习方法是否得当，有工作计划； 2. 技能实操是否符合操作规程； 3. 是否可以获得进一步提升的能力。			10	
工作过程	1. 每次课的工作任务完成情况； 2. 能否主动发现并提出有价值的问题； 3. 是否有解决问题的能力。			10	
自评反馈	1. 按时保质完成工作任务； 2. 掌握本项目相关专业知识； 3. 具有较强的分析问题、解决问题的能力； 4. 具有较强的团队协作能力； 5. 具有严谨的思维能力和表达能力。			20	
自评总分					
总结反馈					

小组互评表

班级		组名		日期	年　月　日
评价指标	评价内容			配分	得分
硬件组装与调试	1. 输入/输出信号分析； 2. 硬件选型； 3. I/O 分配表及接线图绘制； 4. 硬件安装、接线与调试。			25	
监控画面设计	1. 合理进行监控画面设计； 2. 正确选择监控画面控件； 3. 正确设置控件属性。			25	
控制程序设计与调试	1. 能正确设计程序； 2. 按控制要求进行调试。			40	
互评反馈	1. 按时保质完成工作任务； 2. 掌握本项目相关专业知识； 3. 具有较强的分析问题、解决问题的能力； 4. 具有较强的团队协作能力； 5. 具有严谨的思维能力和表达能力； 6. 是否完成本项目的心得体会。			10	
互评总分					
合理建议					

教师评价表

班级		组名		日期	年　月　日
小组成员签名					
序号	评价指标	评价内容	评价标准	配分	得分
1	任务分工	1. 根据项目要求合理分工； 2. 小组成员之间协作情况。	1. 分工不合理，扣 2 分； 2. 团队成员之间出现不和谐现象，酌情扣 2~5 分。	5	
2	硬件组装与调试	1. 输入/输出信号分析； 2. 硬件选型； 3. I/O 分配表及接线图绘制； 4. 硬件安装、接线与调试。	1. I/O 地址遗漏或者错误，每处扣 2 分； 2. 接线图绘制错误或者不规范，每处扣 2 分； 3. 硬件安装不规范、接线不规范或者错误，每处扣 2 分。	25	

序号	评价指标	评价内容	评价标准	配分	得分
3	监控画面设计	1. 合理进行监控画面设计； 2. 正确选择监控画面控件； 3. 正确设置控件属性。	1. 监控画面设计不合理，扣 5 分； 2. 画面控件选择错误，每处扣 5 分； 3. 控件属性设置错误，每处扣 5 分。	25	
4	控制程序设计与调试	1. 能正确设计程序； 2. 按控制要求进行调试。	1. 指令有错误，每处扣 2 分； 2. 不能实现 15 Hz 启动，扣 5 分； 3. 不能实现加速 50 Hz，扣 5 分； 4. 不能实现减速 15 Hz，扣 5 分； 5. 不能实现 45 Hz 高速返回，扣 5 分； 6. 不能实现 20 Hz 缓冲，扣 5 分； 7. 不能实现电机运行频率监控，扣 5 分。	35	
5	职业素养	1. 遵守教学场所规章制度； 2. 安全生产、文明操作意识。	1. 迟到、早退或不遵守教学场所规章制度，扣 5 分； 2. 设备首次上电前未进行请示，扣 2 分；带电操作者，视情况扣 5~10 分； 3. 出现重大事故或者人为损坏设备，扣 10 分； 4. 工具材料摆放不整齐，扣 2 分；踩踏导线，扣 2 分； 5. 项目完成后，未进行工位清理，扣 5 分。	10	

提高篇

智能饲喂电气控制系统安装与调试

 学习目标

德育教育 6　科技兴农，振兴乡村，智能养殖

①能完成一台 S7-300 PLC 与两台 S7-200 SMART 的工业以太网组网；

②能完成触摸屏与 S7-300 的工业以太网连接；

③能完成智能饲喂控制系统的电气控制原理图的绘制；

④能完成智能饲喂控制系统中主要器件的安装与连接；

⑤能完成智能饲喂控制系统的运行与调试。

　　智能饲喂系统主要由上位机和饲喂小车组成，上位机软件供饲养员查看饲喂系统运行情况，包括每个槽位的情况，饲喂车、槽内饲料量等。

　　饲喂小车结构如图 6-1 所示。SQ1、SQ3 为小车两端的限位保护开关，M1 伺服电机控制饲喂小车移动的位置；M2 是由变频器带动的电机，其作用是控制饲喂小车放料到槽位当中；M3 是原点的放料电机，当饲喂小车中的料投放完毕之后，小车回到该点重新装料；小车具体到达某一槽位由伺服电机精确定位，槽 1 位置位于 9 cm 处，槽 2 位置位于 12 cm 处，槽 3 位置位于 15 cm 处，槽 4 位置位于 18 cm处。

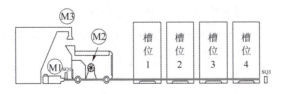

图 6-1　饲喂小车

　　智能饲喂系统由以下电气控制回路组成：小车运行由电机 M1 驱动（M1 为伺服电机；伺服电机参数设置如下：伺服电机旋转一周需要 2 000 个脉冲）；小车内部的放料由电机 M2 驱动（M2 为三相异步电机由变频器进行多段速控制，变频器参数设置为第一段速为 30 Hz，第二段速为 35 Hz，第三段速为 50 Hz，加速时间 1.2 s，减速时间 0.5 s 三相异步电机，只进行单向正转运行）；给饲喂小车装料由电机 M3 驱动（M3 为双速电机，需要考虑过载、联锁保护）。

6.1 控制要求

智能饲喂系统设备具备两种工作模式：手动调试模式和自动运行模式。设备上电后，触摸屏进入欢迎界面，触摸界面任意位置，设备进入调试模式。

设备进入手动调试模式后，触摸屏出现调试界面，调试界面可参考图 6-2 进行制作。通过按下选择调试按钮，选择需要调试的电机，当前电机指示灯亮，触摸屏提示信息变化为"当前调试电机：××电机"。按下 SB1 启动按钮，选中的电机将进行调试运行。每个电机调试完成后，对应的指示灯消失。

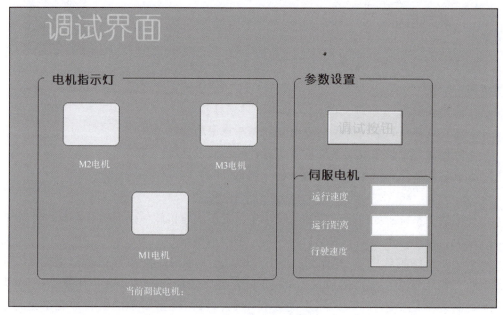

图 6-2　调试界面

1. 伺服电机 M1 调试过程

将滑块移动到最左端 SQ1 处，在触摸屏上设定伺服电机运行的速度和距离，按下 SB1 按钮，伺服电机根据设定的参数运行，HL1 灯以亮 2 s、灭 1 s 的频率闪烁，同时，要在触摸屏上显示伺服电机运行的速度。按下 SB2 后，小车返回至原点，示意图如图 6-3 所示。

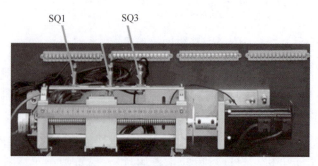

图 6-3　小车运行结构示意图

2. 变频电机 M2 调试过程

按一下 SB1 按钮，M1 电机以 10 Hz 启动，再按下 SB1 按钮，M1 电机 20 Hz 启动，以此方式操作，可调试 M1 电机分别在 10 Hz、20 Hz、30 Hz 的频率下启动，并不断循环，按下停止按钮 SB2，M1 停止。M1 电机在运行时，HL1 灯常亮。

3. 双速电机 M3 调试过程

按下 SB1 按钮，电机 M3 以 3 s 间隔进行低速—高速—停止—低速—高速—停止—……状态循环切换。电机 M3 在低速运行时，HL2 以 2 Hz 闪烁点亮；M3 在高速运行时，HL2 常亮；M3 停止时，HL2 熄灭。按下停止按钮 SB2，M3 停止，HL2 灭。

所有电机（M1~M3）调试完成后按下 SB3，系统将切换进入自动运行模式。在未进入自动运行模式时，单台电机可以反复调试。

6.2　系统方案设计

根据控制任务描述，选用一台 S7-300 PLC 与两台 S7-200 SMART 作为本系统的控制器。S7-300 PLC 为主站，两台 S7-200 SMART 为从站。电机控制、I/O、HMI 与 PLC 组合分配方案见表 6-1，本系统控制框图如图 6-4 所示。

表 6-1　设备与控制器分配方案

设备	控制器
HMI SB1~SB3	CPU314C-2PN/DP
M2、M3 HL1~HL3	S7-200 SMART 6ES7288-1SR40-0AA0
M1 SQ1、SQ3	S7-200 SMART 6ES7288-1ST30-0AA0

图 6-4　智能饲喂系统控制框图

6.3　系统电气设计与安装

6.3.1　电气原理分析

智能饲喂控制系统运行由 3 个电机组成。M1 为饲喂小车运行电机，M2 为饲喂小车内部放料电机，M3 为饲喂小车装料电机。智能饲喂控制系统原理图如图 6-5 所示，工作原理如下。

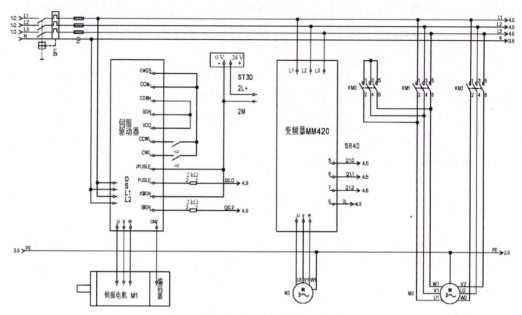

图 6-5　智能饲喂系统电气原理图

M1：先手动调试到初始位置 SQ1，设定伺服速度和距离，按下 SB1 按钮，电机运行。HL1 以亮 2 s、灭 1 s 的频率闪烁。按下 SB2 按钮，小车返回至原点。

M2：按下启动按钮 SB1，电机 M2 以 10 Hz 启动；再按 SB1 按钮，电机以 20 Hz 运行；再按 SB1 按钮，电机以 30 Hz 运行。

按下停止按钮 SB2，M2 停止。在调试过程中，M2 运行时，HL1 常亮。

M3：按下启动按钮 SB1，KM1 线圈得电，KM1 主触点吸合，电机低速运转。同时，HL2、KM2 线圈得电，KM2 主触点吸合，以 2 Hz 闪烁。KM2 常闭辅助触点断开，形成互锁。3 s 后，KM2 线圈失电，KM2 主触点断开，电机高速运转。同时，HL2 常亮。KM2 常闭辅助触点吸合，KM3 线圈得电，KM3 主触点吸合，KM3 常闭辅助触点断开，形成互锁。3 s 后，KM1 线圈失电，KM1 主触点断开，电机停止运转。同时，HL2 熄灭。KM3 线圈失电，KM2 主触点断开，依此循环。按下停止按钮 SB2，KM1 线圈失电，KM1 主触点断开，电机停止，HL2 灭。KM1 线圈失电，KM1 主触点断开。

6.3.2　I/O 地址分配

根据对智能饲喂系统的分析，本系统中，S7-300 PLC 输入信号有：按钮 SB1、SB2、SB3，输出信号无；S7-200 SMART PLC SR40 输入信号无，输出信号有：M2 第一段速 10 Hz、第二段速 20 Hz、第三段速 30 Hz，M3 双速电机低速接触器、高速接触器，指示灯；S7-200 SMART PLC ST30 输入信号：位置传感器 SQ1、SQ3，输出信号：M1 电机脉冲信号和方向信号。具体输入/输出信号地址分配情况见表 6-2～表 6-4。

表 6-2　S7-300 PLC 地址分配

S7-300 PLC					
输入信号			输出信号		
序号	信号名称	PLC 地址	序号	信号名称	PLC 地址
1	按钮 SB1	I0.0	1	无	
2	按钮 SB2	I0.1	2		
3	按钮 SB3	I0.2	3		

表 6-3　S7-200 SMART PLC SR40 地址分配

S7-200 SMART PLC SR40					
输入信号			输出信号		
序号	信号名称	PLC 地址	序号	信号名称	PLC 地址
1	无		1	M2 DIN1	Q1.0
			2	M2 DIN2	Q1.1
			3	M2 DIN3	Q1.2
			4	M3 低速线圈	Q0.0
			5	M3 高速线圈	Q0.1
			6	HL1	Q0.2
			7	HL2	Q0.3
			8	HL3	Q0.4

表 6-4　S7-200 SMART PLC ST30 地址分配

S7-200 SMART PLC ST30					
输入信号			输出信号		
序号	信号名称	PLC 地址	序号	信号名称	PLC 地址
1	位置传感器 SQ1	I0.2	1	M1 脉冲	Q0.0
2	位置传感器 SQ3	I0.3	2	M1 方向	Q0.2

6.3.3　系统安装与接线

智能饲喂系统 PLC 接线图如图 6-6 所示。

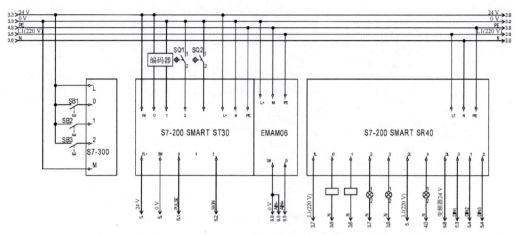

图 6-6　智能饲喂系统 PLC 接线图

6.4　系统软件设计与调试

6.4.1　MCGS 组态设计

一、新建工程

在"文件"工具栏中选择"新建项目"，弹出对话框，选择触摸屏型号 TPC7062Ti，在设备组态窗口选择通用 TCP/IP 串口父设备及西门子 CP443-1 以太网模块。双击以太网模块，创建 MCGS 界面变量、设置本地 IP 地址及远程 IP 地址。设备编辑窗口如图 6-7 所示。

图 6-7　设备窗口的变量及 IP 地址

二、新建窗口

在用户窗口新建 3 个窗口，分别为欢迎界面、手动调试模式及自动运行模式。在欢迎界面中插入一个按钮，并将它的边线拉至界面边框，然后右击，单击"属性"，在"基本属性"的"文本"处输入"欢迎进入智能饲喂控制系统"。在"操作属性"中，勾选"打开用户窗口"，选择"手动调试模式"，如图 6-8 所示。

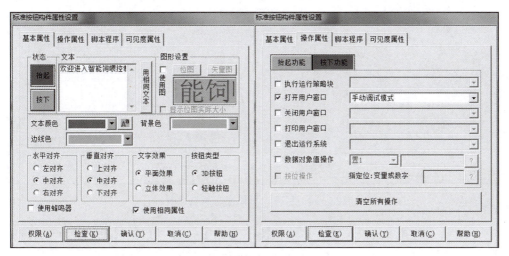

图 6-8　欢迎界面按钮属性设置

在手动调试模式中，从工具箱中选择标签 **A**，先插入三个矩形，双击标签，勾选"属性设置"中的"颜色动画连接"中的"填充颜色"，在"填充颜色"属性中，连接变量 M1、M2、M3，并将 0 时颜色改为红，1 时颜色改为绿，具体设置如图 6-9 所示。然后在"当前调试电机："右边插入 3 个标签，双击标签，在"属性设置"中勾选"可见度"，在"扩展属性"的文本中输入"M1 电机""M2 电机""M3 电机"，在标签的"可见度"属性中选择当表达式非零时"对应图符可见"，表达式选择相应变量，如图 6-10 所示。

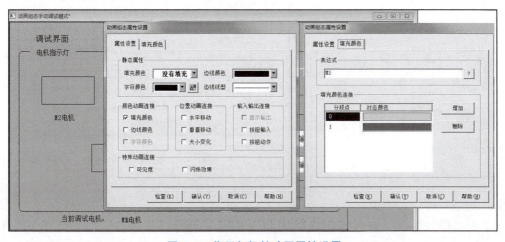

图 6-9　指示灯标签动画属性设置

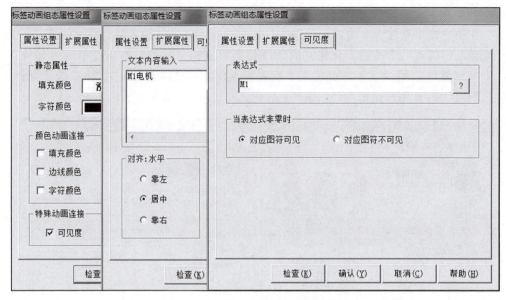

图 6-10　标签"可见度"属性设置

最后从工具箱中选择按钮，在按钮按下属性中勾选"数据对象值操作"，选择"取反"，连接实时数据库对象"kai"，并在循环策略中写入按钮的脚本程序，如图 6-11 所示。单击输入框 **abl**，在手动调试模式窗口中按鼠标左键画两个输入框和一个标签，双击输入框，在输入框的"操作属性"中，分别连接数值型变量伺服速度 MW112、步进速度 MW114 及行驶速度 MD80，如图 6-12 所示。

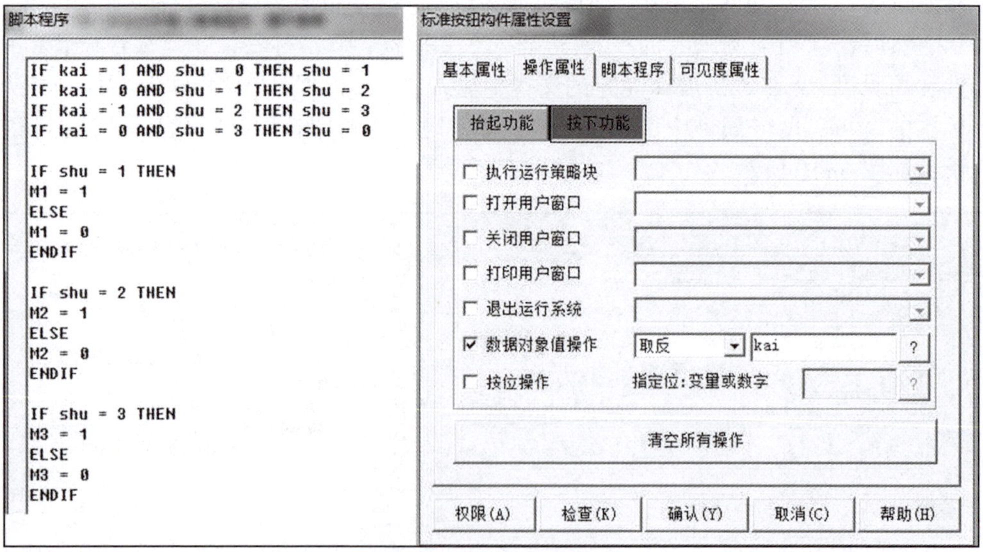

脚本程序

```
IF kai = 1 AND shu = 0 THEN shu = 1
IF kai = 0 AND shu = 1 THEN shu = 2
IF kai = 1 AND shu = 2 THEN shu = 3
IF kai = 0 AND shu = 3 THEN shu = 0

IF shu = 1 THEN
M1 = 1
ELSE
M1 = 0
ENDIF

IF shu = 2 THEN
M2 = 1
ELSE
M2 = 0
ENDIF

IF shu = 3 THEN
M3 = 1
ELSE
M3 = 0
ENDIF
```

标准按钮构件属性设置

基本属性　操作属性　脚本程序　可见度属性

抬起功能　按下功能

☐ 执行运行策略块
☐ 打开用户窗口
☐ 关闭用户窗口
☐ 打印用户窗口
☐ 退出运行系统
☑ 数据对象值操作　取反　kai　?
☐ 按位操作　指定位：变量或数字　?

清空所有操作

权限(A)　检查(K)　确认(Y)　取消(C)　帮助(H)

图 6-11　选择按钮设置

根据控制要求，完成智能饲喂手动调试模式设计，总体设计效果如图 6-13 所示。

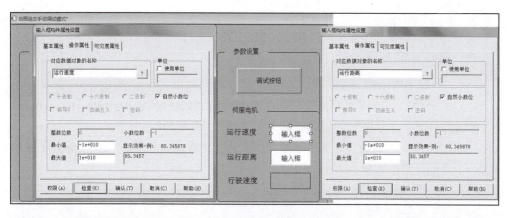

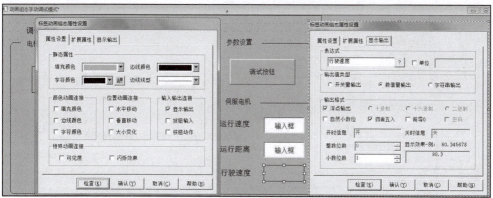

图6-12　输入框、标签显示操作属性设置

图6-13　智能饲喂调试界面

6.4.2　PLC程序设计

一、PLC组网程序设计

（一）新建Ethernet子网

S7-300硬件组态完成之后，双击硬件组态中的"PN-IO"，弹出PN-IO属性对话框，在属性对话框"常规"的接口处单击"属性"，弹出Ethernet接口属性对话框，输入S7-300 PLC的IP地址192.168.2.1，然后单击"新建"按钮，创建Ethernet网络，如图6-14所示。

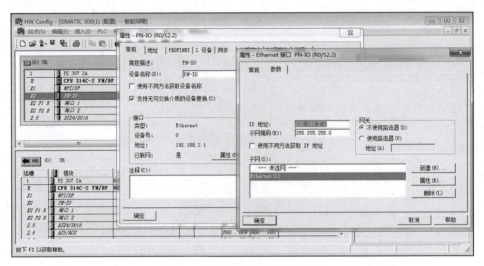

图6-14　新建Ethernet子网

（二）S7-300 PLC与S7-200 SMART的组网

完成新建Ethernet子网之后，退出硬件组态窗口，返回项目设计窗口，双击图6-15中的"连接"，弹出NetPro网络窗口，在SIMATIC 300(1)的CPU处右击，单击图6-16中的"插入新连接"，弹出"插入新连接"对话框，连接伙伴选择"未指定"，连接类型选择"S7连接"，如图6-17所示。

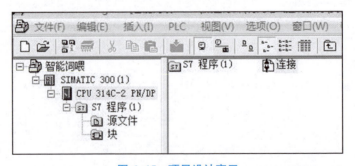

图6-15　项目设计窗口

在图6-17中单击"确定"按钮，弹出S7连接属性对话框，在"块参数"中设置本地ID地址，SR40设置为1（W#16#1），ST30设置为2（W#16#2），在伙伴的地址中设置SR40和ST30的IP地址为192.168.2.2和192.168.2.3，如图6-18和图6-19所示。

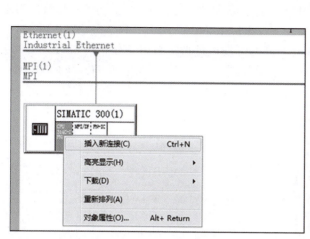

图 6-16　NetPro 网络

图 6-17　插入新连接

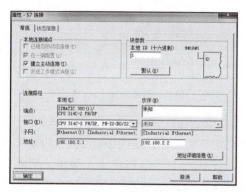

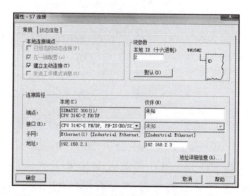

图 6-18　SR40 块参数本地 ID 及伙伴地址

图 6-19　ST30 块参数本地 ID 及伙伴地址

块参数设置完成之后，S7-300 PLC 与两个 S7-200 SMART 的组网完成，NetPro 网络窗口出现 Ethernet 网络连接，如图 6-20 所示。

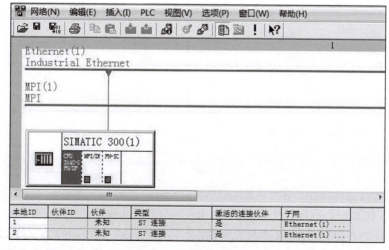

图 6-20　Ethernet 组网

（三）设置 S7-300 PLC 与两个 S7-200 SMART 的通信区

S7-300 PLC 与两个 S7-200 SMART 的通信区设置如图 6-21 所示。S7-300 PLC 由 MB50～MB79 区发送数据到 S7-200 SMART SR40 的 VB50～VB79 区；S7-300 PLC 接收由 S7-200 SMART SR40 的 VB20～VB49 区发送过来的数据，存储到 MB20～MB49 区。S7-300 PLC 由 MB110～MB139 区发送数据到 S7-200 SMART ST30 的 VB110～VB139 区；S7-300 PLC 接收由 S7-200 SMART ST30 的 VB80～VB109 区发送过来的数据，存储到 MB80～MB109 区。

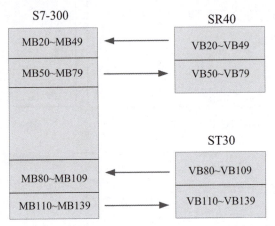

图 6-21　S7-300 PLC 与两个 S7-200 SMART 的通信区

1. 设置 S7-300 PLC 与 S7-200 SMART SR40 的通信区

S7-300 PLC 读取 S7-200 SMART SR40 存储区 V20.0 开始的 30 个字节的信号存放到 S7-300 PLC 存储区 M20.0 开始的 30 个字节中。S7-300 PLC 发送 M50.0 开始的 30 个字节的信号到 S7-200 SMART SR40 存储区 V50.0 开始的 30 个字节中。具体指令如图 6-22 所示。

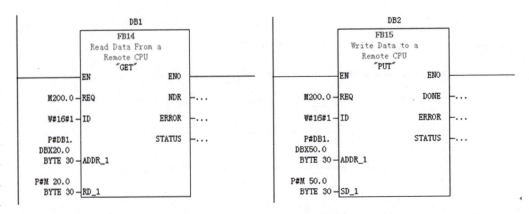

图 6-22　S7-300 PLC 与 S7-200 SMART SR40 的读取与写入指令

2. 设置 S7-300 PLC 与 S7-200 SMART ST30 的通信区

S7-300 PLC 读取 S7-200 SMART ST30 存储区 V80.0 开始的 30 个字节的信号存放到 S7-300 PLC 存储区 M80.0 开始的 30 个字节中。S7-300 PLC 发送 M110.0 开始的 30 个字节的信号到 S7-200 SMART SR40 存储区 V110.0 开始的 30 个字节中。具体

指令如图 6-23 所示。

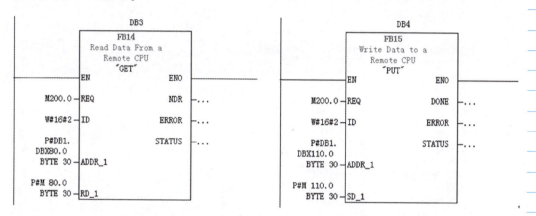

图 6-23　S7-300 PLC 与 S7-200 SMART ST30 的读取与写入指令

3. S7-300 PLC 与 S7-200 SMART 的信号传输指令

信号传输根据前面设置的通信区进行程序编写。例如，将 MB0、IB0 的信号写入 S7-300 PLC 与 S7-200 SMART ST30 的发送区地址 MB110、MB111，将 MB0、IB0 的信号写入 S7-300 PLC 与 S7-200 SMART SR40 的发送区地址 MB51、MB50。具体程序如图 6-24所示。

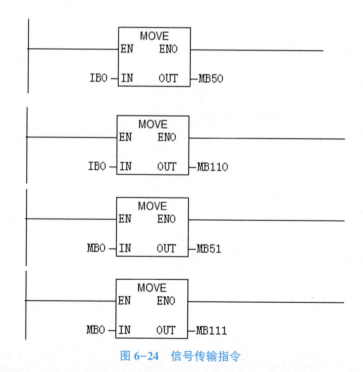

图 6-24　信号传输指令

二、伺服电机 M1 程序设计

（一）伺服电机运动控制向导设置

1. 组态轴数

打开 S7-200 SMART 软件左侧的树视图中的"向导"，双击"运动"选项，弹出

"运动控制向导"设置界面，因本项目只有一个伺服电机，选择"轴0"进行组态，如图6-25所示。

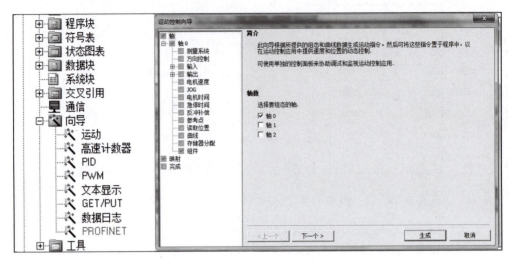

图6-25　选择运动控制向导轴0组态

2. 选择轴名称

在"运动控制向导"的树视图中单击轴名称时，将显示"轴名称"对话框，在此可组态自定义轴名称，此屏幕的默认名称为"轴0"，也可以根据需要修改为"伺服电机轴"，如图6-26所示。

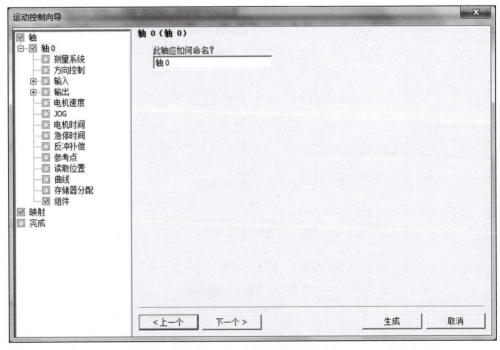

图6-26　选择轴名称

3. 选择测量系统

在"运动控制向导"的树视图中单击任何轴的"测量系统"节点时，将显示图6-27所示对话框，选择要在整个向导中用于控制轴运动的测量系统，可以选择"工程单位"或者"相对脉冲数"。

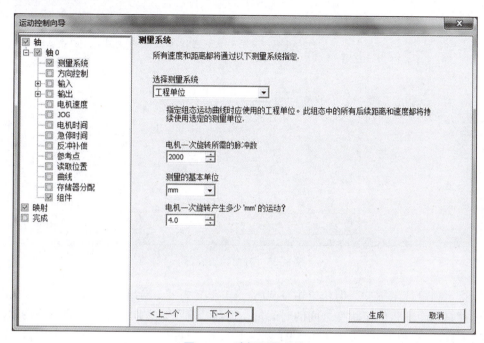

图6-27　选择测量系统

若选择"相对脉冲数"，则整个向导中的所有速度均以脉冲数/s为单位。所有距离均以脉冲数为单位表示，向导中此对话框中的后续参数"电机一次旋转所需的脉冲数""测量的基本单位"和"电机每转单位数"将因不适用而消失。

选择"工程单位"，必须组态参数"电机一次旋转所需的脉冲数"。

本项目选择测量系统为工程单位，电机一次旋转所需的脉冲数为2 000，测量基本单位为毫米（mm），电机一次旋转产生4.0 mm的运动。

4. 方向控制

在"运动控制向导"的树视图中单击任何轴的"方向控制"节点时，将显示图6-28所示对话框，在此对话框中可组态步进电机/伺服驱动器的脉冲和方向输出接口。

（1）相位

步进电机/伺服驱动器的"相位"接口有四个选项。选项如下：

①单相（2输出）：如果选择"单相（2输出）"选项，则一个输出（P0）控制脉动，一个输出（P1）控制方向。如果脉冲处于正向，则P1为高电平（激活）；如果脉冲处于负向，则P1为低电平（未激活）。

②双相（2输出）：如果选择"双相（2输出）"选项，则一个输出（P0）脉冲针对正向，另一个输出脉冲针对负向。

③AB正交相（2输出）：如果选择"AB正交相（2输出）"选项，则两个输出

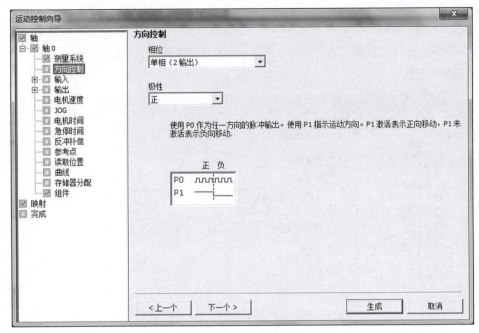

图 6-28　方向控制设置

均以指定速度产生脉冲，但相位相差 90°。AB 正交相（2 输出）为 1X 组态，表示 1 个脉冲是每个输入的正跳变之间的时间量。这种情况下，方向由先变为高电平的输出跳变决定。P0 领先 P1 表示正向，P1 领先 P0 表示负向。

④单相（1 输出）：如果选择"单相（1 输出）"选项，则输出（P0）控制脉冲。在此模式下，CPU 仅接受正向运动命令。当选择此模式时，运动控制向导限制进行非法负向组态。

（2）极性

可使用"极性"参数切换正向和负向。如果电机接线方向错误，则通常切换电极。此时，可以通过将此参数设置为负，避免对硬件进行重新接线。

本项目"方向控制"对话框的设置为"单相（2 输出）"和"正"极性。

5. 输入组态

（1）LMT+输入

在"运动控制向导"的树视图中单击任何轴的"LMT+"节点时，将显示如图 6-29 所示对话框。在"LMT+"对话框中，可以定义正向限位输入分配给哪个引脚及正向限位输入的特性，包括响应和有效电平。本项目中正向限位输入信号为 I0.4，当限位开关 I0.4 响应时，为立即停止。

（2）LMT-输入

在"运动控制向导"的树视图中单击任何轴的"LMT-"节点时，将显示如图 6-30 所示对话框。在"LMT-"对话框中，可以定义负向限位输入分配给哪个引脚及负向限位输入的特性，包括响应和有效电平。本项目中负向限位输入信号为 I0.5，当限位开关 I0.5 响应时，为立即停止。

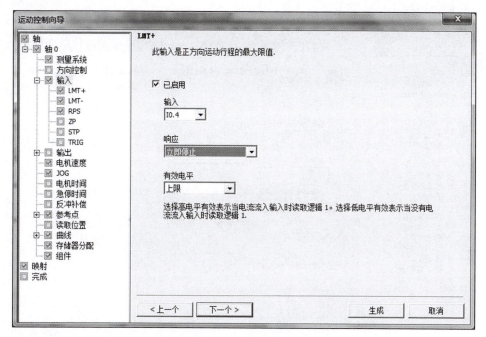

图 6-29　LMT+输入

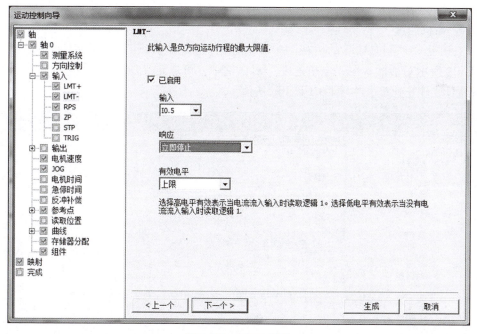

图 6-30　LMT-输入

（3）RPS 输入

在"运动控制向导"的树视图中单击任何轴的"RPS"节点时，将显示如图 6-31 所示对话框。在"RPS"对话框中，可以定义参考点查找输入分配给哪个引脚及 RPS 输入的特性有效电平。RPS 输入有 3 个功能：定义执行参考点查找命令时的原点位置或参考点、在为双速连续旋转而组态的曲线中可用于切换速度、在为单速连续旋转而组态的曲线中可提供触发停止。

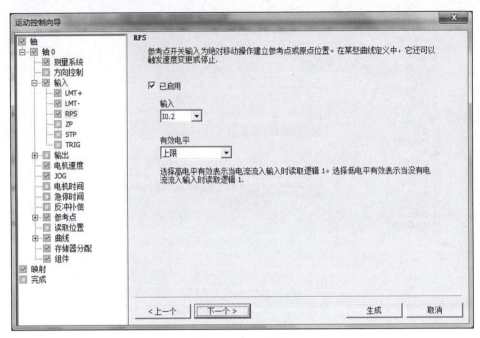

图 6-31　RPS 输入

6. 电机速度

在"运动控制向导"的树视图中单击任何轴的"电机速度"节点时，将显示如图 6-32 所示对话框。在"电机速度"对话框中，可以定义应用的最大速度、最小速度和启动/停止速度，本项目中采用默认值。

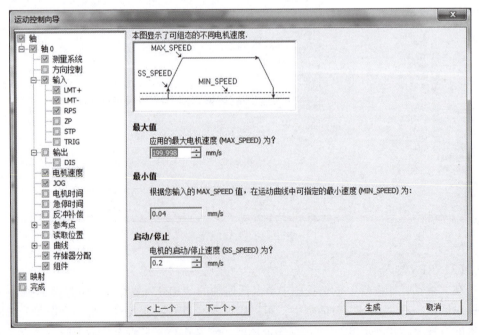

图 6-32　电机速度设置

7. JOG

在图 6-33 所示的"JOG"对话框中，可将电机手动移至所需位置。"速度"：JOG_SPEED（电机的点动速度）是 JOG 命令仍然有效时所能实现的最大速度。"增量"：JOG_INCREMENT 是瞬时 JOG 命令将电机移动的距离。运动轴接收到 JOG 命令后，将启动定时器，如果 JOG 命令在 0.5 s 以内结束，运动轴将以 JOG_SPEED 定义的速度将电机移动在 JOG_INCREMENT 中指定的距离。如果 JOG 命令在 0.5 s 后仍然激活，运动轴将加速至 JOG_SPEED，移动继续，直至 JOG 命令终止，运动轴随后减速至停止。

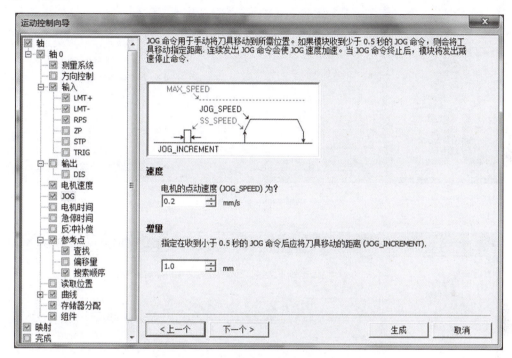

图 6-33　JOG 手动设置

8. 参考点

在"运动控制向导"的树视图中单击任何轴的"参考点"节点时，将显示如图 6-34所示对话框。在"参考点"对话框中，可为应用选择参考点功能，此屏幕包含一个只有在已定义参考点开关（RPS）输入时才启用的复选框。如果启用参考点，则在树视图中的"参考点"节点下多出 3 个节点："查找""偏移量""搜索顺序"。

（1）查找

在"运动控制向导"的树视图中单击任何轴的"查找"节点（在"参考点"节点下）时，在"查找"对话框中，有参考点快速（RP_FAST）、参考点慢速（RP_SLOW）、参考点查找方向（RP_SEEK_DIR）、参考点逼近方向（RP_APPR_DIR）4个参数。本项目查找速度和方向的设置如图 6-35 所示。

（2）搜索顺序

在"运动控制向导"的树视图中单击任何轴的"搜索顺序"节点（在"参考

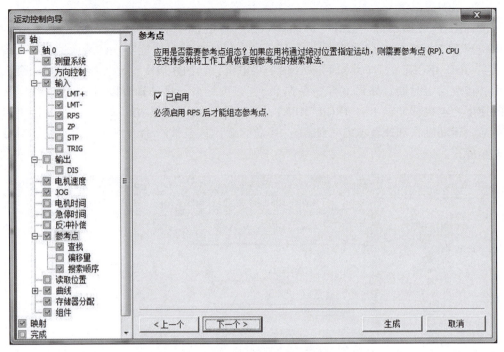

图 6-34　参考点

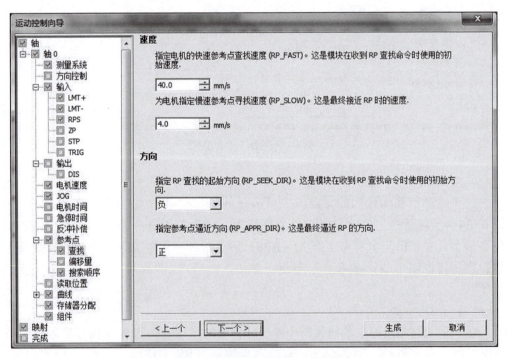

图 6-35　电机查到参考点的速度和方向

点"节点下）时，在"搜索顺序"对话框中，有两种搜索顺序。本项目选择第 2 种搜索顺序。搜索路径如图 6-36 所示。

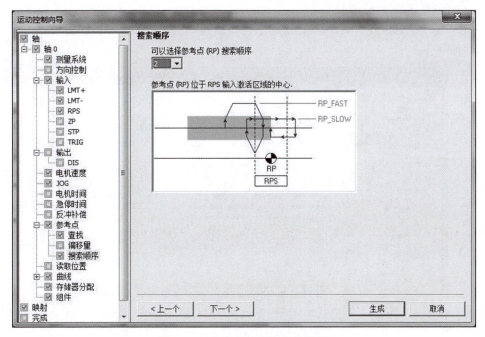

图 6-36　电机查找参考点的路径

9. 存储器分配

在"运动控制向导"的树视图中单击任何轴的"存储器分配"节点，在"存储器分配"对话框中，可分配存储组态/曲线表的存储器地址。组态表的长度取决于定义的曲线数和定义的最大曲线的步数。注意，此处设置的存储区地址不可以再用于其他用途。本项目存储区设置如图 6-37 所示。

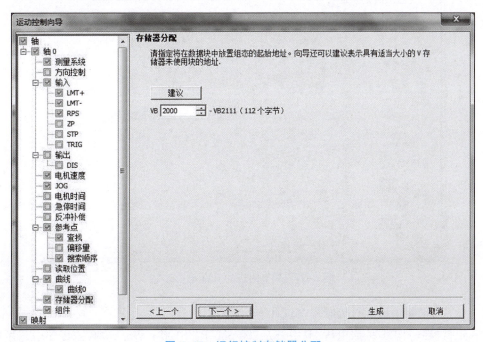

图 6-37　运行控制存储器分配

10. 组件

在"运动控制向导"的树视图中单击任何轴的"组件"节点时，将显示如图6-38所示对话框。

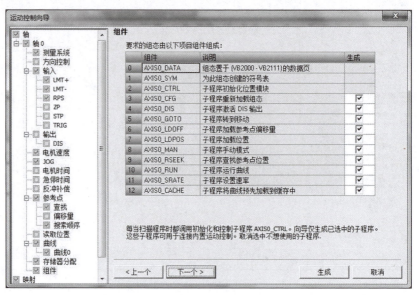

图6-38 运动控制组件

11. 映射

在"映射"对话框中，可总览所有运动轴使用的I/O地址。本项目只需组态轴0，系统对应的地址如图6-39所示。

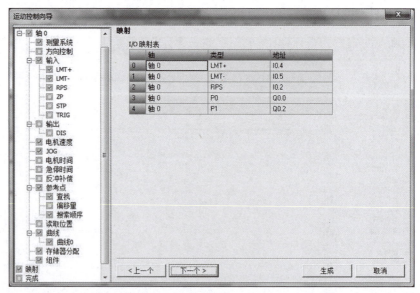

图6-39 轴0对应的I/O地址分配

（二）伺服电机运行控制程序设计

根据控制要求，伺服电机M1由S7-200 SMART ST30控制。ST30主程序中，当触摸屏上M1电机信号M0.0为1时，手动调试界面信号M116.0为1，自动调试界面信号

M116.1 为 0，通过信号传输，ST30 的 V110.0 为 1、V116.0 为 1、V116.1 为 0，调用伺服电机 M1 的子程序 M1 及初始化运动轴。程序调用及运动轴初始化如图 6-40 所示。

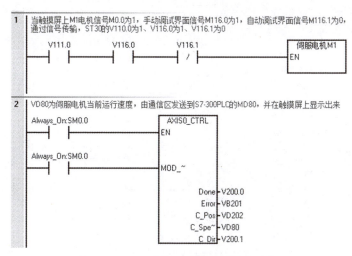

图 6-40　M1 程序调用及运动轴初始化

在伺服电机 M1 子程序中，将滑块移动到最左端 SQ1 处，将触摸屏上设定的伺服电机运行的速度和距离转成浮点数，如图 6-41 所示。按下 SB1 按钮，伺服电机根据设定的参数运行，HL1 灯以亮 2 s、灭 1 s 的频率闪烁，同时，在触摸屏上显示伺服电机运行的速度，按下 SB2 后，小车返回至原点。程序如图 6-42 所示。

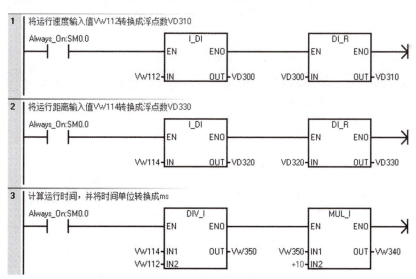

图 6-41　数据转换程序

根据控制要求，伺服电机 M1 运行指示灯由 SR40 控制，要求 HL1 灯以亮 2 s、灭 1 s 的频率闪烁。具体控制程序如图 6-43 所示。

三、变频电机 M2 程序设计

根据控制要求，电机 M2 由变频器进行多段速调速，变频器参数设置为 P700 = 2、P701 = 17、P702 = 17、P703 = 17、P1000 = 3、P1001 = 10、P1002 = 20、P1003 = 30，由

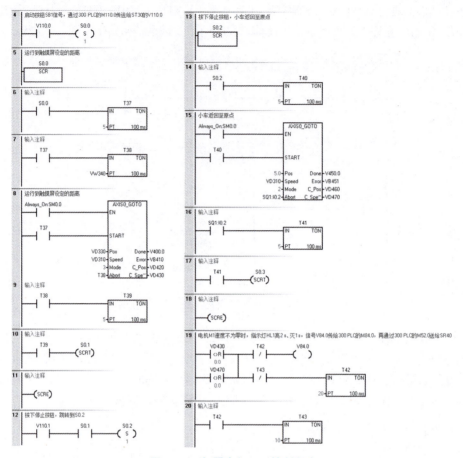

图 6-42　伺服电机 M1 控制程序

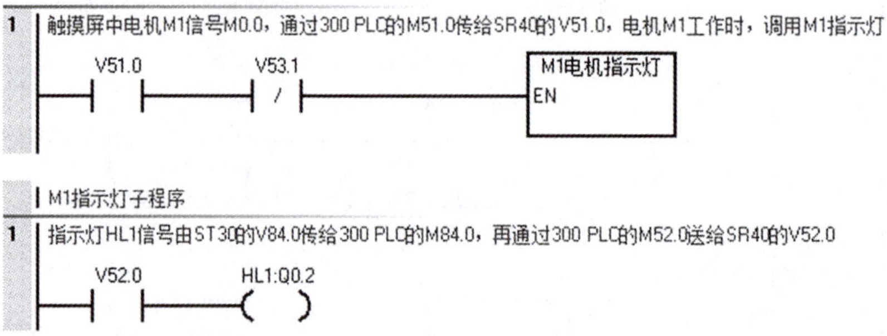

1 | 触摸屏中电机M1信号M0.0，通过300 PLC的M51.0传给SR40的V51.0，电机M1工作时，调用M1指示灯

```
   V51.0      V53.1              M1电机指示灯
  ──┤ ├──────┤/├──────────────┤EN
```

M1指示灯子程序

1 | 指示灯HL1信号由ST300的V84.0传给300 PLC的M84.0，再通过300 PLC的M52.0送给SR40的V52.0

```
   V52.0              HL1:Q0.2
  ──┤ ├──────────────( )
```

图 6-43　调用 M1 指示灯控制程序

S7-200 SMART SR40 控制。SR40 主程序中，触摸屏中电机 M2 信号 M0.1，通过 300PLC 的 M51.1 传给 SR40 的 V51.1。当选择调试 M2 电机时，调用变频电机 M2 子程序。程序调用如图 6-44 所示。

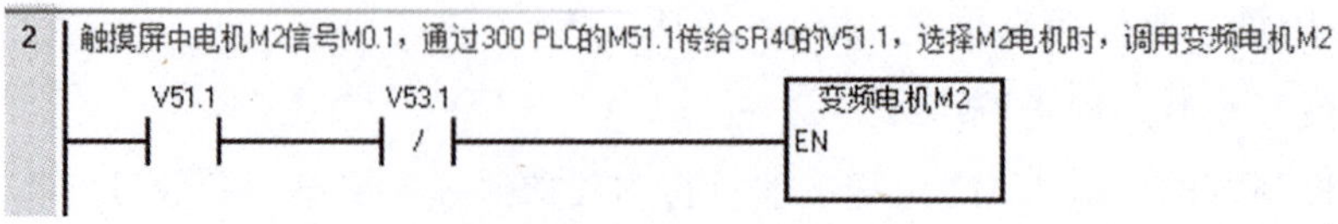

2 | 触摸屏中电机M2信号M0.1，通过300 PLC的M51.1传给SR40的V51.1，选择M2电机时，调用变频电机M2

```
   V51.1      V53.1              变频电机M2
  ──┤ ├──────┤/├──────────────┤EN
```

图 6-44　M2 子程序调用

在变频电机 M2 子程序中，按一下 SB1 按钮，M2 电机以 10 Hz 启动，再按下 SB1 按钮，M2 电机以 20 Hz 启动，以此方式操作，可调试 M2 电机分别在 10 Hz、20 Hz、30 Hz 的频率下启动，并不断循环，按下停止按钮 SB2，M2 停止。M2 电机在运行时，HL1 灯常亮。具体控制程序如图 6-45 所示。

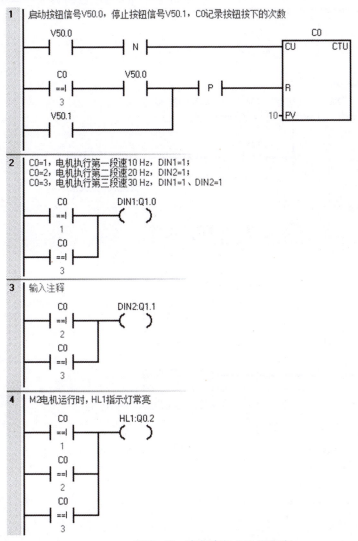

图 6-45　变频电机 M2 子程序

四、双速电机 M3 程序设计

根据控制要求，双速电机 M3 由 S7-200 SMART SR40 控制。SR40 主程序中，触摸屏中电机 M3 信号 M0.2 通过 300 PLC 的 M51.2 传给 SR40 的 V51.2，选择调试 M3 电机时，调用双速电机 M3 子程序。程序调用如图 6-46 所示。

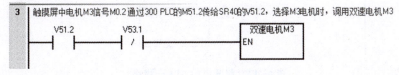

图 6-46　M3 子程序调用

119

　　在双速电机 M3 子程序中，按下 SB1 按钮，电机 M3 以 3 s 间隔进行低速—高速—停止—低速—高速—停止状态循环切换。电机 M3 在低速运行时，HL2 以 2 Hz 闪烁点亮；M3 在高速运行时，HL2 常亮；M3 停止时，HL2 熄灭。按下停止按钮 SB2，M3 停止，HL2 灭。具体控制程序如图 6-47 所示。

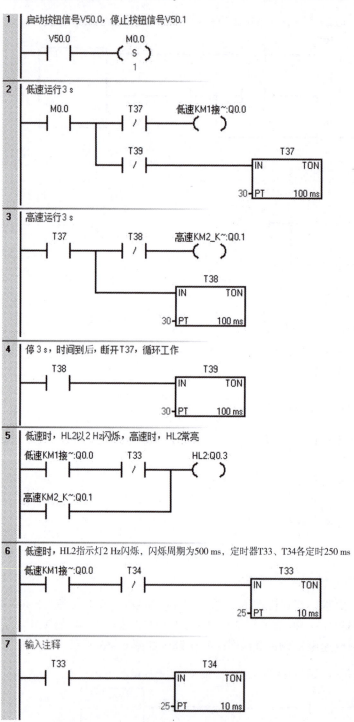

图 6-47　双速电机 M3 子程序

6.5　实践演练与评价反馈

6.5.1　实践演练

一、任务分工

填写小组任务分配表。

小组任务分配表

班级			组号		
组长			学号		
组员 1		学号	组员 2		学号
组员 3		学号	组员 4		学号
组员 5		学号	组员 6		学号
任务分工		姓名		负责工作	

二、知识准备

引导问题 1：台达伺服驱动器 ASD-B2-0421 型号中，04 是什么含义？21 是什么含义？

_____

_____

引导问题 2：本项目监控系统中，伺服电机速度和运行距离应连接什么类型变量？若要求电机运行速度和运行距离小数点位数为 0，则需要的存储空间是多少位？若要求电机运行速度和运行距离小数点位数为 2，则需要的存储空间又是多少位？

_____

_____

_____

_____

引导问题 3：本项目中选用哪些型号的 PLC，PLC 之间如何进行组网？它们之间采用哪些指令实现信号传输？

_____

_____

_____

_____

_____

_____

引导问题4：在使用信号传输指令时，通信参数如何进行设置？通信区如何进行配置？

_____

_____

_____

_____

_____

_____

三、工作实施

各小组根据项目控制要求，参考教材内容完成以下工作。

①列出 PLC 的 I/O 分配表。

序号	输入信号	PLC 地址	序号	输出信号	PLC 地址

②根据 PLC 的 I/O 分配表，绘制 PLC 的 I/O 接线图。

③根据项目控制要求设计系统控制程序。

_____

_____

_____

_____

④下载程序并进行调试，确认是否满足系统控制要求，填写调试记录，并谈谈完成本项目的心得体会。

_____

_____

_____

_____

四、自主探究

根据所学内容进行项目拓展，各小组进行讨论，编写项目拓展任务书。

_____

_____

_____

_____

6.5.2　评价反馈

评价反馈由个人与小组自评、小组互评以及教师评价组成，填写个人与小组自评表、小组互评表以及教师评价表。

个人与小组自评表

班级		组名		日期	年　　月　　日
评价指标	评价内容			配分	得分
知识准备	1. 是否已提前熟悉本项目的控制要求； 2. 本项目涉及前序课程所学专业知识是否复习。			10	
操作实践	是否根据控制要求完成以下工作： 1. 硬件接线已调试完成； 2. 监控画面已设计完成； 3. 系统控制程序已调试完成； 4. 系统联机调试已完成。			40	

评价指标	评价内容	配分	得分
学习态度	1. 上课是否按时出勤； 2. 是否积极主动参与项目的安装与调试工作； 3. 同学之间是否相互理解、相互支持； 4. 与教师沟通是否顺畅。	10	
学习方法	1. 学习方法是否得当，有工作计划； 2. 技能实操是否符合操作规程； 3. 是否可以获得进一步提升的能力。	10	
工作过程	1. 每次课的工作任务完成情况； 2. 能否主动发现并提出有价值的问题； 3. 是否有解决问题的能力。	10	
自评反馈	1. 按时保质完成工作任务； 2. 掌握本项目相关专业知识； 3. 具有较强的分析问题、解决问题的能力； 4. 具有较强的团队协作能力； 5. 具有严谨的思维能力和表达能力。	20	
自评总分			
总结反馈			

小组互评表

班级		组名		日期	年　月　日
评价指标	评价内容			配分	得分
硬件组装与调试	1. 输入/输出信号分析； 2. 硬件选型； 3. I/O 分配表及接线图绘制； 4. 硬件安装、接线与调试。			25	
监控画面设计	1. 合理进行监控画面设计； 2. 正确选择监控画面控件； 3. 正确设置控件属性。			25	

续表

评价指标	评价内容	配分	得分
控制程序设计与调试	1. 能正确设计程序； 2. 按控制要求进行调试。	40	
互评反馈	1. 按时保质完成工作任务； 2. 掌握本项目相关专业知识； 3. 具有较强的分析问题、解决问题的能力； 4. 具有较强的团队协作能力； 5. 具有严谨的思维能力和表达能力； 6. 是否完成本项目的心得体会。	10	
互评总分			
合理建议			

教师评价表

班级		组名		日期	年　月　日	
小组成员签名						

序号	评价指标	评价内容	评价标准	配分	得分
1	任务分工	1. 根据项目要求合理分工； 2. 小组成员之间协作情况。	1. 分工不合理，扣2分； 2. 团队成员之间出现不和谐现象，酌情扣2~5分。	5	
2	硬件组装与调试	1. 输入/输出信号分析； 2. 硬件选型； 3. I/O分配表及接线图绘制； 4. 硬件安装、接线与调试。	1. I/O信号遗漏或者错误，每处扣2分； 2. 硬件选型错误或者不合适，每个扣2分，接线图绘制错误或者不规范，每处扣2分； 3. 硬件安装不规范、接线不规范或者错误，每处扣2分。	25	
3	监控画面设计	1. 合理进行监控画面设计； 2. 正确选择监控画面控件； 3. 正确设置控件属性。	1. 监控画面设计不合理，扣5分； 2. 画面控件选择错误，每处扣5分； 3. 控件属性设置错误，每处扣5分。	25	

续表

序号	评价指标	评价内容	评价标准	配分	得分
4	控制程序设计与调试	1. 能正确设计程序； 2. 按控制要求进行调试。	1. 指令有错误，每处扣2分； 2. M1控制要求全部未显示，扣10分；实现部分功能，根据完成情况酌情扣分； 3. M2控制要求全部未显示，扣10分；实现部分功能，根据完成情况酌情扣分； 4. M3控制要求全部未显示，扣10分；实现部分功能，根据完成情况酌情扣分。	35	
5	职业素养	1. 遵守教学场所规章制度； 2. 安全生产、文明操作意识。	1. 迟到、早退或不遵守教学场所规章制度，扣5分； 2. 设备首次上电前未进行请示，扣2分；带电操作者，视情况扣5~10分； 3. 出现重大事故或者人为损坏设备，扣10分； 4. 工具材料摆放不整齐，扣2分；踩踏导线，扣2分； 5. 项目完成后，未进行工位清理，扣5分。	10	

6.6　项目拓展

在完成调试模式控制要求后，系统切换进入自动运行模式后，触摸屏自动进入运行模式界面，出现"自动运行模式"字样，界面可参考图6-48进行设计。

智能饲喂系统工艺流程与控制要求：

（1）系统初始化状态

无论小车在什么位置，上电后，小车自动回到初始位置并等待系统启动。

（2）运行操作

系统运行方式主要可以分为周期和自动两种方式。

①单周期方式：即开始按下启动按钮SB1，程序只执行单个运行周期，在完成一个周期的动作后，到程序开始执行的位置停止运行（系统默认槽3位置有料，饲喂小车从原点接料后，运行到槽1位置，投放饲料完毕后，自动返回原点等待；再按下SB1，小车下次到达的位置是槽2位置，并返回原点等待）。

②自动方式：即开始按下启动按钮SB1，程序执行整个运行周期，然后再从程序

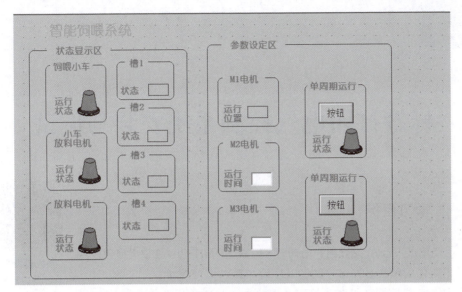

图 6-48 自动模式

开始的位置自动循环执行。当饲喂小车回到原点后，等待启动信号 SB1（系统默认槽 3 有料，放料电机向小车内放料，电机 M3 启动运行 t s 停止，运行时间 t 由触摸屏设定；等待 2 s 后，小车向右运行到槽 1 位置停止，小车内部投料电机 M2 运行 y s 停止，运行时间 t 由触摸屏设定，小车继续向右运行到槽 2 位置，重复以上步骤；小车跳过槽 3 直接运行到槽 4 位置投放饲料；投放完毕之后，小车自动返回原点）。运行过程中按下 SB2，小车可以随时停止，当再次按下 SB1 时，小车继续运行。

小车在运行过程中意外超出限程（包括左限程和右限程），整个系统立即停止，并在触摸屏中弹出报警界面，等待 10 s 后，小车自动返回至原点，并闪烁报警灯 HL3。等待故障维修检查完成，重新按下启动 SB1 恢复运行。

项目七

标签打印电气控制系统安装与调试

德育教育 7
中国条码标准

学习目标

①能完成一台 S7-300 PLC 与两台 S7-200 SMART 的工业以太网组网；
②能完成触摸屏与 S7-300 PLC 的工业以太网连接；
③能完成标签打印电气控制系统的电气控制原理图的绘制；
④能完成标签打印电气控制系统中主要器件的安装与连接；
⑤能完成标签打印电气控制系统的运行与调试。

标签打印系统是用于工业、商业、超市、零售业、物流、仓储、图书馆等需要的条码、二维码等标签制作，具有采用准确控制、高速运行、一体制作等要求的系统，如图 7-1 所示。

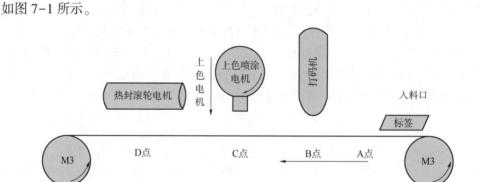

图 7-1　标签打印系统结构示意图

标签打印系统由以下电气控制回路组成：打码电机 M1 控制回路（M1 为双速电机，需要考虑过载、联锁保护）、上色电机 M2 控制回路（M2 为三相异步电机（不带速度继电器），只进行单向正转运行）、传送带电机 M3 控制回路（M3 为三相异步电机（带速度继电器），由变频器进行多段速控制，变频器参数设置为第一段速为 15 Hz、第二段速为 30 Hz、第三段速为 40 Hz、第四段速为 50 Hz，加速时间 0.1 s，减速时间 0.2 s）、热封滚轮电机 M4 控制回路（M4 为三相异步电机（不带速度继电器），只进行单向正转运行）、上色喷涂进给电机 M5 控制回路（M5 为伺服电机，参数设置如下：伺服电机旋转一周需要 1 000 个脉冲，正转/反转的转速可为 1~3 圈/s；正转对应上色喷涂电机向下进给）。以电机旋转"顺时针旋转为正向，逆时针旋转为反向"为准。

7.1 控制要求

标签打印系统设备具有两种工作模式：调试模式和加工模式。

1. 首界面要求

首页界面是启动界面，如图 7-2 所示。

单击"进入测试"按钮，弹出"用户登录"窗口，如图 7-3 所示。在用户名下拉菜单中选择"负责人"，输入密码"123"，进入"调试模式"界面。调试完成后自动返回首页界面，也可以在调试过程完成后单击"返回首页界面"按钮返回。

单击"进入运行"按钮，弹出"用户登录"窗口，在用户名下拉菜单中选择"操作员"，输入密码"456"，进入"加工模式"界面。加工完成后自动返回首页界面。

如出现报警，跳出报警窗口，解除报警后返回当前窗口，继续调试或运行。

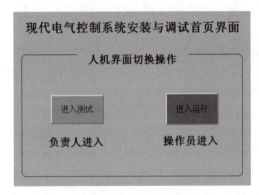

图 7-2 首页界面

图 7-3 "用户登录"界面

2. 调试模式

设备进入调试模式后，触摸屏出现调试界面，如图 7-4 所示。通过单击下拉框，随意选择需调试的电机，当前电机指示灯亮。按下 SB1 按钮，选中的电机按下述要求进行调试运行。没有调试顺序要求，每个电机调试完成后，对应的指示灯熄灭。

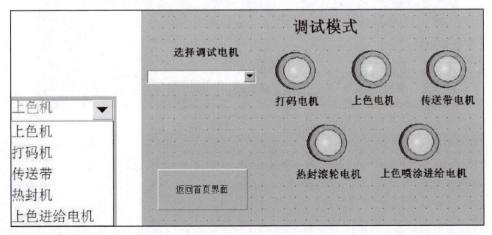

图 7-4 "调试模式"界面

（1）打码电机 M1 调试过程

按下启动按钮 SB1 后，打码电机低速运行 6 s 后停止，再次按下启动按钮 SB1 后，高速运行 4 s，打码电机 M1 调试结束。M1 电机调试过程中，HL1 以 1 Hz 闪烁。

（2）上色电机 M2 调试过程

按下启动按钮 SB1 后，上色喷涂电机启动运行 4 s 后停止，上色喷涂电机 M2 调试结束。M2 电机调试过程中，HL1 常亮。

（3）传送带电机（变频电机）M3 调试过程

按下 SB1 按钮，M3 电机以 15 Hz 启动；再按下 SB1 按钮，M3 电机以 30 Hz 运行；再按下 SB1 按钮，M3 电机以 40 Hz 运行；再按下 SB1 按钮，M3 电机以 50 Hz 运行；按下停止按钮 SB2，M3 停止。运行过程中按下停止按钮 SB2，M3 立即停止（调试没有结束），调试需重新启动。M3 电机调试过程中，HL2 以 1 Hz 闪烁。

（4）热封滚轮电机 M4 调试过程

按下 SB1 按钮，电机 M4 启动，3 s 后 M4 停止，2 s 后又自动启动，按此周期反复运行，4 次循环工作后自动停止。可随时按下 SB2 停止（调试没有结束），调试需重新启动。电机 M4 调试过程中，HL2 常亮。

（5）上色喷涂进给电机（伺服电机）M5 调试过程

上色喷涂进给电机结构示意图如图 7-5 所示。初始状态断电手动调节回原点 SQ1，按下 SB1 按钮，上色喷涂电机 M5 正转向左移动，当 SQ2 检测到信号时，停止旋转，停 2 s 后，电机 M5 反转右移，当 SQ1 检测到信号时，停止旋转，停 2 s 后，又正转向左移动至 SQ3 后停 2 s，电机 M5 反转右移回原点。至此，上色喷涂电机 M5 调试结束。M5 电机调试过程中，M5 电机正转和反转转速均为 1 圈/s，HL1 和 HL2 同时以 2 Hz 闪烁。

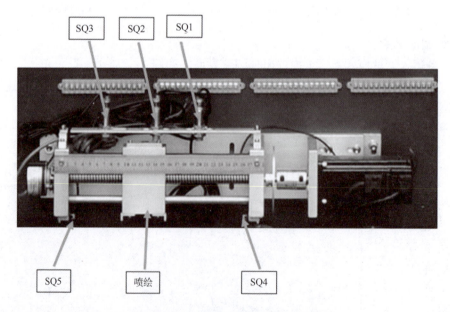

图 7-5 上色喷涂进给电机结构示意图

所有电机（M1~M5）调试完成后，将自动返回首页界面。在调试结束前，单台电机可以反复调试。调试过程不要切换选择调试电机。

7.2　系统方案设计

根据控制任务描述，选用一台 S7-300 PLC 与两台 S7-200 SMART 作为本系统的控制器，S7-300 PLC 为主站，两台 S7-200 SMART 为从站，电机控制、I/O、HMI 与 PLC 组合分配方案见表 7-1，本系统控制框图如图 7-6 所示。

表 7-1　设备与控制器分配方案

设备	控制器
HMI	CPU314C-2PN/DP
M1、M2、M4 SB1~SB6 HL1~HL3	S7-200 SMART 6ES7288-1SR40-0AA0
M3、M5、编码器 SQ1~SQ5	S7-200 SMART 6ES7288-1ST30-0AA0

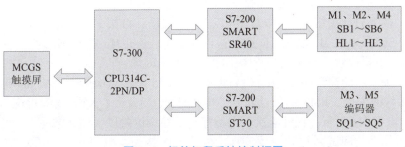

图 7-6　标签打印系统控制框图

7.3　系统电气设计与安装

7.3.1　电气原理分析

标签打印控制系统由 5 个电机组成。M1 为打码电机，M2 为上色电机，M3 为传送带电机，M4 为热封滚轮电机，M5 为上色喷涂进给电机。标签打印控制系统电气原理图如图 7-7 所示，工作原理如下：

M1：按下启动按钮 SB1，KM1 线圈得电，KM1 主触点吸合，电机低速运转。KM2 线圈得电，KM2 主触点吸合，KM2 常闭辅助触点断开，形成互锁。6 s 后，KM1 线圈失电，KM1 主触点断开，KM2 线圈失电，KM2 主触点断开，电机停止，KM2 常闭辅助触点吸合。再按下启动按钮 SB1，KM1 线圈得电，KM1 主触点吸合，KM3 线圈得电，KM3 主触点吸合，电机高速运转，KM3 常闭辅助触点断开，形成互锁。4 s 后，KM1 圈失电，KM1 主触点断开，KM3 圈失电，KM3 主触点断开，电机停止，KM3 常闭辅助触点吸合。在调试阶段，HL1 以 1 Hz 闪烁。

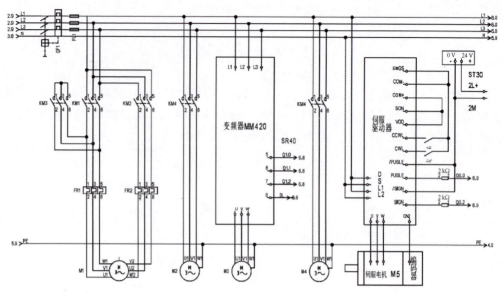

图 7-7 标签打印系统电气原理图

M2：按下启动按钮 SB1，KM4 线圈得电，KM4 触点吸合，电机 M2 运行。4 s 后，KM4 线圈失电，KM4 主触点断开，电机停止。HL1 常亮。

M3：按下启动按钮 SB1，电机 M3 以 15 Hz 启动；再按 SB1，电机 M3 以 30 Hz 运行；再按 SB1，电机 M3 以 40 Hz 运行；再按 SB1，电机 M3 以 50 Hz 运行。按下停止按钮 SB2，电机停止。在调试过程中，HL2 以 1Hz 闪烁。

M4：按下启动按钮 SB1，KM5 线圈得电，KM5 主触点吸合，电机 M4 运行。3 s 后，KM5 线圈失电，KM5 主触点断开，电机停止。3 s 后，KM5 线圈得电，KM5 触点吸合，电机 M4 运行。循环 4 次，电机停止。在调试阶段，HL2 常亮。

M5：先手动调试到初始位置 SQ1，按下 SB1 按钮，电机正转，滑块向左移动，到达 SQ2 位置，电机停止。2 s 后电机正转，滑块向左移动，到达 SQ3 位置，电机停止。2 s 后电机反转，滑块向右移动，回到 SQ1 位置。HL1 和 HL2 以 2 Hz 闪烁。

7.3.2　I/O 地址分配

根据对标签打印控制系统的分析，本系统中，S7-300 PLC 输入信号无，输出信号无；S7-200 SMART PLC SR40 输入信号有按钮 SB1、SB2、SB3、SB4、SB5、SB6，输出信号有 M1 双速电机线圈，M2 三相异步电机线圈，M4 三相异步电机线圈，指示灯 HL1、HL2、HL3；S7-200 SMART PLC ST30 输入信号有编码器，以及位置传感器 SQ1、SQ2、SQ3、SQ4、SQ5，输出信号有第一段速 15 Hz、第二段速 30 Hz、第三段速 40 Hz、第四段速 50 Hz 及 M5 伺服电机。具体输入/输出信号地址分配情况见表 7-2～表 7-4。

表 7-2　S7-300 PLC 地址分配

S7-300 PLC					
输入信号			输出信号		
序号	信号名称	PLC 地址	序号	信号名称	PLC 地址
1	无		1	无	

表 7-3　S7-200 SMART PLC SR40 地址分配

S7-200 SMART PLC SR40					
输入信号			输出信号		
序号	信号名称	PLC 地址	序号	信号名称	PLC 地址
1	SB1 按钮	I0.0	1	M1 低速线圈	Q0.0
2	SB2 按钮	I0.1	2	M1 高速线圈	Q0.1
3	SB3 按钮	I0.2	3	M2 电机线圈	Q0.2
4	SB4 按钮	I0.3	4	M4 电机线圈	Q0.3
5	SB5 按钮	I0.4	5	指示灯 HL1	Q0.4
6	SB6 按钮	I0.5	6	指示灯 HL2	Q0.5
			7	指示灯 HL3	Q0.6

表 7-4　S7-200 SMART PLC ST30 地址分配

S7-200 SMART PLC ST30					
输入信号			输出信号		
序号	信号名称	PLC 地址	序号	信号名称	PLC 地址
1	编码器	I0.0	1	M3 DIN1	Q1.0
2	编码器	I0.1	2	M3 DIN2	Q1.1
3	位置传感器 SQ1	I0.2	3	M3 DIN3	Q1.2
4	位置传感器 SQ2	I0.3	4	M5 PULSE	Q0.0
5	位置传感器 SQ3	I0.4	5	M5 SIGN	Q0.2
6	位置传感器 SQ4	I0.5	6		
7	位置传感器 SQ5	I0.6	7		

7.3.3　系统安装与接线

标签打印系统 PLC 接线图如图 7-8 所示。

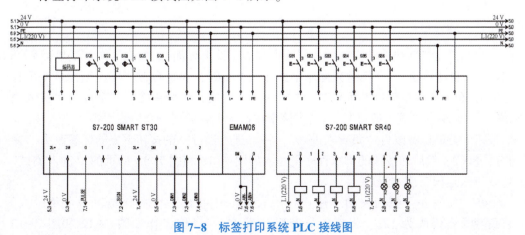

图 7-8　标签打印系统 PLC 接线图

7.4 系统软件设计与调试

7.4.1 MCGS 组态设计

一、新建工程

在"文件"工具栏选择"新建"项目，弹出对话框，选择触摸屏型号 TPC7062Ti，在设备组态窗口选择通用"TC/IP"串口父设备及西门子 CP443-1 以太 网模块，双击以太网模块创建 MCGS 界面变量、设置本地 IP 地址及远程 IP 地址。设 备编辑窗口如图 7-9 所示。

图 7-9　设备窗口的变量及 IP 地址

二、新建窗口

在用户窗口新建 3 个窗口，分别为窗口 0（首页界面）、窗口 1（调试界面）及 窗口 2（自动界面）。在实时数据库中新建一个变量，将变量改为字符型，名字可自 定义为 zf0，然后在登录界面操作。先插入两个按钮，将按钮文本一个改为"进入测 试"，一个改为"进入运行"，然后在两个按钮下方各插入一个标签，将"进入测试" 的按钮下方的标签改为"负责人进入"，将"进入运行"的按钮下方的标签改为"操 作员进入"，然后在按钮的脚本程序里写入如图 7-10 和图 7-11 所示的"进入测试" 和"进入运行"脚本程序。

在"工具"下拉列表的"用户权限管理"中新建一个操作员、一个负责人， 将负责人密码改为 123，将操作员密码改为 456。具体操作如图 7-12 和图 7-13 所示。

图7-10 "进入测试"脚本程序

图7-11 "进入运行"脚本程序

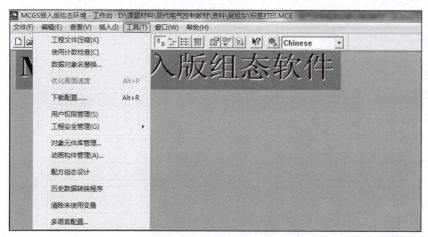

图7-12 用户管理权限

用户权限设置

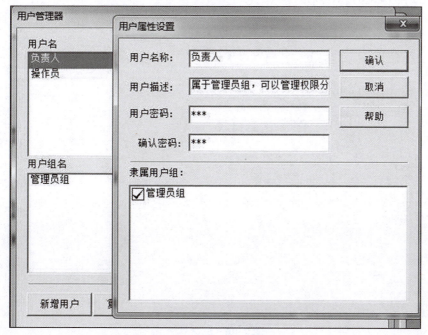

图7-13 设置用户密码

三、调试界面设计

双击打开窗口 2（调试界面），先从工具箱中选择"插入元件"命令，选择指示灯 3，在触摸屏中按住鼠标左键，画出 5 个指示灯，并添加标注。然后从工具箱中选择组合框控件（倒数第二行第二个），在触摸屏中按住鼠标左键，画出需要的组合框控件大小。

在实时数据库中创建一个数值型变量，将其命名为"下拉框"，返回调试界面。双击组合框，在"基本属性"中将"数据关联"和"ID 号关联"改成"下拉框"，构件类型选择"列表组合框"；在"选项设置"中输入"打码电机""上色电机""传送带电机""热封滚轮电机""上色喷涂进给电机"，如图 7-14 和图 7-15 所示。

图 7-14　组合框"基本属性"设置

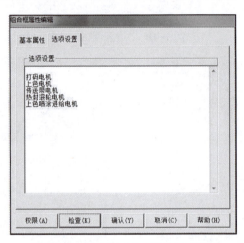

图 7-15　组合框"选项设置"设置

根据项目控制要求在调试界面上添加"返回首页界面"（窗口 0）按钮。设计完成的调试界面如图 7-16 所示。

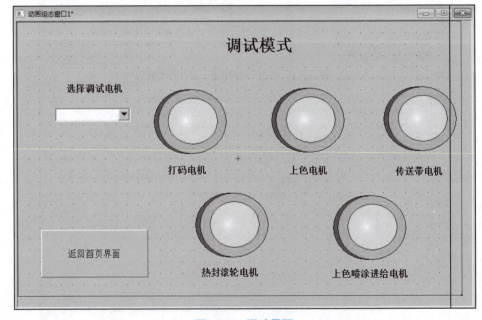

图 7-16　调试界面

7.4.2 PLC 程序设计

一、PLC 组网设计

（一）新建 Ethernet 子网

S7-300 硬件组态完成之后，双击硬件组态中的"PN-IO"，弹出 PN-IO 属性对话框。在属性对话框"常规"的接口处单击"属性"，弹出 Ethernet 接口属性对话框，输入 S7-300 PLC 的 IP 地址"192.168.2.1"，然后单击"新建"按钮，创建 Ethernet 网络，如图 7-17 所示。

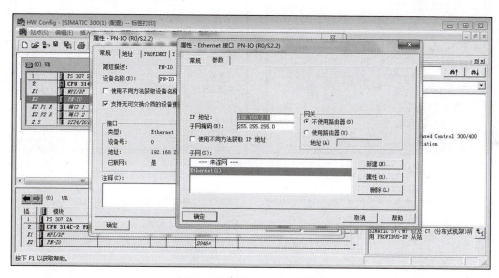

图 7-17 新建 Ethernet 子网

（二）S7-300 PLC 与 S7-200 SMART 的组网

完成新建 Ethernet 子网之后，退出硬件组态窗口，返回项目设计窗口。双击图 7-18 中的"连接"，弹出 NetPro 网络窗口，在 SIMATIC 300（1）的 CPU 处右击，单击图 7-19 中的"插入新连接"，弹出"插入新连接"对话框，"连接伙伴"选择"未指定"，"连接类型"选择"S7 连接"，如图 7-20 所示。

图 7-18 项目设计窗口

在图 7-20 中单击"确定"按钮，弹出"S7 连接"属性对话框，在"块参数"中设置本地 ID 地址，SR40 设置为 1（W#16#1），ST30 设置为 2（W#16#2），在伙伴的地址中设置 SR40 和 ST30 的 IP 地址为 192.168.2.2 和 192.168.2.3，如图 7-21 和图 7-22 所示。

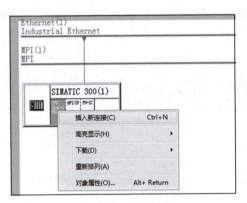

图 7-19　NetPro 网络

图 7-20　插入新连接

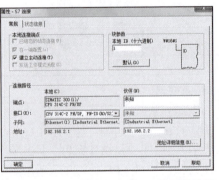

图 7-21　SR40 块参数本地 ID 及伙伴地址

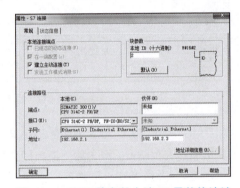

图 7-22　ST30 块参数本地 ID 及伙伴地址

　　块参数设置完成之后，S7-300 PLC 与两个 S7-200 SMART 组网完成，NetPro 网络窗口出现 Ethernet 网络连接，如图 7-23 所示。

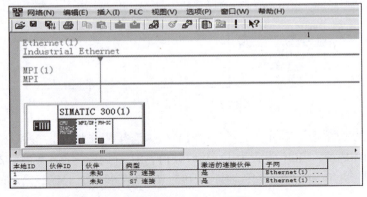

图 7-23　Ethernet 组网

（三）设置 S7-300 PLC 与两个 S7-200 SMART 的通信区

S7-300 PLC 与两个 S7-200 SMART 的通信区设置如图 7-24 所示。S7-300 PLC 由 MB100~MB179 区发送数据到 S7-200 SMART SR40 的 VB100~VB179 区，S7-300 PLC 接收由 S7-200 SMART SR40 的 VB0~VB49 区发送过来的数据存储到 MB0~MB49 区。S7-300 PLC 由 MB100~MB179 区发送数据到 S7-200 SMART ST30 的 VB100~VB179 区，S7-300 PLC 接收由 S7-200 SMART ST30 的 VB50~VB99 区发送过来的数据存储到 MB50~MB99 区。

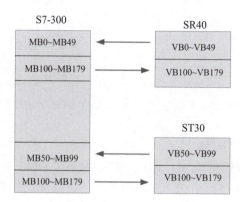

图 7-24　S7-300 PLC 与两个 S7-200 SMART 的通信区

1. 设置 S7-300 PLC 与 S7-200 SMART SR40 的通信区

S7-300 PLC 读取 S7-200 SMART SR40 存储区 V0.0 开始的 50 个字节的信号存放到 S7-300 PLC 存储区 M0.0 开始的 50 个字节中。S7-300 PLC 发送 M100.0 开始的 80 个字节的信号到 S7-200 SMART SR40 存储区 V100.0 开始的 80 个字节中。具体指令如图 7-25 所示。

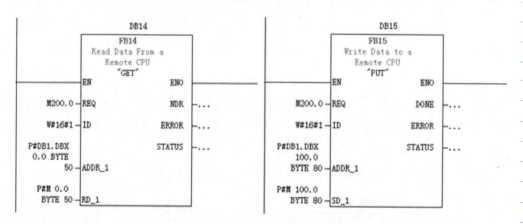

图 7-25　S7-300 PLC 与 S7-200 SMART SR40 的读取与写入指令

2. 设置 S7-300 PLC 与 S7-200 SMART ST30 的通信区

S7-300 PLC 读取 S7-200 SMART ST30 存储区 V50.0 开始的 50 个字节的信号存放到 S7-300 PLC 存储区 M50.0 开始的 50 个字节中。S7-300 PLC 发送 M100.0 开始的 80 个字节的信号到 S7-200 SMART ST30 存储区 V100.0 开始的 80 个字节中。具体

指令如图 7-26 所示。

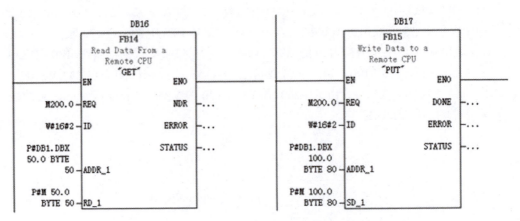

图 7-26　S7-300 PLC 与 S7-200 SMART ST30 的读取与写入指令

二、打码电机 M1 程序设计

根据控制要求，打码电机 M1 由 S7-200 SMART SR40 控制，SR40 主程序中，在触摸屏下拉框中选择打码电机 VW100 = 1，且触摸屏调试界面信号 M102.0 = 1，通过信号传输到 SR40，使得 V102.0 = 1 时，调用 M1 电机子程序，且 V0.0 = 1，通过信号传输到 300 PLC，使得 M0.0 = 1，即触摸屏上打码电机指示灯点亮。程序调用如图 7-27 所示。

在触摸屏下拉框中选择打码电机 VW100=1，且触摸屏调试界面信号 M102.0=1，通过信号传输到 SR40，使得 V102.0=1 时，调用 M1 电机子程序，且 V0.0=1，通过信号传输到 300 PLC，使得 M0.0=1，即触摸屏上打码电机指示灯点亮

下拉框:VW100　　调试界面~:V102.0

M1电机
EN

V0.0

图 7-27　打码电机 M1 子程序调用

在子程序中，利用计数器来实现按钮按下次数的计数。计数程序如图 7-28 所示。第一次按下启动按钮 SB1，打码电机低速运行 6 s，程序如图 7-29 所示。再按下 SB1 按钮，电机高速运行 4 s，程序如图 7-30 所示。在调试过程中，HL1 以 1 Hz 闪烁，程序如图 7-31 所示。

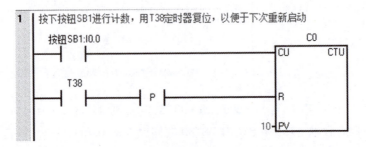

图 7-28　计数程序

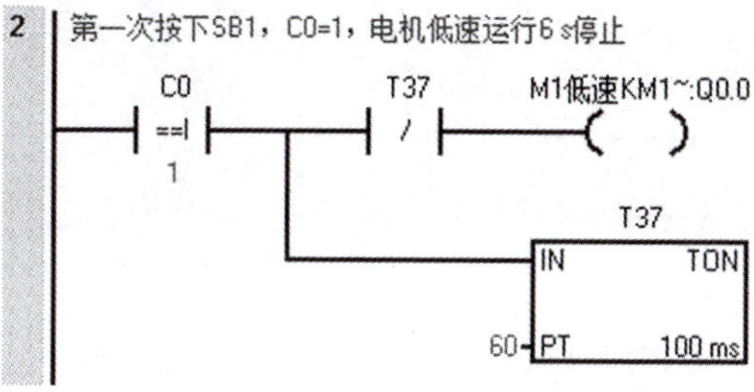

图 7-29　打码电机低速运行程序

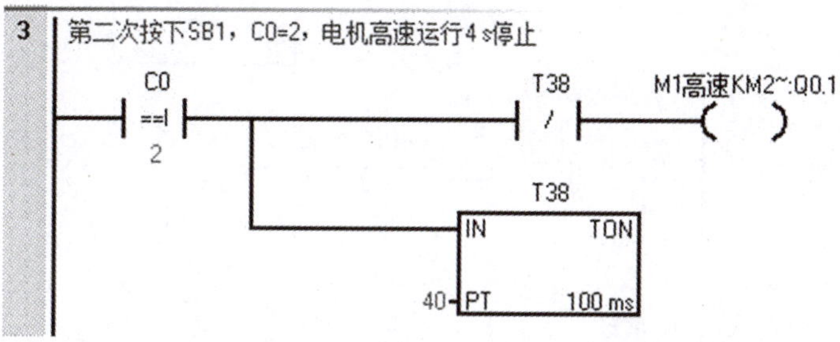

图 7-30　打码电机高速运行程序

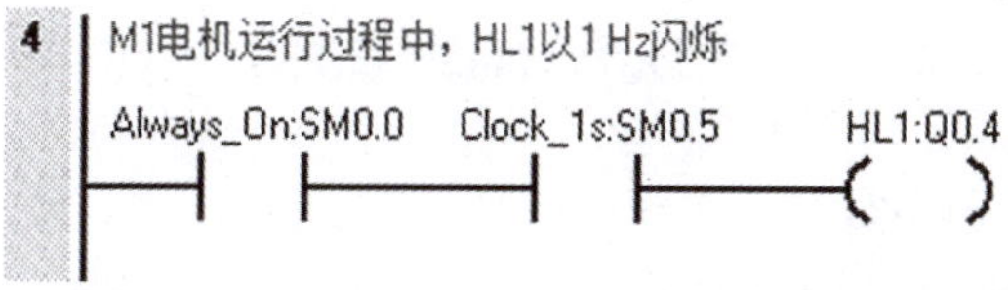

图 7-31　打码电机运行指示灯 HL1 程序

三、上色喷涂电机 M2 程序设计

根据控制要求，上色喷涂电机 M2 由 S7-200 SMART SR40 控制。SR40 主程序中，在触摸屏下拉框中选择上色喷涂电机 VW100＝2，且触摸屏调试界面信号 M102.0＝1，通过信号传输到 SR40，使得 V102.0＝1 时，调用 M2 电机子程序，且 V0.1＝1，通过信号传输到 300 PLC，使得 M0.1＝1，即触摸屏上上色喷涂电机指示灯点亮。程序调用如图 7-32 所示。

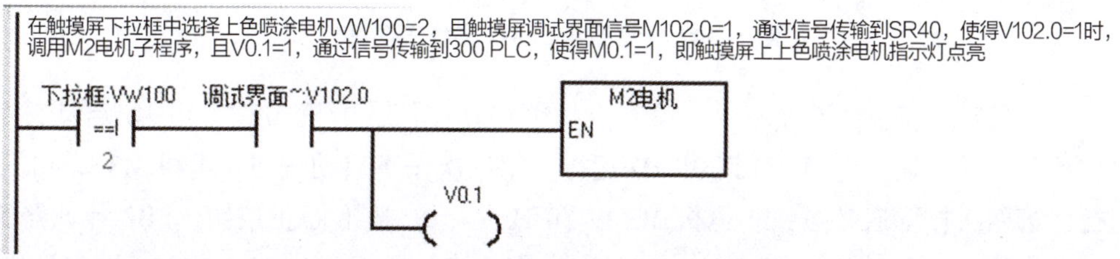

图 7-32　上色喷涂电机 M2 子程序调用

在子程序中，按下启动按钮 SB1，电机运行 4 s 后停止，在调试过程中，HL1 常亮。程序如图 7-33 所示。

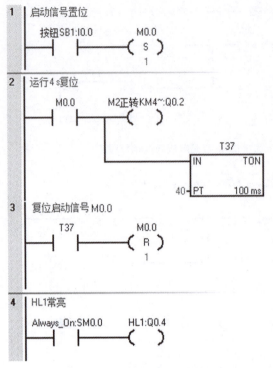

图 7-33　上色喷涂电机 M2 控制程序

四、传送带电机 M3 程序设计

　　根据控制要求，传送带电机 M3 由 S7-200 SMART ST30 控制。ST30 主程序中，在触摸屏下拉框中选择传送带电机 VW100＝3，且触摸屏调试界面信号 M102.0＝1，通过信号传输到 ST30，使得 V102.0＝1 时，调用 M3 电机子程序。程序调用如图 7-34 所示。

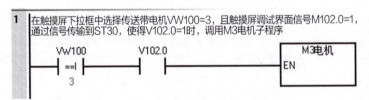

图 7-34　传送带电机 M3 子程序调用

　　在传送带电机 M3 子程序中，第一次按下启动按钮，电机 M3 以 15 Hz 启动，第二次按下启动按钮，电机 M3 以 30 Hz 运行，第三次按下启动按钮，电机 M3 以 40 Hz 运行，第四次按下启动按钮，电机 M3 以 50 Hz 运行，按下停止按钮，SB2 计数器复位，电机停止运行。因按钮 SB1、SB2 信号接入 S7-200 SMART SR40，在 S7-200 SMART ST30 中要能使用按钮信号，按钮信号从 SR40 传输到 300 PLC，再由 300 PLC 传输到 ST30。信号传输过程如图 7-35 和图 7-36 所示，电机 M3 控制程序如图 7-37 所示。

将按钮IB0信号放入通信地址VB49，再传输给300 PLC中的MB49

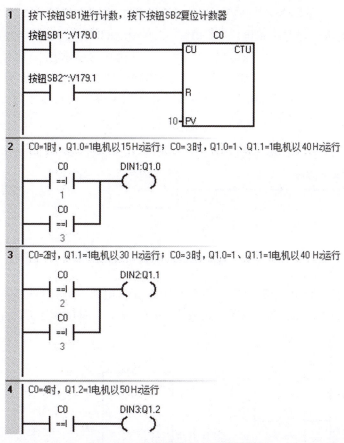

图 7-35　按钮信号从 SR40 传输到 300 PLC

按钮信号MB49放入传输单元MB179，送给ST30

图 7-36　按钮信号从 300 PLC 传输到 ST30

图 7-37　传送带电机 M3 控制程序

　　根据控制要求，传送带电机 M3 运行时，指示灯 HL2 以 1 Hz 闪烁。指示灯由 S7-200 SMART SR40 控制。SR40 主程序中，在触摸屏下拉框中选择传送带电机 VW100＝3，且触摸屏调试界面信号 M102.0＝1，通过信号传输到 SR40，使得 V102.0＝1 时，调用 M3 电机运行指示灯子程序，且 V0.2＝1，通过信号传输到 300 PLC，使得 M0.2＝1，即触摸屏上传送带电机指示灯点亮。程序调用及指示灯 HL2 的控制程序如图 7-38 所示。

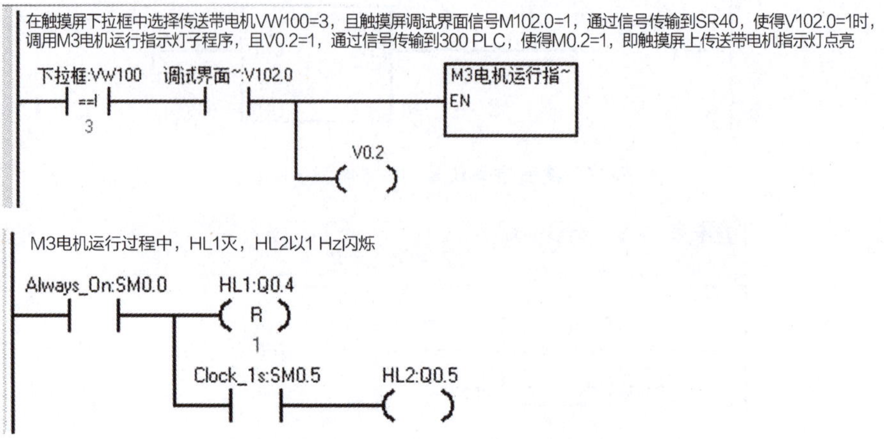

在触摸屏下拉框中选择传送带电机 VW100=3，且触摸屏调试界面信号 M102.0=1，通过信号传输到 SR40，使得 V102.0=1时，调用 M3 电机运行指示灯子程序，且 V0.2=1，通过信号传输到 300 PLC，使得 M0.2=1，即触摸屏上传送带电机指示灯点亮。

下拉框:VW100   调试界面~:V102.0   M3电机运行指~
——==I——   ————| |————+————————————   EN
3 |
                     |
                   V0.2
                   ( )

M3电机运行过程中，HL1灭，HL2以1 Hz闪烁

Always_On:SM0.0   HL1:Q0.4
————| |————+————(R)
           | 1
           |
         Clock_1s:SM0.5   HL2:Q0.5
         ————| |————————————( )

图 7-38　传送带电机 M3 运行指示灯控制程序

五、热封滚轮电机 M4 程序设计

根据控制要求，热封滚轮电机 M4 由 S7-200 SMART SR40 控制。SR40 主程序中，在触摸屏下拉框中选择热封滚轮电机 VW100=4，且触摸屏调试界面信号 M102.0=1，通过信号传输到 SR40，使得 V102.0=1 时，调用 M4 电机子程序，且 V0.3=1，通过信号传输到 300 PLC，使得 M0.3=1，即触摸屏上热封滚轮电机指示灯点亮。程序调用如图 7-39 所示。

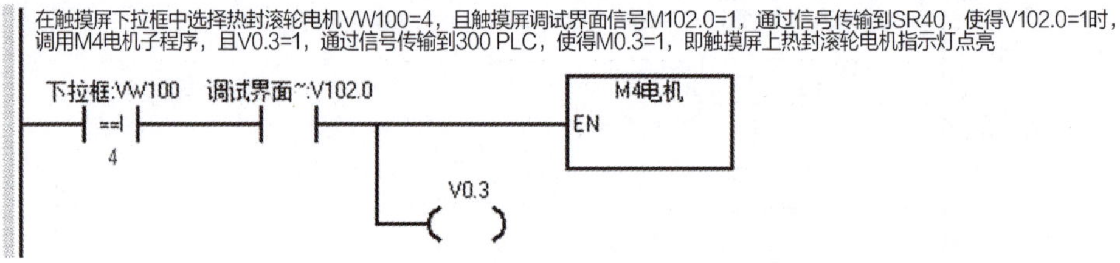

在触摸屏下拉框中选择热封滚轮电机 VW100=4，且触摸屏调试界面信号 M102.0=1，通过信号传输到 SR40，使得 V102.0=1时，调用 M4电机子程序，且 V0.3=1，通过信号传输到 300 PLC，使得 M0.3=1，即触摸屏上热封滚轮电机指示灯点亮

下拉框:VW100   调试界面~:V102.0   M4电机
————==I————   ————| |————+————————————   EN
4 |
                         |
                       V0.3
                       ( )

图 7-39　热封滚轮电机 M4 子程序调用

在热封滚轮电机 M4 子程序中，按下 SB1 按钮，电机 M4 启动，3 s 后停止，2 s 后启动，反复循环 4 次结束。在调试过程中，HL2 常亮，具体程序如图 7-40 所示。

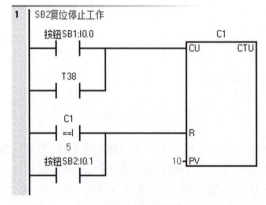

图 7-40　热封滚轮电机 M4 控制程序

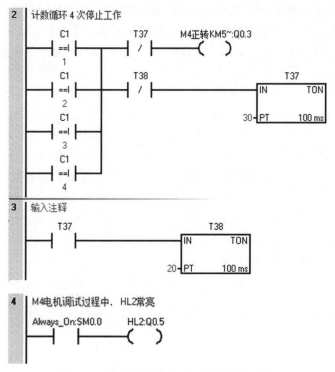

图 7-40 热封滚轮电机 M4 控制程序（续）

六、上色喷涂进给电机 M5（伺服电机）程序设计

根据控制要求，上色喷涂进给电机 M5 由 S7-200 SMART ST30 控制。ST30 主程序中，在触摸屏下拉框中选择上色喷涂进给电机 VW100＝5，且触摸屏调试界面信号 M102.0＝1，通过信号传输到 ST30，使得 V102.0＝1 时，调用 M5 电机子程序。程序调用如图 7-41 所示，运动轴初始化如图 7-42 所示。

图 7-41 上色喷涂进给电机 M5 子程序调用

图 7-42 运动轴初始化

手动调节回原点 SQ1，按下 SB1 按钮，置位 S0.0，电机 M5 正转左移至 SQ2 时停止，停止 2 s 置位 S0.1，电机 M5 反转右移至 SQ1 停止，停止 2 s 后置位 S0.2，电机 M5 正转左移至 SQ3 停止，停止 2 s 后置位 S0.3，回原点 SQ1，具体程序如图 7-43 所示。

根据控制要求，上色喷涂进给电机 M5 指示灯 HL1 和 HL2 由 S7-200 SMART SR40 控制。SR40 主程序中，在触摸屏下拉框中选择上色喷涂进给电机 VW100＝5，且触摸屏调试界面信号 M102.0＝1，通过信号传输到 SR40，使得 V102.0＝1 时，调用 M5 电机运行指示灯子程序，且 V0.4＝1，通过信号传输到 300 PLC，使得 M0.4＝1，即触摸屏上上色喷涂进给电机指示灯点亮。程序调用及指示灯控制程序如图 7-44 和图 7-45 所示。

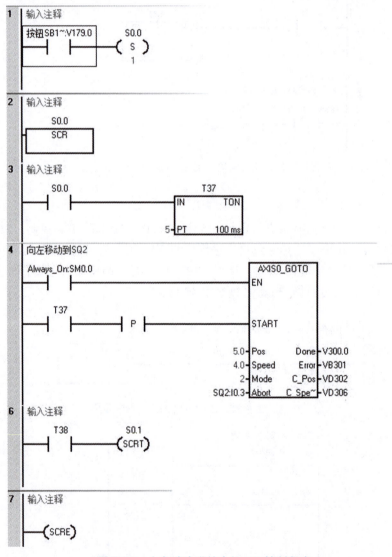

图 7-43　上色喷涂进给电机 M5 控制程序

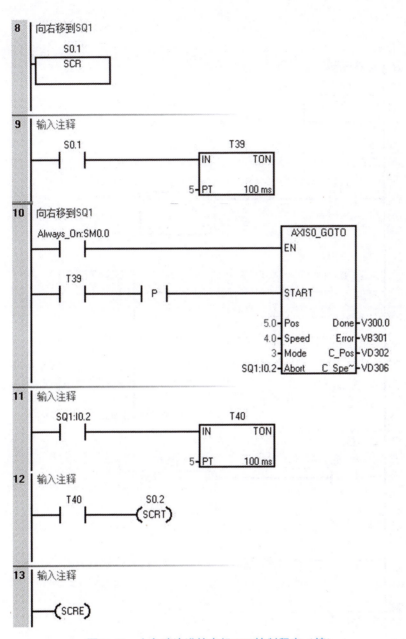

图 7-43　上色喷涂进给电机 M5 控制程序（续）

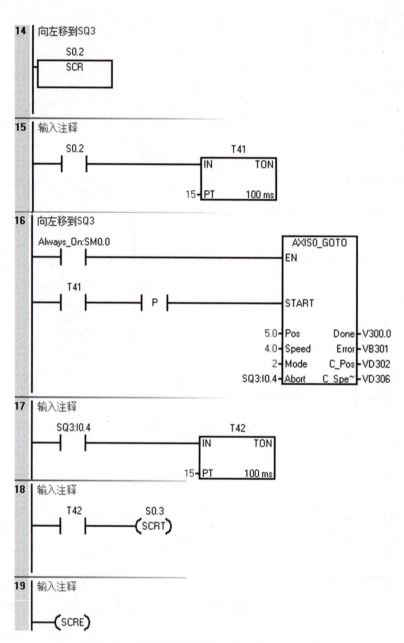

图 7-43　上色喷涂进给电机 M5 控制程序（续）

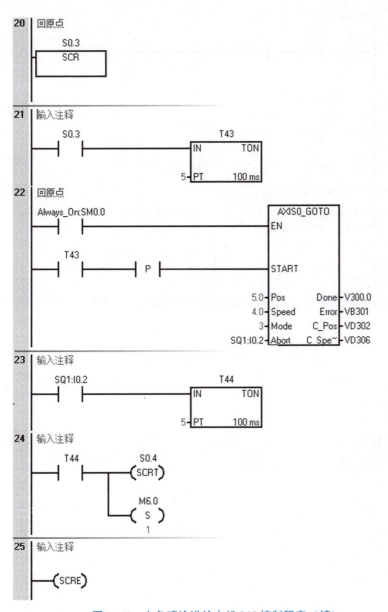

图 7-43 上色喷涂进给电机 M5 控制程序（续）

在触摸屏下拉框中选择上色喷涂进给电机VW100=5，且触摸屏调试界面信号M102.0=1，通过信号传输到SR40，使得V102.0=1时，调用M5电机运行指示灯子程序，且V0.4=1，通过信号传输到300 PLC，使得M0.4=1，即触摸屏上上色喷涂进给电机指示灯点亮

图 7-44 上色喷涂进给电机 M5 指示灯子程序调用

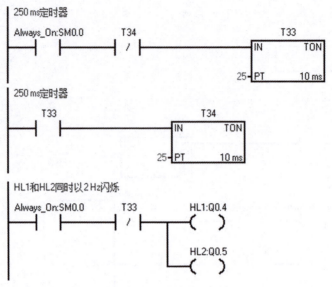

图 7-45　上色喷涂进给电机 M5 指示灯控制程序

7.5　实践演练与评价反馈

7.5.1　实践演练

一、任务分工

填写小组任务分配表。

小组任务分配表

班级			组号		
组长			学号		
组员 1		学号	组员 2		学号
组员 3		学号	组员 4		学号
组员 5		学号	组员 6		学号
任务分工		姓名		负责工作	

二、知识准备

引导问题1：触摸屏中，如何实现根据控制系统的不同要求，进入不同的操作界面？

_____

_____

引导问题2：触摸屏中，如何实现多用户登录界面设置，使得控制系统中不同的用户具有不同的操作权限？

_____

_____

_____

_____

引导问题3：触摸屏中，下拉菜单采用哪个控件？控件编辑属性如何设置？

_____

_____

_____

_____

引导问题4：本项目中，PLC S7-300、S7-200 SMART SR40 及 S7-200 SMART ST30 的输入信号和输出信号分别是什么？

_____

_____

_____

_____

三、工作实施

各小组根据项目控制要求，参考教材内容完成以下工作。

①列出 PLC 的 I/O 分配表。

序号	输入信号	PLC 地址	序号	输出信号	PLC 地址

②根据 PLC 的 I/O 分配表，绘制 PLC 的 I/O 接线图。

③根据项目控制要求设计系统控制程序。

④下载程序并进行调试，确认是否满足系统控制要求，填写调试记录，并谈谈完成本项目的心得体会。

四、自主探究

根据所学内容进行项目拓展，各小组进行讨论，编写项目拓展任务书。

7.5.2 评价反馈

评价反馈由个人与小组自评、小组互评以及教师评价组成，填写个人与小组自评表、小组互评表以及教师评价表。

个人与小组自评表

班级		组名		日期	年　　月　　日	
评价指标	评价内容			配分	得分	
知识准备	1. 是否已提前熟悉本项目的控制要求； 2. 本项目涉及前序课程所学专业知识是否复习。			10		
操作实践	是否根据控制要求完成以下工作： 1. 硬件接线已调试完成； 2. 监控画面已设计完成； 3. 系统控制程序已调试完成； 4. 系统联机调试已完成。			40		
学习态度	1. 上课是否按时出勤； 2. 是否积极主动参与项目的安装与调试工作； 3. 同学之间是否相互理解、相互支持； 4. 与教师沟通是否顺畅。			10		
学习方法	1. 学习方法是否得当，有工作计划； 2. 技能实操是否符合操作规程； 3. 是否可以获得进一步提升的能力。			10		
工作过程	1. 每次课的工作任务完成情况； 2. 能否主动发现并提出有价值的问题； 3. 是否有解决问题的能力。			10		
自评反馈	1. 按时保质完成工作任务； 2. 掌握本项目相关专业知识； 3. 具有较强的分析问题、解决问题的能力； 4. 具有较强的团队协作能力； 5. 具有严谨的思维能力和表达能力。			20		
自评总分						
总结反馈						

小组互评表

班级		组名		日期	年　　月　　日	
评价指标	评价内容			配分	得分	
硬件组装 与调试	1. 输入/输出信号分析； 2. 硬件选型； 3. I/O分配表及接线图绘制； 4. 硬件安装、接线与调试。			25		
监控画面 设计	1. 合理进行监控画面设计； 2. 正确选择监控画面控件； 3. 正确设置控件属性。			25		
控制程序 设计与调试	1. 能正确设计程序； 2. 按控制要求进行调试。			40		
互评反馈	1. 按时保质完成工作任务； 2. 掌握本项目相关专业知识； 3. 具有较强的分析问题、解决问题的能力； 4. 具有较强的团队协作能力； 5. 具有严谨的思维能力和表达能力； 6. 是否完成本项目的心得体会。			10		
互评总分						
合理建议						

教师评价表

班级			组名		日期	年　　月　　日	
小组成员 签名							
序号	评价 指标	评价内容		评价标准		配分	得分
1	任务 分工	1. 根据项目要求合理分工； 2. 小组成员之间协作情况。		1. 分工不合理，扣2分； 2. 团队成员之间出现不和谐现象，酌情扣2~5分。		5	
2	硬件 组装 与调试	1. 输入/输出信号分析； 2. 硬件选型； 3. I/O分配表及接线图绘制； 4. 硬件安装、接线与调试。		1. I/O信号遗漏或者错误，每处扣2分； 2. 硬件选型错误或者不合适，每个扣2分；接线图绘制错误或者不规范，每处扣2分； 3. 硬件安装不规范、接线不规范或者错误，每处扣2分。		15	

序号	评价指标	评价内容	评价标准	配分	得分
3	监控画面设计	1. 合理进行监控画面设计； 2. 正确选择监控画面控件； 3. 正确设置控件属性。	1. 监控画面设计不合理，扣5分； 2. 画面控件选择错误，每处扣5分； 3. 控件属性设置错误，每处扣5分。	25	
4	控制程序设计与调试	1. 能正确设计程序； 2. 按控制要求进行调试。	1. 指令有错误，每处扣2分； 2. 双速电机M1控制要求全部未显示，扣10分；实现部分功能，根据完成情况酌情扣分； 3. 三相异步电机M2控制要求全部未显示，扣10分；实现部分功能，根据完成情况酌情扣分； 4. 变频电机M3控制要求全部未显示，扣10分；实现部分功能，根据完成情况酌情扣分； 5. 三相异步电机M4控制要求全部未显示，扣10分；实现部分功能，根据完成情况酌情扣分； 6. 伺服电机M5控制要求全部未显示，扣10分；实现部分功能，根据完成情况酌情扣分。 注：根据控制要求进行打分，扣完为止。	45	
5	职业素养	1. 遵守教学场所规章制度； 2. 安全生产、文明操作意识。	1. 迟到、早退或不遵守教学场所规章制度，扣5分； 2. 设备首次上电前未进行请示，扣2分；带电操作者，视情况扣5~10分； 3. 出现重大事故或者人为损坏设备，扣10分； 4. 工具材料摆放不整齐，扣2分；踩踏导线，扣2分； 5. 项目完成后，未进行工位清理，扣5分。	10	

7.6 项目拓展

在完成调试模式后，操作员登录设备，单击"进入运行"按钮，触摸屏进入"加工模式"界面，如图7-46所示。触摸屏界面主要包含各个电机的工作状态指示灯、按钮、设置加工数量、当日生产数量（停止或失电时都不会被清零）等信息。完成加工后，只能返回到首页界面。

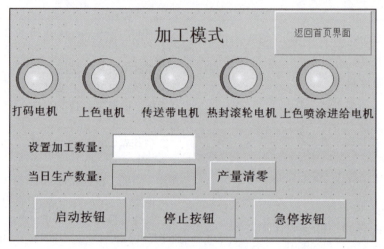

图7-46 "加工模式"界面

加工模式的初始状态：上色喷涂进给电机在原点SQ1、传送带上各检测点（SB3~SB6）常开、所有电机（M1~M5）停止等。加工过程按下列顺序执行。

①设置加工数量后，按下启动按钮SB1，设备运行指示灯HL3闪烁，等待放入工件（0.5 Hz），当入料传感器（SB3）检测到A点传送带上有标签工件，则HL3常亮，设备开始加工过程，M3电机正转启动，以50 Hz运行，带动传送带上的工件移动。

②当工件移动到达B点（由SB4给出信号）后，M3电机变换成15 Hz正转运行，同时，打码电机M1高速正转，4 s后变为低速正转，4 s后打码电机M1停止（代表第一次打码结束）；传送带立即以30 Hz反转，传送工件重新回到B点，M3电机变换成15 Hz正转运行，打码机进行第二次打码，同样先高速正转4 s，然后变为低速正转，4 s后打码电机M1停止。

③两次打码结束后，传送带继续以50 Hz前行，当工件移动到C点（由SB5给出信号）后开始上色，传送带降为15 Hz正转运行；上色喷涂进给电机M5以3 r/s速度从原点前进至SQ2，此时上色电机M2启动运行；再以2 r/s速度进给至SQ3位置后停止，3 s后电机M5反转，以3 r/s速度进给至SQ2，上色电机M2停止运行，电机M5反转，以1 r/s速度回到原点，上色工作结束。

④上色工作结束后，传送带继续以50 Hz前行，同时开启热封滚轮加热（HL3代表加热动作），当工件移动到D点（由SB6给出信号）后，先检测滚轮温度（温度控制器+热电阻），温度超过30 ℃时开始热封（否则，传送带停止运行）。传送

带以 15 Hz 正转运行，同时，热封滚轮电机 M4 运行 2 s、停 2 s，循环 3 次后热封结束。至此，一个标签加工完成。

⑤一个标签加工结束后，才能重新在入料口（A 点）放入下一个标签工件，循环运行。在运行中按下停止按钮 SB2 后，设备将在完成当前工件的加工后停止，同时 HL3 熄灭。在运行中按下急停按钮后，各动作立即停止（人工取走标签后），设备重新启动开始运行。

当上色喷涂进给电机 M5 出现越程（左、右超程位置开关分别为两侧微动开关 SQ4、SQ5），伺服系统自动锁住，并在触摸屏自动弹出报警界面"报警界面，设备越程"，解除报警后，系统重新从原点初始态启动。

当工件移动到 D 点（由 SB6 给出信号）时，10 s 内检测滚轮温度未超过 30 ℃，10 s 后自动弹出报警界面"加热器损坏，请检查设备"，手动关闭窗口后，再次自动进入 10 s 温度检测。

项目八

灌装贴标电气控制系统安装与调试

学习目标

德育教育 8　精准定位，精确定量，高效贴标，快速装箱

①能完成一台 S7-300 PLC 与两台 S7-200 SMART 的工业以太网组网；

②能完成触摸屏与 S7-300 PLC 的工业以太网连接；

③能完成灌装贴标控制系统的电气控制原理图的绘制；

④能完成灌装贴标控制系统中主要器件的安装与连接；

⑤能完成灌装贴标控制系统的运行与调试。

灌装贴标系统是将液体产品装入固体容器中，并在容器外贴上标签，此系统需高速高精确的灌装工艺、传输带连续给料、高速准确贴标等性能，一般应用于各种液体、膏体、半流体等物料的清洗、灌装、旋盖、贴标、喷码等，如图 8-1 所示。

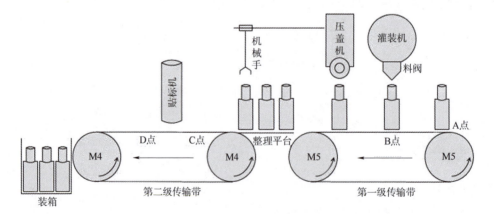

图 8-1　罐装贴标系统结构示意图

灌装贴标系统由以下电气控制回路组成：灌装电机 M1 控制回路（M1 为三相异步电机（不带速度继电器），只进行单向正转运行，需要考虑过载、联锁保护）；压盖电机 M2 控制回路（M2 为双速电机）；贴标电机 M3 控制回路（M3 为三相异步电机（不带速度继电器），只进行单向正转运行，需要考虑过载、联锁保护）；第二级传输带 M4 控制回路（M4 为三相异步电机（带速度继电器），由变频器进行多段速控制，第一段速为 10 Hz、第二段速为 20 Hz、第三段速为 30 Hz、第四段速为 40 Hz、

158

第五段速为 50 Hz，加速/减速时间均为 0.1 s）；第一级传输带 M5 控制回路（M5 为伺服电机，丝杠运行速度 10~40 mm/s）。电机旋转以"顺时针旋转为正向，逆时针旋转为反向"为准。

8.1　控制要求

灌装贴标系统设备具备两种工作模式：调试模式和加工模式。设备上电后，自动进入调试模式。

1. 首页界面要求

首页界面是启动界面，如图 8-2 所示。

单击"进入测试"按钮，弹出"用户登录"窗口，如图 8-3 所示。在"用户名"下拉列表中选择"负责人"，输入密码"123"，方可进入"调试模式"界面。调试完成后，自动返回首页界面（也可在调试过程单击"返回"按钮返回）。

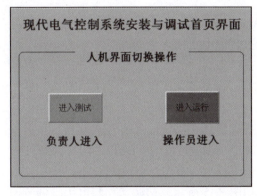

图 8-2　首页界面

图 8-3　"用户登录"界面

单击"进入运行"按钮，弹出"用户登录"窗口，在"用户名"下拉列表中选择"操作员"，输入密码"456"，方可进入"加工模式"界面。加工完成后，返回首页界面。

如出现报警，跳出报警窗口，解除报警后，返回当前窗口，继续调试或运行。

2. 调试模式

设备进入调试模式后，触摸屏出现"调试模式"界面，如图 8-4 所示。通过单击下拉框，随意选择需调试的电机，当前电机指示灯亮。按下 SB1 按钮，选中的电机按下述要求进行调试运行。没有调试顺序要求，每个电机调试完成后，对应的指示灯熄灭。

（1）灌装电机 M1 调试过程

按下启动按钮 SB1 后，延时 4 s 后灌装电机才启动运行，按下停止按钮 SB2 后，灌装电机延时 4 s 后才停止，灌装电机 M1 调试结束。M1 电机调试过程中，HL1 以 1 Hz 闪烁。

（2）压盖电机 M2 调试过程

按下启动按钮 SB1 后，压盖电机低速运行，6 s 后切换为高速运行，运行 8 s 后，M2 自动停止，压盖电机 M2 调试结束。M2 电机调试过程中，HL1 常亮。

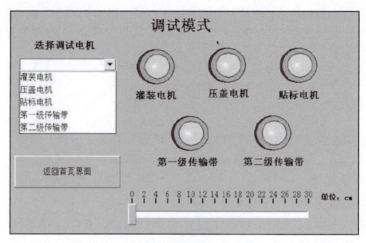

图 8-4 "调试模式"界面

（3）贴标电机 M3 调试过程

按下 SB1 按钮，电机 M3 启动，3 s 后 M3 停止，2 s 后又自动启动，按此周期反复运行。可随时按下 SB2 停止。电机 M3 调试过程中，HL2 常亮。

（4）第二级传输带（变频电机）M4 调试过程

按下 SB1 按钮，M4 电机以 20 Hz 正转启动，再按下 SB1 按钮，M4 电机以 40 Hz 正转运行，再按下 SB1 按钮，M4 电机停止，2 s 后自动以 10 Hz 反转启动，再按下 SB1 按钮，M4 电机以 30 Hz 反转运行，再按下 SB1 按钮，M4 电机以 50 Hz 反转运行，按下停止按钮 SB2，M4 电机停止，M4 调试结束。M4 电机调试过程中，HL2 以 1 Hz 闪烁。

（5）第一级传输带（伺服电机）M5 调试过程

第一级传输带（伺服电机）结构示意图如图 8-5 所示。初始状态断电手动调节回原点 SQ1，按钮 SB1 实现正向点动运转功能，按钮 SB2 实现反向点动运转功能；选择开关 SA1 指定两挡速度选择，第 1 挡速度要求为 20 mm/s，第 2 挡速度要求为 40 mm/s。在按下 SB1 或 SB2 按钮实现点动运转时，应允许切换 SA1 来改变当前运转速度。调试时，按下 SB3 后，传输带自动回原点 SQ1，M5 电机调试结束。M5 电机调试过程中，传输带前进或后退时，HL3 同时以 2 Hz 闪烁，传输带停止时，HL3 常亮。

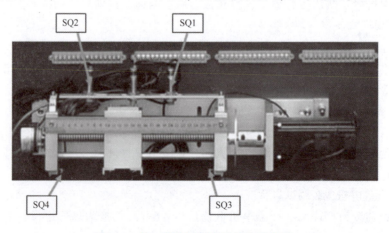

图 8-5 第一级传输带电机结构示意图

触摸屏上滑动条位置刻度与实物钢尺的相同（单位：cm），显示实物滑动块当前位置。

所有电机（M1~M5）调试完成后，将自动返回首页界面。在调试结束前，单台电机可以反复调试。调试过程中不要切换电机。

8.2　系统方案设计

根据控制任务描述，选用一台 S7-300 PLC 与两台 S7-200 SMART 作为本系统的控制器，S7-300 PLC 为主站，两台 S7-200 SMART 为从站。电机控制、I/O、HMI 与 PLC 组合分配方案见表 8-1，本系统控制框图如图 8-6 所示。

表 8-1　设备与控制器分配方案

设备	控制器
HMI	CPU314C-2PN/DP
M1、M2、M3 SB1~SB3 HL1~HL5	S7-200 SMART 6ES7288-1SR40-0AA0
M4、M5、编码器 SQ1~SQ8	S7-200 SMART 6ES7288-1ST30-0AA0

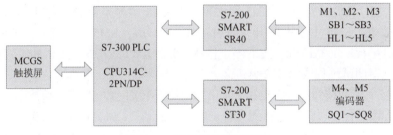

图 8-6　罐装贴标控制框图

8.3　系统电气设计与安装

8.3.1　电气原理分析

灌装贴标控制系统有 5 个电机。M1 为灌装电机，M2 为压盖电机，M3 为贴标电机，M4 为第二级传输带电机，M5 为第一级传输带电机。罐装贴标控制系统原理图如图 8-7 所示。

工作原理如下。

M1：按下启动按钮 SB1，4 s 后，KM1 线圈得电，KM1 主触点吸合，电机运行。按下停止按钮 SB2，4 s 后，KM1 线圈失电，KM1 主触点断开，电机停止。HL1 以 1 Hz 闪烁。

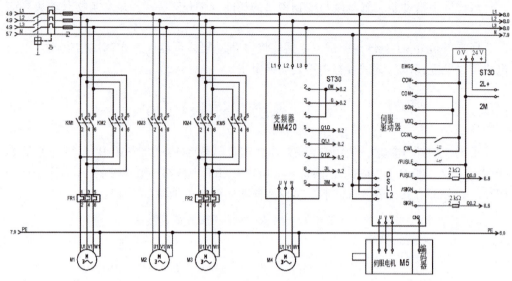

图8-7 灌装贴标控制系统电气原理图

M2：按下启动按钮SB1，KM2线圈得电，KM2主触点吸合，电机低速运转。KM3线圈得电，KM3主触点吸合，KM3常闭辅助触点断开，形成互锁。6 s后，KM3线圈失电，KM3主触点断开，电机高速运转。KM3常闭辅助触点吸合，KM4线圈得电，KM4主触点吸合，KM4常闭辅助触点断开，形成互锁。8 s后，KM2线圈失电，KM2主触点断开，电机停止运转，KM4线圈失电，KM4主触点断开。在调试过程中，HL1常亮。

M3：按下启动按钮SB1，KM5线圈得电，KM5主触点吸合，电机运行。3 s后，KM5线圈失电，KM5主触点断开，电机停止。2 s后，KM5线圈得电，KM5主触点吸合，电机运行。反复运行。按下停止按钮SB2，KM5线圈失电，KM5主触点断开，电机停止。在调试过程中，HL2常亮。

M4：按下启动按钮SB1，电机M4以20 Hz正转启动，再按启动按钮SB1，电机以40 Hz正转运行，再按启动按钮SB1，电机停止。2 s后，电机以10 Hz反转运行，再按启动按钮SB1，电机以30 Hz反转运行，再按启动按钮SB1，电机以50 Hz反转运行。按下停止按钮SB2，M3电机停止。在调试过程中，HL2以1 Hz闪烁。

M5：先手动调试到初始位置SQ1，选择开关SA1定2挡，速度为40 mm/s，按下SB1按钮/SB2按钮，电机正转/反转，按下SB3按钮，回到SQ1位置。HL3以2 Hz闪烁。停止时，HL3常亮。

8.3.2 I/O地址分配

根据对灌装贴标控制系统的分析，本系统S7-300 PLC输入信号无，输出信号无。S7-200 SMART PLC SR40输入信号有按钮SB1、SB2、SB3；输出信号有M1电机线圈，M2双速电机线圈，M3电机线圈，指示灯HL1、HL2、HL3、HL4。S7-200 SMART PLC ST30输入信号有编码器，位置传感器SQ1、SQ2、SQ3、SQ4、SQ5、SQ6、SQ7、SQ8；输出信号有M4第一段速10 Hz、第二段速20 Hz、第三段速30 Hz、第四段速40 Hz、第五段速50 Hz，M5伺服电机。具体输入/输出信号地址分配情况见表8-2~表8-4。

表 8-2　S7-300 PLC 地址分配

S7-300 PLC					
输入信号			输出信号		
序号	信号名称	PLC 地址	序号	信号名称	PLC 地址
1	无		1	无	

表 8-3　S7-200 SMART PLC SR40 地址分配

S7-200 SMART PLC SR40					
输入信号			输出信号		
序号	信号名称	PLC 地址	序号	信号名称	PLC 地址
1	按钮 SB1	I0.0	1	M1 正转线圈	Q0.0
2	按钮 SB2	I0.1	2	M2 低速线圈	Q0.1
3	按钮 SB3	I0.2	3	M2 高速线圈	Q0.2
			4	贴标电机 M3	Q0.3
			5	指示灯 HL1	Q0.4
			6	指示灯 HL2	Q0.5
			7	指示灯 HL3	Q0.6
			8	指示灯 HL4	Q0.7

表 8-4　S7-200 SMART PLC ST30 地址分配

S7-200 SMART PLC ST30					
输入信号			输出信号		
序号	信号名称	PLC 地址	序号	信号名称	PLC 地址
1	编码器	I0.0	1	M4 DIN1	Q1.0
2	编码器	I0.1	2	M4 DIN2	Q1.1
3	位置传感器 SQ1	I0.2	3	M4 DIN3	Q1.2
4	位置传感器 SQ2	I0.3	4	M5 PULSE	Q0.0
5	位置传感器 SQ3	I0.4	5	M5 SIGN	Q0.2
6	位置传感器 SQ4	I0.5			
7	位置传感器 SQ5	I0.6			
8	位置传感器 SQ6	I0.7			
9	位置传感器 SQ7	I1.0			
10	位置传感器 SQ8	I1.1			

8.3.3　系统安装与接线

灌装贴标控制系统接线图如图8-8所示。

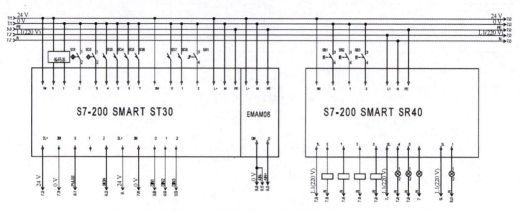

图8-8　灌装贴标控制系统接线图

8.4　系统软件设计与调试

8.4.1　MCGS组态设计

一、新建工程

在"文件"工具栏中选择"新建"项目，弹出对话框，选择触摸屏型号"TPC7062Ti"，在设备组态窗口选择通用TCP/IP串口父设备及西门子CP443-1以太网模块，双击以太网模块创建MCGS界面变量，设置本地IP地址及远程IP地址。"设备编辑窗口"如图8-9所示。

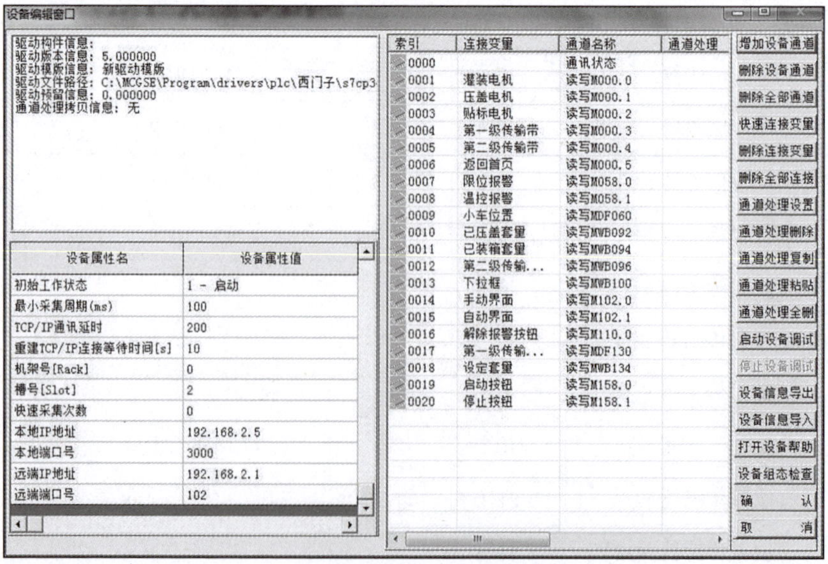

图8-9　"设备编辑窗口"的变量及IP地址

二、新建窗口

在用户窗口新建 3 个窗口，分别为窗口 0（首页界面）、窗口 1（调试模式）及窗口 2（加工模式）。在实时数据库新建一个变量，将变量改为字符型，名字可自定义为 zf0，然后在登录界面操作。先插入两个按钮，将按钮文本一个改为"进入测试"，一个改为"进入运行"，然后在两个按钮下方各插入一个标签，将"进入测试"按钮下方的标签改为"负责人进入"，将"进入运行"按钮下方的标签改为"操作员进入"，然后在按钮的脚本程序里写入图 8-10 和图 8-11 所示脚本。

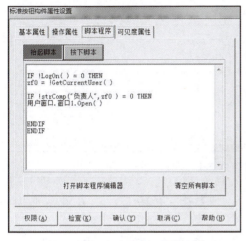

图 8-10　"进入测试"脚本程序

图 8-11　"进入运行"脚本程序

在"工具"下拉列表中选择"用户权限管理"，新建一个操作员、一个负责人，将负责人密码改为 123，将操作员密码改为 456。具体操作如图 8-12 和图 8-13 所示。

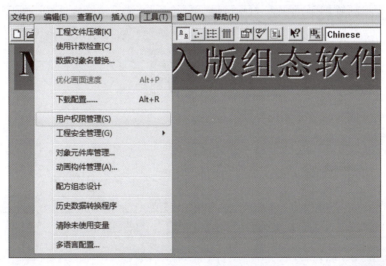

图 8-12　选择"用户权限管理"

三、调试界面设计

双击打开窗口 2（调试界面），先从工具箱中选择"插入元件"命令，选择指示灯 3，在触摸屏中按住鼠标左键，画出 5 个指示灯，用户登录操作设计

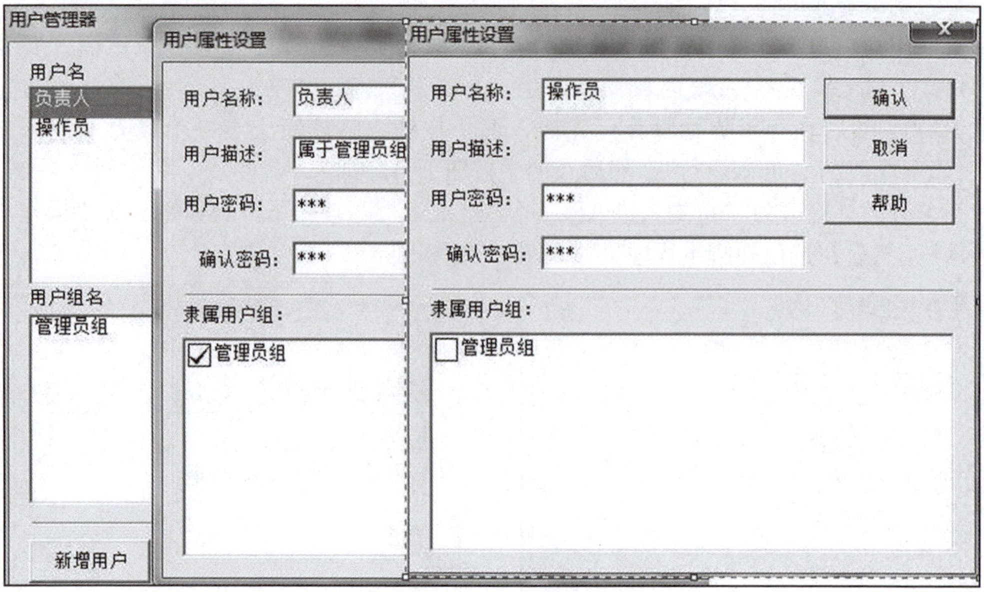

图 8-13　设置用户密码

并添加标注，然后从工具箱中选择组合框控件（倒数第二行第二个），在触摸屏中按住鼠标左键，画出需要的组合框控件大小。

在实时数据库中创建一个数值型变量，将其命名为"下拉框"。返回调试界面，双击组合框，在"基本属性"中将"数据关联"和"ID号关联"改成"下拉框"，构件类型选择"列表组合框"。在"选项设置"中输入"灌装电机""压盖电机""贴标电机""第一级传输带""第二级传输带"，如图 8-14 所示。

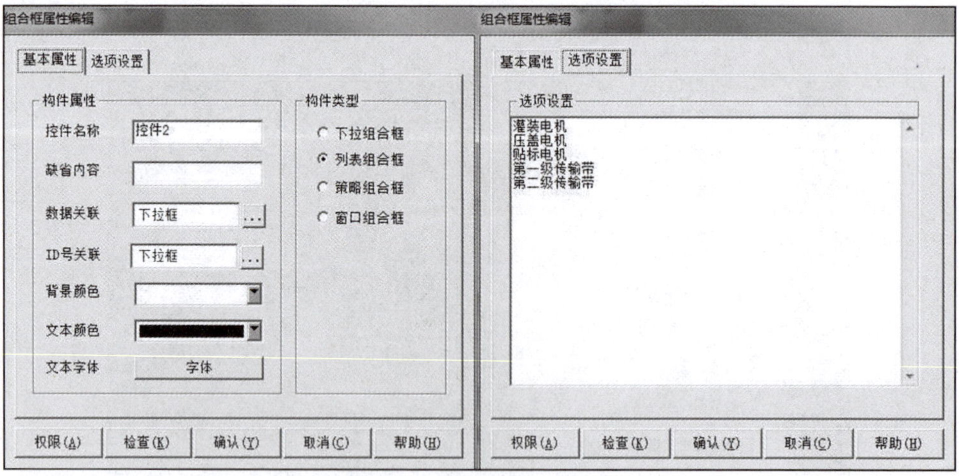

图 8-14　组合框属性设置

根据项目控制要求在调试界面上添加返回首页界面（窗口 0）按钮和滑动块输入器。在按钮的"操作属性"中，选择打开用户窗口 0，如图 8-15 所示。在滑动块输入器的"操作属性"中，数据对象选择"小车位置"，滑块位置分别对应 0 和 30，如图 8-16 所示。设计完成的"调试模式"界面如图 8-17 所示。

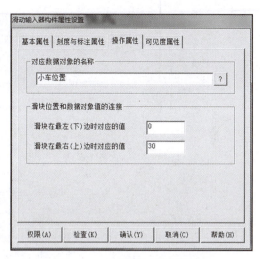

图 8-15　返回按钮操作属性　　　　　图 8-16　滑动输入器操作属性

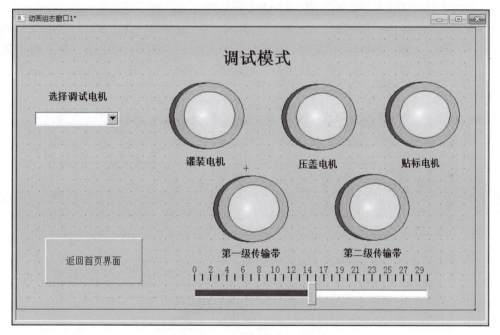

图 8-17　"调试模式"界面

8.4.2　PLC 程序设计

一、PLC 组网设计

（一）新建 Ethernet 子网

S7-300 PLC 硬件组态完成之后，双击硬件组态中的"PN-IO"，弹出 PN-IO 属性对话框。在属性对话框"常规"的接口处单击"属性"，弹出 Ethernet 接口属性对话框，输入 S7-300 PLC 的 IP 地址"192.168.2.1"，然后单击"新建"按钮，创建 Ethernet 网络，如图 8-18 所示。

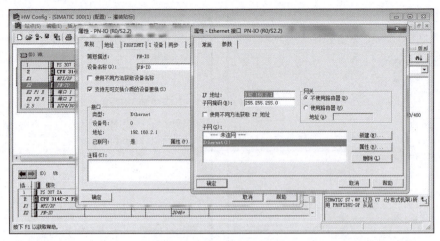

图8-18　新建 Ethernet 子网

（二）S7-300 PLC 与 S7-200 SMART 的组网

完成新建 Ethernet 子网之后，退出硬件组态窗口，返回项目设计窗口。双击图8-19 中的"连接"，弹出 NetPro 网络窗口，在 SIMATIC 300(1) 的 CPU 处右击，单击图8-20 中的"插入新连接"，弹出"插入新连接"对话框，连接伙伴选择"未指定"，连接类型 选择"S7 连接"，如图8-21 所示。

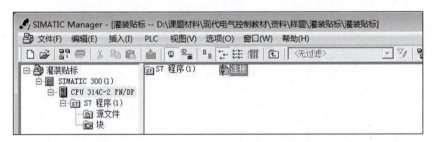

图8-19　项目设计窗口

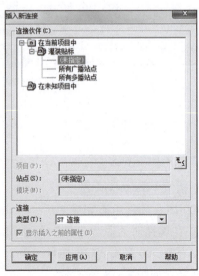

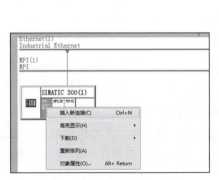

图8-20　NetPro 网络　　　　　　　图8-21　插入新连接

在图 8-21 中单击"确定"按钮，弹出 S7 连接属性对话框，在"块参数"中设置本地 ID，SR40 设置为 1（W#16#1），ST30 设置为 2（W#16#2），在"伙伴"的地址中分别设置 SR40 和 ST30 的 IP 地址为 192.168.2.2 和 192.168.2.3，如图 8-22 和图 8-23 所示。

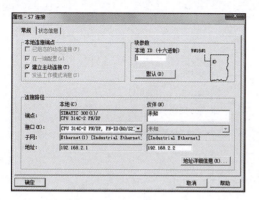

图 8-22　SR40 "块参数" 本地 ID 及伙伴地址

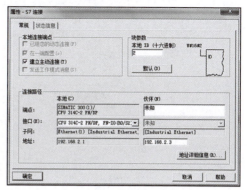

图 8-23　ST30 "块参数" 本地 ID 及伙伴地址

"块参数"设置完成之后，S7-300 PLC 与两个 S7-200 SMART 的组网完成，NetPro 网络窗口出现 Ethernet 网络连接，如图 8-24 所示。

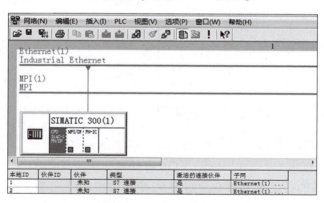

图 8-24　Ethernet 组网

（三）设置 S7-300 PLC 与两个 S7-200 SMART 的通信区

S7-300 PLC 与两个 S7-200 SMART 的通信区设置如图 8-25 所示。S7-300 PLC 由 MB100~MB179 区发送数据到 S7-200 SMART SR40 的 VB100~VB179 区，S7-300 PLC 接收由 S7-200 SMART SR40 的 VB0~VB49 区发送过来的数据存储到 MB0~MB49 区。S7-300 PLC 由 MB100~MB179 区发送数据到 S7-200 SMART ST30 的 VB100~VB179 区，S7-300 PLC 接收由 S7-200 SMART ST30 的 VB50~VB99 区发送过来的数据存储到 MB50~MB99 区。

1. 设置 S7-300 PLC 与 S7-200 SMART SR40 的通信区

S7-300 PLC 读取 S7-200 SMART SR40 存储区 V0.0 开始的 50 个字节的信号存放到 S7-300 PLC 的存储区 M0.0 开始的 50 个字节中。S7-300 PLC 发送 M100.0 开始的 80 个字节的信号到 S7-200 SMART SR40 存储区 V100.0 开始的 80 个字节中。具体指令如图 8-26 所示。

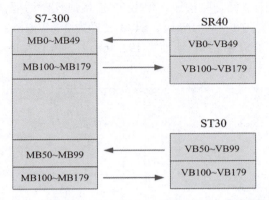

图 8-25 S7-300 PLC 与两个 S7-200 SMART 的通信区

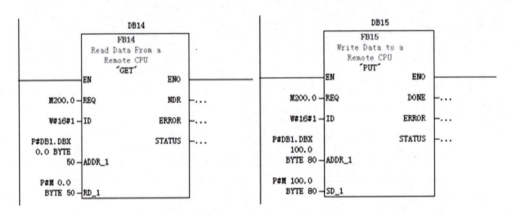

图 8-26 S7-300 PLC 与 S7-200 SMART SR40 的读取与写入指令

2. 设置 S7-300 PLC 与 S7-200 SMART ST30 的通信区

S7-300 PLC 读取 S7-200 SMART ST30 存储区 V50.0 开始的 50 个字节的信号存放到 S7-300 PLC 的存储区 M50.0 开始的 50 个字节中。S7-300 PLC 发送 M100.0 开始的 80 个字节的信号到 S7-200 SMART ST30 存储区 V100.0 开始的 80 个字节中。具体指令如图 8-27 所示。

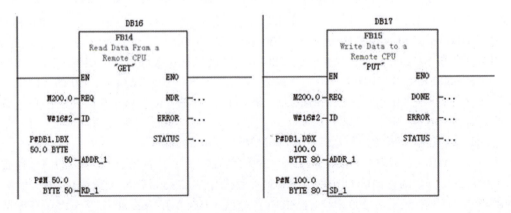

图 8-27 S7-300 PLC 与 S7-200 SMART ST30 的读取与写入指令

二、灌装电机 M1 程序设计

根据控制要求，灌装电机 M1 由 S7-200 SMART SR40 控制。SR40 主程序中，在触摸屏下拉框中选择灌装电机 VW100=0，且触摸屏调试界面信号 M102.0=1，通过信号传输到 SR40，使得 V102.0=1 时调用灌装电机子程序，且 V0.0=1，通过信号传输到 300 PLC，使得 M0.0=1，即触摸屏上灌装电机指示灯点亮。程序调用如图 8-28 所示。

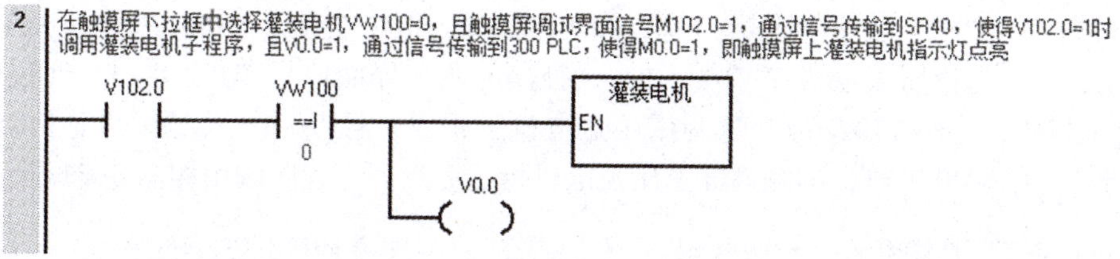

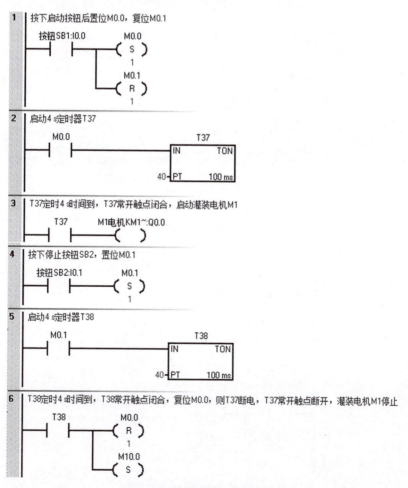

图 8-28　灌装电机子程序调用

在灌装电机子程序中，按下启动按钮 SB1，延时 4 s 后电机启动，按下停止按钮 SB2，延时 4 s 后电机停止，程序如图 8-29 所示。在灌装电机 M1 调试过程中，HL1 以 1 Hz 闪烁，程序如图 8-30 所示。

图 8-29　灌装电机 M1 控制程序

7 M1调试过程中，HL1以1 Hz闪烁

Always_On:SM0.0   Clock_1s:SM0.5   HL1:Q0.4

图 8-30　灌装电机 M1 运行指示灯 HL1 程序

三、压盖电机 M2 程序设计

根据控制要求，压盖电机 M2 由 S7-200 SMART SR40 控制。SR40 主程序中，在触摸屏下拉框中选择压盖电机 VW100＝1，且触摸屏调试界面信号 M102.0＝1，通过信号传输到 SR40，使得 V102.0＝1 时调用压盖电机子程序，且 V0.1＝1，通过信号传输到 300 PLC，使得 M0.1＝1，即触摸屏上压盖电机指示灯点亮。程序调用如图 8-31 所示。

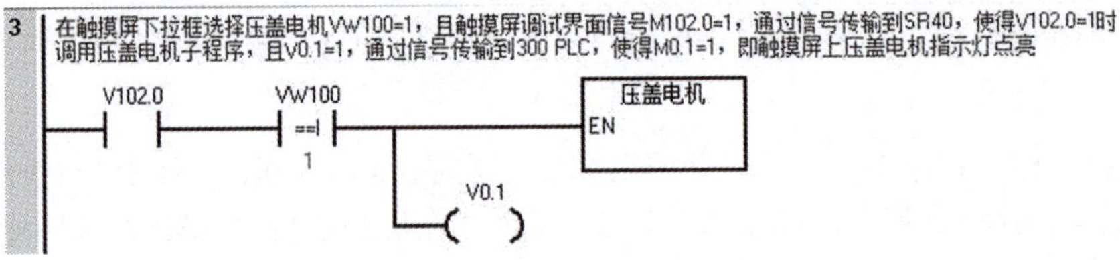

3 在触摸屏下拉框选择压盖电机VW100=1，且触摸屏调试界面信号M102.0=1，通过信号传输到SR40，使得V102.0=1时
调用压盖电机子程序，且V0.1=1，通过信号传到300 PLC，使得M0.1=1，即触摸屏上压盖电机指示灯点亮

V102.0   VW100   压盖电机
           ==I   EN
            1

           V0.1

图 8-31　压盖电机 M2 子程序调用

在压盖电机 M2 子程序中，按下启动按钮 SB1，电机低速运行，6 s 后电机高速运行，8 s 后 M2 电机自动停止，程序如图 8-32 所示。在压盖电机 M2 调试过程中，HL1 指示灯常亮，程序如图 8-33 所示。

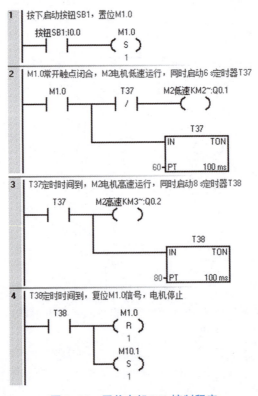

图 8-32　压盖电机 M2 控制程序

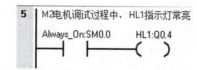

图 8-33　压盖电机 M2 运行指示灯 HL1 程序

四、贴标电机 M3 程序设计

根据控制要求，贴标电机 M3 由 S7-200 SMART SR40 控制。SR40 主程序中，在触摸屏下拉框中选择贴标电机 VW100＝2，且触摸屏调试界面信号 M102.0＝1，通过信号传输到 SR40，使得 V102.0＝1 时调用贴标电机子程序，且 V0.2＝1，通过信号传输到 300 PLC，使得 M0.2＝1，即触摸屏上贴标电机指示灯点亮。程序调用如图 8-34 所示。

图 8-34　贴标电机 M3 子程序调用

在贴标电机 M3 子程序中，按下启动按钮 SB1，电机 M3 启动，3 s 后停止，2 s 后再次启动，按此周期反复运行，按 SB2 按钮停止，程序如图 8-35 所示。在贴标电机 M3 调试过程中，HL2 指示灯常亮，程序如图 8-36 所示。

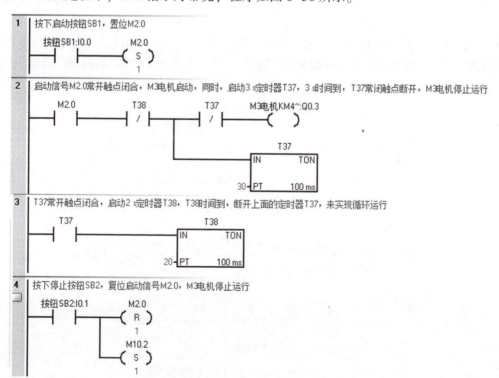

图 8-35　贴标电机 M3 控制程序

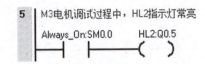

图 8-36　贴标电机 M3 运行指示灯 HL2 程序

五、第二级传输带（变频电机）M4 程序设计

根据控制要求，第二级传输带（变频电机）M4 由 S7-200 SMART ST30 控制。ST30 主程序中，在触摸屏下拉框中选择第二级传输带 VW100=3，且触摸屏调试界面信号 M102.0=1，通过信号传输到 ST30，使得 V102.0=1 时，调用第二级传输带子程序。第二级传输带子程序调用如图 8-37 所示。

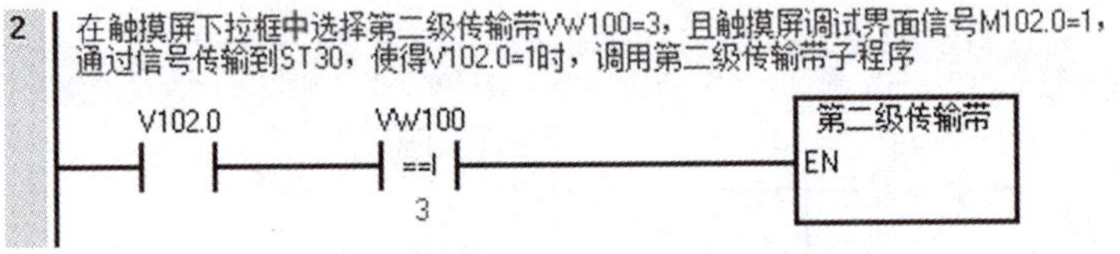

图 8-37　第二级传输带 M4 子程序调用

在第二级传输带 M4 子程序中，按下启动按钮 SB1，计数器计数一次，M4 电机以 20 Hz 启动，再按下按钮 SB1，计数器计数第二次，电机 M4 以 40 Hz 运行，再按下 SB1 按钮，计数器计数第三次，电机 M4 停止，2 s 后以 10 Hz 反转启动，再按下 SB1 按钮，计数器计数第四次，电机 M4 以 30 Hz 反转运行，再按下 SB1 按钮，计数器计数第五次，电机 M4 以 50 Hz 反转运行，按下按钮 SB2，M4 电机停止。

由于按钮 SB1、SB2、SB3 信号是接入 S7-200 SMART SR40 的，要在 S7-200 SMART ST30 中使用按钮信号，则将按钮信号从 SR40 传输到 300 PLC，再由 300 PLC 传输到 ST30。信号传输过程如图 8-38 和图 8-39 所示。第二级传输带 M4 控制程序如图 8-40 所示。

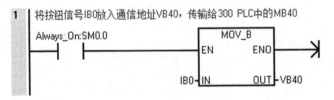

图 8-38　按钮信号从 SR40 传输到 300 PLC

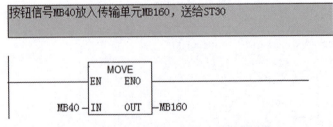

图 8-39　按钮信号从 300 PLC 传输到 ST30

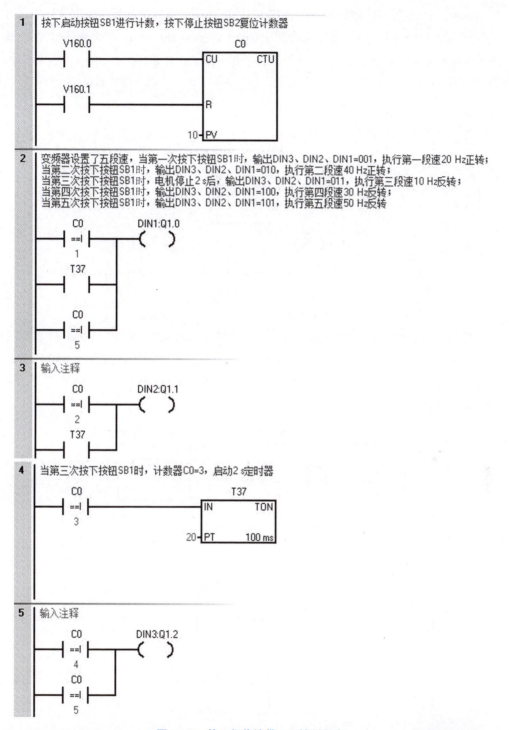

图 8-40　第二级传输带 M4 控制程序

　　根据控制要求，第二级传输带 M4 运行时，指示灯 HL2 以 1 Hz 闪烁，指示灯由 S7-200 SMART SR40 控制。SR40 主程序中，在触摸屏下拉框中选择第二级传输带 VW100 = 3，且触摸屏调试界面信号

变频器多段速
控制程序案例

M102.0=1，通过信号传输到 SR40，使得 V102.0=1 时，调用第二级传输带运行指示灯子程序，且 V0.4=1。通过信号传输到 300 PLC，使得 M0.4=1，即触摸屏上第二级传输带指示灯点亮。指示灯 HL2 的控制程序及第二级传输带 M4 指示灯子程序调用如图 8-41 所示。

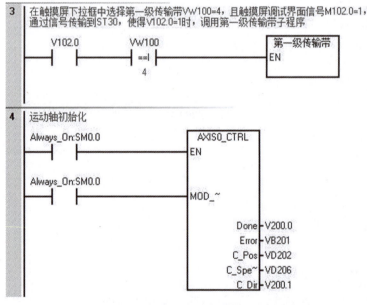

图 8-41　指示灯 HL2 的控制程序及第二级传输带 M4 指示灯子程序调用

六、第一级传输带 M5 程序设计

根据控制要求，第一级传输带 M5 由 S7-200 SMART ST30 控制。ST30 主程序中，在触摸屏下拉框中选择第一级传输带 VW100=4，且触摸屏调试界面信号 M102.0=1，通过信号传输到 ST30，使得 V102.0=1 时，调用第一级传输带子程序，并使运动轴初始化。具体程序如图 8-42 所示。

图 8-42　M5 子程序调用及运动轴初始化

手动调节回原点 SQ1，按下 SB1 按钮实现正转点动，按下 SB2 按钮实现反转点动，SA1 指定两挡速度选择：第 1 挡速 20 mm/s，第 2 挡速 40 mm/s，按下 SB3 按钮自动回原点 SQ1。程序如图 8-43 所示。

　　根据控制要求，在调试过程中，第一级传输带 M5 运行时，指示灯 HL3 以 1 Hz 闪烁，传送带停止时，HL3 常亮。指示灯由 S7-200 SMART SR40 控制，SR40 主程序中，在触摸屏下拉框中选择第一级传输带 VW100=4，且触摸屏调试界面信号 M102.0=1，通过信号传输到 SR40，使得 V102.0=1 时，调用第一级传输带运行指示灯子程序，且 V0.3=1。通过信号传输到 300 PLC，使得 M0.3=1，即触摸屏上第一级传输带指示灯点亮。程序调用及指示灯 HL3 的控制程序如图 8-44 所示。

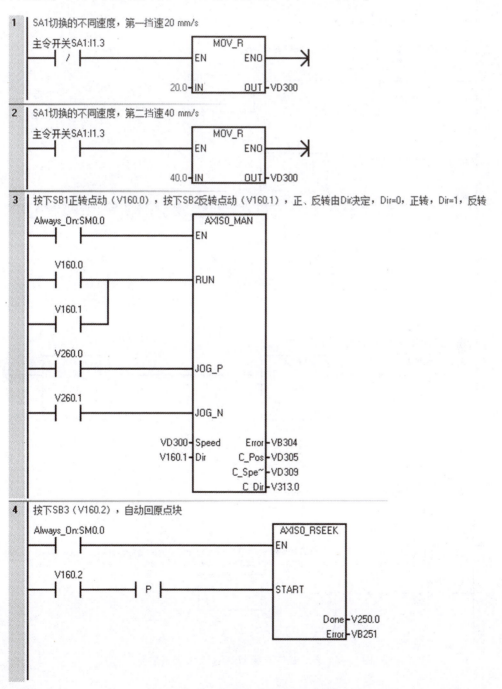

图 8-43　第一级传输带 M5 控制程序

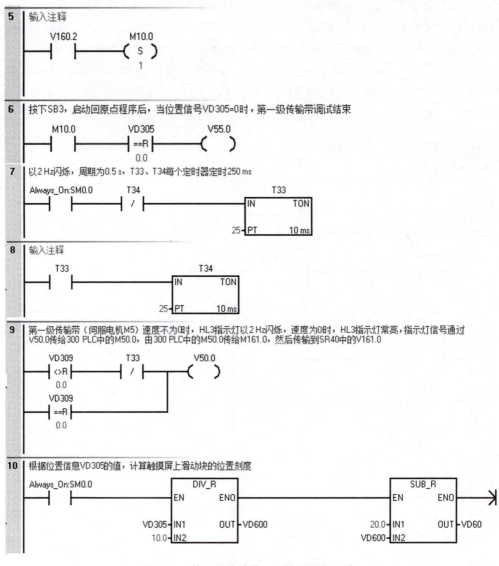

5 输入注释

V160.2   M10.0
                 (S)
                   1

6 按下SB3，启动回原点程序后，当位置信号VD305=0时，第一级传输带调试结束

M10.0   VD305   V55.0
            ==R   ( )
           0.0

7 以2 Hz闪烁，周期为0.5 s，T33、T34每个定时器定时250 ms

Always_On:SM0.0   T34   T33
          /   IN   TON
                      25 PT   10 ms

8 输入注释

T33   T34
          IN   TON
        25 PT   10 ms

9 第一级传输带（伺服电机M5）速度不为0时，HL3指示灯以2 Hz闪烁，速度为0时，HL3指示灯常亮，指示灯信号通过V50.0传给300 PLC中的M50.0，由300 PLC中的M50.0传给M161.0，然后传输到SR40中的V161.0

VD309   T33   V50.0
  <>R   /   ( )
  0.0
VD309
  ==R
  0.0

10 根据位置信息VD305的值，计算触摸屏上滑动块的位置刻度

Always_On:SM0.0   DIV_R   SUB_R
                     EN   ENO   EN   ENO
          VD305 IN1   OUT VD600   20.0 IN1   OUT VD60
          10.0 IN2   VD600 IN2

图 8-43　第一级传输带 M5 控制程序（续）

1 由300 PLC接收的信号启动HL3

V161.0   HL3:Q0.6
                 ( )

6 在触摸屏下框中选择第一级传输带VW100=4，且触摸屏调试界面信号M102.0=1，通过信号传输到SR40，使得V102.0=1时，调用第一级传输带运行指示灯子程序，且V0.3=1。通过信号传输到300 PLC，使得M0.3=1，即触摸屏上第一级传输带指示灯点亮

V102.0   VW100   第一级传输带~
          ==I   EN
          4
                  V0.3
                 ( )

图 8-44　第一级传送带 M5 运行指示灯控制程序

8.5　实践演练与评价反馈

8.5.1　实践演练

一、任务分工

填写小组任务分配表。

小组任务分配表

班级		组号	
组长		学号	
组员 1		学号		组员 2		学号	
组员 3		学号		组员 4		学号	
组员 5		学号		组员 6		学号	
任务分工	姓名		负责工作

二、知识准备

引导问题 1：本项目中，如何实现贴标电机 M3 过载和联锁保护？

_____

_____

_____

_____

引导问题 2：在编写变频电机 M4 控制程序时，如何实现电机在不同条件下的变频正转和变频反转？变频器参数如何设置？

_____

_____

_____

_____

引导问题 3：在编写伺服电机 M5 控制程序时，正反向点动功能使用什么指令来实现？如何实现伺服电机在运行过程中改变速度？

_____

_____

_____

_____

引导问题4：本项目中，PLC S7-300、S7-200 SMART SR40 及 S7-200 SMART ST30 的输入信号和输出信号分别是什么？

_____

_____

_____

_____

三、工作实施

各小组根据项目控制要求，参考教材内容完成以下工作。

①列出 PLC 的 I/O 分配表。

序号	输入信号	PLC 地址	序号	输出信号	PLC 地址

②根据 PLC 的 I/O 分配表，绘制 PLC 的 I/O 接线图。

③根据项目控制要求设计系统控制程序。

④下载程序并进行调试，确认是否满足系统控制要求，填写调试记录，并谈谈完成本项目的心得体会。

四、自主探究

根据所学内容进行项目拓展，各小组进行讨论，编写项目拓展任务书。

8.5.2　评价反馈

评价反馈由个人与小组自评、小组互评以及教师评价组成，填写个人与小组自评表、小组互评表以及教师评价表。

个人与小组自评表

班级				日期	年　月　日
评价指标	评价内容			配分	得分
知识准备	1. 是否已提前熟悉本项目的控制要求； 2. 本项目涉及的前序课程专业知识是否复习。			10	
操作实践	是否根据控制要求完成以下工作： 1. 硬件接线已调试完成； 2. 监控画面已设计完成； 3. 系统控制程序已调试完成； 4. 系统联机调试已完成。			40	
学习态度	1. 上课是否按时出勤； 2. 是否积极主动参与项目的安装与调试工作； 3. 同学之间是否相互理解、相互支持； 4. 与教师沟通是否顺畅。			10	
学习方法	1. 学习方法是否得当，是否有工作计划； 2. 技能实操是否符合操作规程； 3. 是否可以获得进一步提升的能力。			10	
工作过程	1. 每次课的工作任务完成情况； 2. 能否主动发现并提出有价值的问题； 3. 是否有解决问题的能力。			10	
自评反馈	1. 按时保质完成工作任务； 2. 掌握本项目相关专业知识； 3. 具有较强的分析问题、解决问题的能力； 4. 具有较强的团队协作能力； 5. 具有严谨的思维能力和表达能力。			20	
自评总分					
总结反馈					

小组互评表

班级		组名		日期	年　月　日	
评价指标	评价内容			配分	得分	
硬件组装与调试	1. 输入/输出信号分析； 2. 硬件选型； 3. I/O 分配表及接线图绘制； 4. 硬件安装、接线与调试。			25		
监控画面设计	1. 合理进行监控画面设计； 2. 正确选择监控画面控件； 3. 正确设置控件属性。			25		
控制程序设计与调试	1. 能正确设计程序； 2. 按控制要求进行调试。			40		
互评反馈	1. 按时保质完成工作任务； 2. 掌握本项目相关专业知识； 3. 具有较强的分析问题、解决问题的能力； 4. 具有较强的团队协作能力； 5. 具有严谨的思维能力和表达能力； 6. 是否完成本项目的心得体会。			10		
互评总分						
合理建议						

教师评价表

班级		组名		日期	年　月　日		
小组成员签名							
序号	评价指标	评价内容	评价标准			配分	得分
1	任务分工	1. 根据项目要求合理分工； 2. 小组成员之间协作情况。	1. 分工不合理，扣 2 分； 2. 团队成员之间出现不和谐现象，酌情扣 2~5 分。			5	
2	硬件组装与调试	1. 输入/输出信号分析； 2. 硬件选型； 3. I/O 分配表及接线图绘制； 4. 硬件安装、接线与调试。	1. I/O 信号遗漏或者错误，每处扣 2 分； 2. 硬件选型错误或者不合适，每处扣 2 分；接线图绘制错误或者不规范，每处扣 2 分； 3. 硬件安装不规范、接线不规范或者错误，每处扣 2 分。			15	

序号	评价指标	评价内容	评价标准	配分	得分
3	监控画面设计	1. 合理进行监控画面设计； 2. 正确选择监控画面控件； 3. 正确设置控件属性。	1. 监控画面设计不合理，扣 5 分； 2. 画面控件选择错误，每处扣 5 分； 3. 控件属性设置错误，每处扣 5 分。	25	
4	控制程序设计与调试	1. 能正确设计程序； 2. 按控制要求进行调试。	1. 指令有错误，每处扣 2 分； 2. 罐装电机 M1 控制要求全部未显示，扣 10 分；实现部分功能，根据完成情况酌情扣分； 3. 压盖电机 M2 控制要求全部未显示，扣 10 分；实现部分功能，根据完成情况酌情扣分； 4. 贴标电机 M3 控制要求全部未显示，扣 10 分；实现部分功能，根据完成情况酌情扣分； 5. 变频电机 M4 控制要求全部未显示，扣 10 分；实现部分功能，根据完成情况酌情扣分； 6. 伺服电机 M5 控制要求全部未显示，扣 10 分；实现部分功能，根据完成情况酌情扣分。 注：根据控制要求进行打分，扣完为止。	45	
5	职业素养	1. 遵守教学场所规章制度； 2. 安全生产、文明操作意识。	1. 迟到、早退或不遵守教学场所规章制度，扣 5 分； 2. 设备首次上电前未进行请示，扣 2 分；带电操作者，视情况扣 5~10 分； 3. 出现重大事故或者人为损坏设备，扣 10 分； 4. 工具材料摆放不整齐，扣 2 分；踩踏导线，扣 2 分； 5. 项目完成后，未进行工位清理，扣 5 分。	10	

8.6 项目拓展

操作员登录设备，单击"进入运行"按钮，触摸屏进入"加工模式"界面，如图 8-45 所示。界面中主要包含各个电机的工作状态指示灯、"启动"按钮、"停止"按钮、"返回首页界面"按钮、设定套量（产量）、已压盖产量、装箱套量、设定第一级传输带速度（mm/s）、显示第二级传输带速度（Hz）等信息。

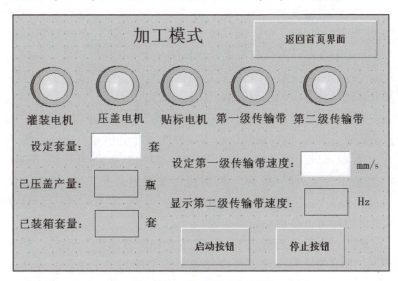

图 8-45 "加工模式"界面

产品套件每套有 3 个物料瓶，A 点、B 点、C 点、D 点位置如图 8-46 所示。

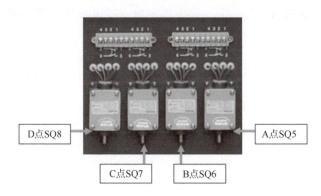

图 8-46 传送带上各检测点元件

加工模式的初始状态：行程开关 SQ1～SQ8 常开、所有电机（M1～M5）停止。第一级传输带速度设定范围为 10～40 mm/s，设定数值为 10 的整数倍，其他数值无效并四舍五入取值。初始位置在 SQ1 处，当运行至 SQ2 处时，会自动返回原点 SQ1，默认当前传输带动作完成。

第二级传输带速度显示为整数，正转为正值，反转为负值。

①设定生产套量和第一级传输带速度后，按下启动按钮 SB1，设备运行指示灯

HL4 闪烁，等待放入工件（0.5 Hz），当入料传感器（SQ5）检测到 A 点传输带上有物料瓶时，则 HL4 常亮，设备开始加工过程，M5 电机正转启动，以设定速度前进至 B 点（由 SQ6 给出信号），传输带停止。同时，灌装电机自动启动，运行 5 s 后自动停止（灌装结束）。

②灌装结束后，传输带自动重启，前进 40 mm 后，传输带再停止，同时，压盖电机自动低速启动，3 s 后转为高速运行，再 3 s 后压盖电机停止；然后由机械手抓取物料瓶搬运至物料平台（此处用指示灯 HL5 得电 4 s 代表此机械手动作）。

③第一个物料瓶搬运至物料平台后，才允许放入第二个物料瓶（SQ5 检测到信号），重复上述灌装、压盖、搬运动作流程；然后放入第三个物料瓶，重复上述灌装、压盖、搬运动作流程；入料口再放入物料瓶无效。

④三个物料瓶都搬运至物料平台后，先检测贴标温度（温度控制器+热电阻），温度超过 30 ℃开始贴标（否则，传输带停止运行）。

⑤贴标温度检测满足后，自动启动第二级传输带 M4（正转频率 40 Hz，三个物料瓶同时进行贴标工作），物料瓶到达 C 点（SQ7 检测到信号），M4 传输带降速为正转 20 Hz，进入贴标区域，同时启动贴标机 M3，当物料瓶到达 D 点（SQ8 检测到信号）时，M4 传输带变为反转 20 Hz，物料瓶再次回到 C 点，M4 传输带又变为正转 20 Hz，当物料瓶再次到达 D 点时，M4 传输带继续正转 10 Hz，5 s 后 M4 传输带自动停止（表示三个物料瓶也已自动装箱完成）。

至此，一套物料瓶完成灌装贴标，此时才允许继续入料（SQ5），循环运行。在运行中按下停止按钮 SB2 后，设备将在完成当前工件的加工流程后停止，同时 HL4 熄灭。在运行中按下急停按钮 SB3 后，各动作立即停止（人工取走物料瓶后），设备重新启动开始运行。

当第一级传输带 M5 出现越程（左、右超程位置开关分别为两侧微动开关 SQ3、SQ4）时，伺服系统自动锁住，并在触摸屏中自动弹出报警界面。解除报警后，系统重新从原点初始态启动。

当三个物料瓶都搬运至物料平台后，开始检测贴标温度时，10 s 内检测贴标温度未超过 30 ℃，10 s 后自动弹出报警界面"贴标加热器损坏，请检查设备"。手动关闭窗口后，再次自动进入 10 s 温度检测。

德育教育 9 小空间、大容量之立体仓库

项目九

立体仓库电气控制系统安装与调试

学习目标

①能完成一台 S7-300 PLC 与两台 S7-200 SMART 的工业以太网组网；

②能完成触摸屏与 S7-300 PLC 的工业以太网连接；

③能完成立体仓库控制系统的电气控制原理图的绘制；

④能完成立体仓库控制系统中主要器件的安装与连接；

⑤能完成立体仓库控制系统的运行与调试。

立体仓库系统由称重区、货物传送带、托盘传送带、机械手、码料小车和一个立体仓库组成。系统俯视图如图 9-1 所示。

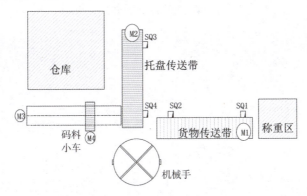

图 9-1　立体仓库系统俯视图

系统运行过程如下：货物首先经过称重区称重，然后经过货物传送带将货物运送至 SQ2 位置，再由机械手将货物取至 SQ4 处的托盘上，由码料小车将货物连同托盘运送至仓库，码放至不同的存储位置。仓库的正视图如图 9-2 所示。

由图 9-2 可知，立体仓库共有 9 个存储位置。已知每个存储位置最多可承受 100 kg 的质量，而货物质量一般在 0~100 kg 之间，经称重

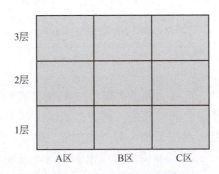

图 9-2　立体仓库正视图

模块称重后，将质量信号转换成 0~10 V 电压信号。在码放货物时，按照 A1—A2—A3—B1—B2—B3—C1—C2—C3 的规则进行码放。模拟量信号可以使用前面板提供的 0~10 V 电压给出。

立体仓库系统由以下电气控制回路组成：货物传送带由电机 M1 驱动（M1 为三相异步电机，由变频器进行多段速控制，变频器参数设置为第一段速为 15 Hz、第二段速为 30 Hz、第三段速为 45 Hz，加速时间为 1.2 s，减速时间为 0.5 s，只进行单向正转运行）；托盘传送带由电机 M2 驱动（M2 为三相异步电机，只进行单向正转运行）；码料小车的水平运行由电机 M3 驱动（M3 为伺服电机，参数设置如下：伺服电机旋转一周，需要 1 600 个脉冲）；码料小车的垂直运行由电机 M4 驱动（M4 为步进电机，参数设置如下：步进电机旋转一周，需要 1 000 个脉冲）。

电机旋转以"顺时针旋转为正向，逆时针旋转为反向"为准。

9.1 控制要求

立体仓库系统设备具备两种工作模式：手动调试模式和自动运行模式。设备上电后，触摸屏进入欢迎界面，触摸界面任意位置，设备进入调试模式。

设备进入手动调试模式后，触摸屏出现调试界面，可参考图 9-3 进行制作。通过按下"选择调试按钮"，选择需要调试的电机，当前电机指示灯亮，触摸屏提示信息变化为"当前调试电机为：××电机"。按下启动按钮 SB1，选中的电机将进行调试运行。每个电机调试完成后，对应的指示灯消失。

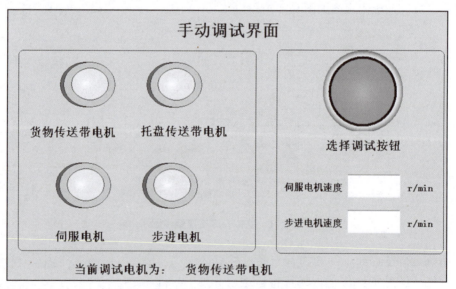

图 9-3 手动调试界面示意图

此外，调试界面中应配置有通信测试功能，用于测试主站 PLC、从站 PLC 和触摸屏之间的通信。例如，测试从站 1 与触摸屏之间的通信时，可在触摸屏上设置指示灯，当按下 SB1 时，触摸屏上的指示灯亮。

1. 货物传送带电机 M1 调试过程

按下启动按钮 SB1 后，电机 M1 以 15 Hz 启动，再按下 SB1 按钮，M1 电机以

30 Hz运行，再按下 SB1 按钮，M1 电机以 45 Hz 运行，整个过程中按下停止按钮 SB2，M1 停止。M1 电机调试过程中，HL1 以亮 2 s、灭 1 s 的周期闪烁。

2. 托盘传送带电机 M2 调试过程

按下启动按钮 SB1 后，电机 M2 启动运行，3 s 后停止，停 2 s 后又开始运行，直到按下停止按钮 SB2，电机 M2 调试结束。M2 电机调试过程中，HL1 常亮。

3. 码料小车水平移动电机（伺服电机）M3 调试过程

码料小车水平移动电机（伺服电机）M3 安装在丝杠装置上，其安装示意图如图 9-4 所示。其中，SQ13、SQ12、SQ11 分别为立体仓库 A、B、C 三个区的定位开关，SQ14、SQ15 分别为极限位开关。伺服电机开始调试前，手动将码料小车移动至 SQ11 位置，在触摸屏中设定伺服电机的速度（速度范围应为 60～150 r/min）之后，按下启动按钮 SB1，码料小车向右行驶 2 cm 停止，2 s 后，码料小车开始向左运行，至 SQ11 处停止，2 s 后继续向左运行，至 SQ12 处停止，2 s 后继续向左运行，至 SQ13 处停止。重新设置伺服电机速度，再次按下 SB1，码料小车开始右行，至 SQ11 处停止，整个调试过程结束。整个过程中，按下停止按钮 SB2，M3 停止，再次按下 SB1，小车从当前位置开始继续运行。M3 电机调试过程中，小车运行时，HL2 常亮，小车停止时，HL2 以 2 Hz 闪烁。

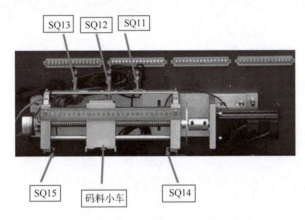

图 9-4 码料小车水平移动电机结构示意图

4. 码料小车垂直移动电机（步进电机）M4 调试过程

码料小车垂直移动电机（步进电机）M4 不需要安装在丝杠装置上。步进电机开始调试前，首先在触摸屏中设定步进电机的速度（速度范围应为 60～150 r/min），按下启动按钮 SB1，步进电机 M4 以正转 5 s、停 2 s、反转 5 s、停 2 s 的周期一直运行，按下停止按钮 SB2，M4 停止。M4 电机调试过程中，HL2 以亮 2 s、灭 1 s 的周期闪烁。

所有电机（M1～M4）调试完成后，按下 SB3，系统将切换到自动运行模式。在未进入自动运行模式时，单台电机可以反复调试。

9.2 系统方案设计

根据控制任务描述，选用一台 S7-300 PLC 与两台 S7-200 SMART 作为本系统的控制器，S7-300 PLC 为主站，两台 S7-200 SMART 为从站。电机控制、I/O、HMI 与 PLC 组合分配方案见表9-1，本系统控制框图如图9-5所示。

表 9-1　设备与控制器分配方案

设备	控制器
HMI	CPU314C-2PN/DP
M1、M2 SB1~SB4 HL1~HL5 SQ1~SQ4	S7-200 SMART 6ES7288-1SR40-0AA0
M3、M4、SA1 SQ11~SQ15	S7-200 SMART 6ES7288-1ST30-0AA0

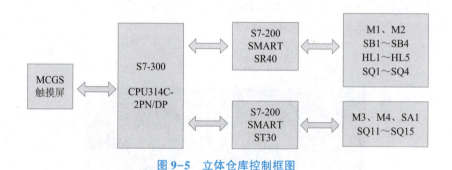

图 9-5　立体仓库控制框图

9.3　系统电气设计与安装

9.3.1　电气原理分析

立体仓库控制系统运行由 4 个电机组成。M1 为货物传送带电机，M2 为托盘传送带电机，M3 为码料小车水平运行的码料小车电机，M4 为码料小车垂直运行的码料小车电机。立体仓库控制系统原理图如图9-6所示。

工作原理如下。

M1：按下启动按钮 SB1，电机 M2 以 15 Hz 启动，再按 SB1，电机以 30 Hz 运行，再按 SB1，电机以 45 Hz 运行。按下停止按钮 SB2，M1 电机停止。在调试过程中，HL1 以亮 2 s、灭 1 s 的周期闪烁。

M2：按下启动按钮 SB1，KM1 线圈得电，KM1 主触点吸合，电机运行。3 s 后，KM1 线圈失电，KM1 主触点断开，电机停止。2 s 后，KM1 线圈得电，KM1 主触点吸合，电机运行。反复运行。按下停止按钮 SB2，KM1 线圈失电，KM1 主触点断开，电机停止。在调试过程中，HL1 常亮。

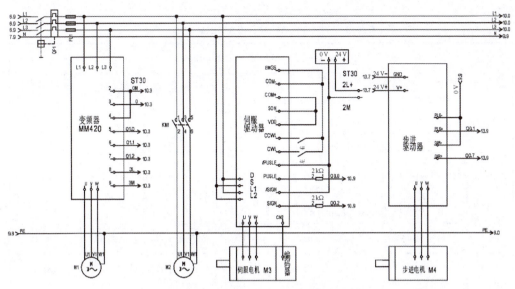

图 9-6 立体仓库控制系统电气原理图

M3：先手动调试到初始位置 SQ11，设定伺服速度（60～150 r/min），按下 SB1 按钮，电机向右行驶 2 cm 后停止，2 s 后小车开始向左运行，到达 SQ11 位置，电机停止。在调试过程中，HL2 常亮。停止时，HL2 以 2 Hz 闪烁。

M4：先手动调试到初始位置 SQ11，设定步进速度（60～150 r/min），按下 SB1 按钮，电机以正转 5 s、停止 2 s、反转 5 s、停止 2 s 的周期运行。按下停止按钮 SB2，M4 停止。在调试过程中，HL2 以亮 2 s、灭 1 s 的周期闪烁。

9.3.2 I/O 地址分配

根据对立体仓库控制系统的分析，本系统 S7-300 PLC 输入信号无；输出信号无。S7-200 SMART PLC SR40 输入信号有按钮 SB1、SB2、SB3、SB4，位置传感器 SQ1、SQ2、SQ3、SQ4；输出信号有 M1 电机第一段速 15 Hz、第二段速 30 Hz、第三段速 45 Hz，M2 三相异步电机线圈，指示灯 HL1、HL2、HL3、HL4、HL5。S7-200 SMART PLC ST30 输入信号有主令开关 SA1，行程开关 SQ11、SQ12、SQ13、SQ14、SQ15；输出信号有 M3 伺服电机、M4 步进电机。具体输入/输出信号地址分配情况见表 9-2～表 9-4。

表 9-2　S7-300 PLC 地址分配

S7-300 PLC					
输入信号			输出信号		
序号	信号名称	PLC 地址	序号	信号名称	PLC 地址
1	无		1	无	

表9-3　S7-200 SMART PLC SR40 地址分配

S7-200 SMART PLC SR40					
输入信号			输出信号		
序号	信号名称	PLC 地址	序号	信号名称	PLC 地址
1	SB1 按钮	I0.0	1	M1 DIN1	Q1.0
2	SB2 按钮	I0.1	2	M1 DIN2	Q1.1
3	SB3 按钮	I0.2	3	M1 DIN3	Q1.2
4	SB4 按钮	I0.3	4	M2 三相异步电机线圈	Q0.0
5	行程开关 SQ1	I0.4	5	指示灯 HL1	Q0.1
6	行程开关 SQ2	I0.5	6	指示灯 HL2	Q0.2
7	行程开关 SQ3	I0.6	7	指示灯 HL3	Q0.3
8	行程开关 SQ4	I0.7	8	指示灯 HL4	Q0.4
			9	指示灯 HL5	Q0.5

表9-4　S7-200 SMART PLC ST30 地址分配

S7-200 SMART PLC ST30					
输入信号			输出信号		
序号	信号名称	PLC 地址	序号	信号名称	PLC 地址
1	位置传感器 SQ11	I0.2	1	M3 PULSE	Q0.0
2	位置传感器 SQ12	I0.3	2	M3 SIGN	Q0.2
3	位置传感器 SQ13	I0.4	3	M4 PLS+	Q0.1
4	位置传感器 SQ14	I0.5	4	M4 DIR+	Q0.7
5	位置传感器 SQ15	I0.6			
6	主令开关 SA1	I0.7			

9.3.3　系统安装与接线

立体仓库控制系统 PLC 接线图如图 9-7 所示。

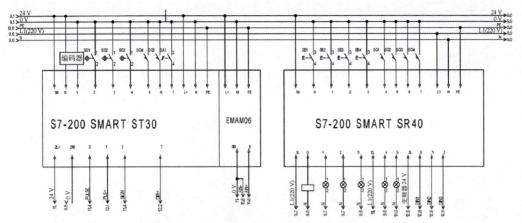

图 9-7　立体仓库控制系统 PLC 接线图

9.4　系统软件设计与调试

9.4.1　MCGS 组态设计

一、新建工程

在"文件"工具栏选择"新建"项目，弹出对话框，选择触摸屏型号 TPC7062Ti，在设备组态窗口选择通用 TCP/IP 串口父设备及西门子 CP443-1 以太网模块，双击以太网模块创建 MCGS 界面变量、设置本地 IP 地址及远程 IP 地址。"设备编辑窗口"如图 9-8 所示。

二、新建窗口

在用户窗口新建 3 个窗口，分别为窗口 0（欢迎界面）、窗口 1（手动调试模式）及窗口 2（自动运行模式）。在欢迎界面中插入一个按钮，并将它的边线拉至界面边框，然后右击，单击"属性"，在"基本属性"文本处输入"欢迎进入立体仓库控制系统"，在"操作属性"中，勾选"打开用户窗口"，选择"窗口 1"，如图 9-9 所示。

三、手动调试界面设计

双击打开窗口 2（手动调试界面），先从工具箱中选择"插入元件"命令，在对象元件库里选择指示灯 3，在触摸屏中按住鼠标左键，画出 4 个指示灯，并添加标注，连接对应变量。

在对象元件库里选择按钮 82，在触摸屏中按住鼠标左键，画出选择调试按钮，连接实时数据库中的开关型变量 KG0，调试按钮按下次数由变量按下按钮次数 MW110 记录。循环策略脚本程序如图 9-10 所示。

图 9-8 "设备编辑窗口"的变量及 IP 地址

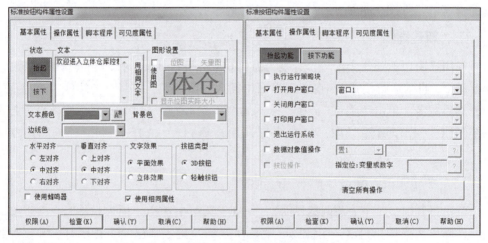

图 9-9 按钮属性设置

```
IF KG0 = 1 AND 按下按钮次数 = 0 THEN 按下按钮次数 = 1
IF KG0 = 0 AND 按下按钮次数 = 1 THEN 按下按钮次数 = 2
IF KG0 = 1 AND 按下按钮次数 = 2 THEN 按下按钮次数 = 3
IF KG0 = 0 AND 按下按钮次数 = 3 THEN 按下按钮次数 = 4
IF KG0 = 1 AND 按下按钮次数 = 4 THEN 按下按钮次数 = 0
```

图 9-10 选择调试按钮脚本程序

从工具箱中选择标签**A**，在"当前调试电机："右边插入 4 个标签，双击标签，在属性设置中勾选"可见度"，在 4 个标签的"扩展属性"的文本中输入"货物传送带电机 M1""托盘传送带电机 M2""码料小车水平移动电机（伺服电机）M3""码料小车垂直移动电机（步进电机）M4"，在标签的"可见度"属性中选择表达式非零时"对应图符可见"，表达式选择与对应的指示灯变量相同，如图 9-11 所示。

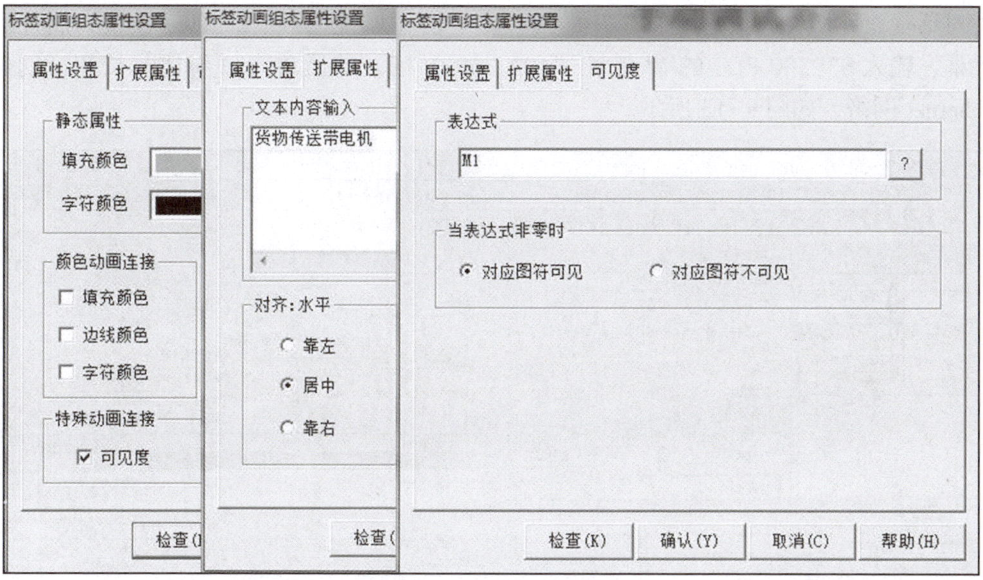

图 9-11　标签属性设置

最后从工具箱中选择输入框**abl**，在窗口 1 中按鼠标左键画两个输入框，双击输入框，在输入框操作属性中，分别连接数值型变量伺服速度 MD120 和步进速度 MD124。设计完成的手动调试界面如图 9-12 所示。

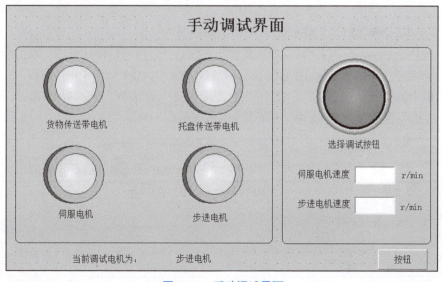

图 9-12　手动调试界面

9.4.2 PLC 程序设计

一、PLC 组网设计

（一）新建 Ethernet 子网

S7-300 PLC 硬件组态完成之后，双击硬件组态中的"PN-IO"，弹出 PN-IO 属性对话框，在属性对话框"常规"的接口处单击"属性"，弹出 Ethernet 接口属性对话框，输入 S7-300 PLC 的 IP 地址"192.168.2.1"，然后单击"新建"按钮，创建 Ethernet 网络，如图 9-13 所示。

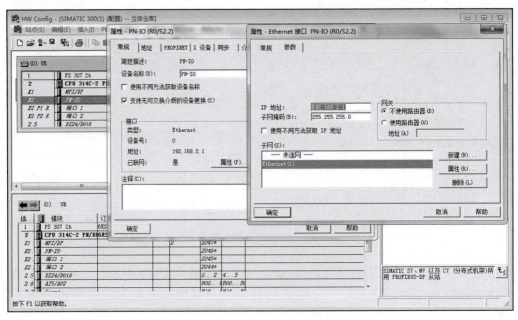

图 9-13　新建 Ethernet 子网

（二）S7-300 PLC 与 S7-200 SMART 的组网

完成新建 Ethernet 子网之后，退出硬件组态窗口，返回项目设计窗口，双击图 9-14 中的"连接"，弹出 NetPro 网络窗口，在 SIMATIC 300（1）的 CPU 处右击，单击图 9-15 中的"插入新连接"，弹出"插入新连接"对话框，连接伙伴选择"未指定"，连接类型选择"S7 连接"，如图 9-16 所示。

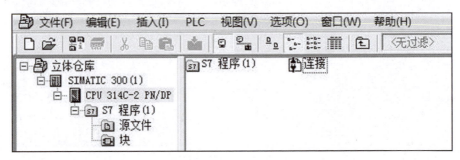

图 9-14　项目设计窗口

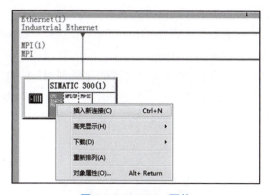

图 9-15　NetPro 网络　　　　　　　　图 9-16　插入新连接

在图 9-16 中单击"确定"按钮，弹出 S7 连接属性对话框，在"块参数"中设置本地 ID 地址，SR40 设置为 1（W#16#1），ST30 设置为 2（W#16#2），在伙伴的地址中分别设置 SR40 和 ST30 的 IP 地址为 192.168.2.2 和 192.168.2.3，如图 9-17 和图 9-18 所示。

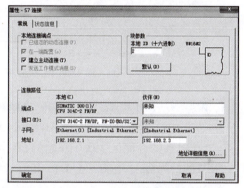

图 9-17　SR40 块参数本地 ID 及伙伴地址　　　图 9-18　ST30 块参数本地 ID 及伙伴地址

块参数设置完成之后，S7-300 PLC 与两个 S7-200 SMART 组网完成，NetPro 网络窗口出现 Ethernet 网络连接，保存并编译，如图 9-19 所示。

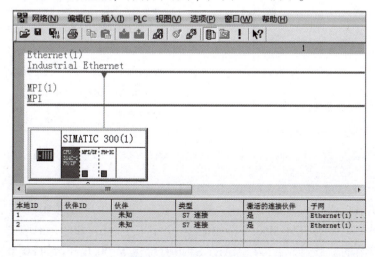

图 9-19　Ethernet 组网

（三）设置 S7-300 PLC 与两个 S7-200 SMART 的通信区

S7-300 PLC 与两个 S7-200 SMART 的通信区设置如图 9-20 所示。S7-300 PLC 由 MB100～MB179 区发送数据到 S7-200 SMART SR40 的 VB100～VB179 区，S7-300 PLC 接收由 S7-200 SMART SR40 的 VB0～VB49 区发送过来的数据存储到 MB0～MB49 区。S7-300 PLC 由 MB100～MB179 区发送数据到 S7-200 SMART ST30 的 VB100～VB179 区，S7-300 PLC 接收由 S7-200 SMART ST30 的 VB50～VB99 区发送过来的数据存储到 MB50～MB99 区。

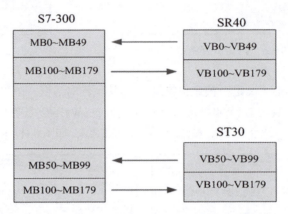

图 9-20　S7-300 PLC 与两个 S7-200 SMART 的通信区

1. 设置 S7-300 PLC 与 S7-200 SMART SR40 的通信区

S7-300 PLC 读取 S7-200 SMART SR40 存储区 V0.0 开始的 50 个字节的信号存放到 S7-300 PLC 的存储区 M0.0 开始的 50 个字节中。S7-300 PLC 发送 M100.0 开始的 80 个字节的信号到S7-200 SMART SR40 存储区 V100.0 开始的 80 个字节中。具体指令如图 9-21所示。

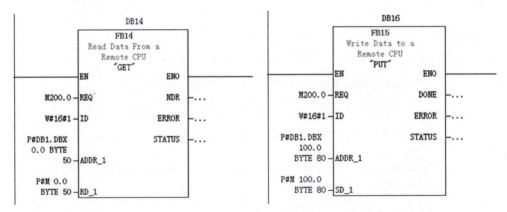

图 9-21　S7-300 PLC 与 S7-200 SMART SR40 的读取与写入指令

2. 设置 S7-300 PLC 与 S7-200 SMART ST30 的通信区

S7-300 PLC 读取 S7-200 SMART ST30 存储区 V50.0 开始的 50 个字节的信号存放到 S7-300 PLC 的存储区 M50.0 开始的 50 个字节中。S7-300 PLC 发送 M100.0 开始的 80 个字节的信号到 S7-200 SMART ST30 存储区 V100.0 开始的 80 个字节中。具

体指令如图 9-22 所示。

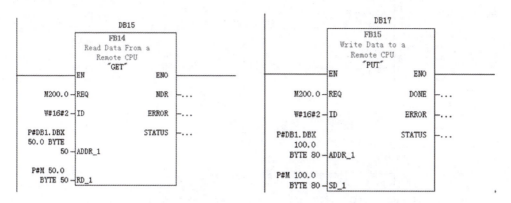

图 9-22　S7-300 PLC 与 S7-200 SMART ST30 的读取与写入指令

二、货物传送带电机 M1 程序设计

根据控制要求，货物传送带电机 M1 由变频器进行多段速调速，变频器参数设置为 P700 = 2、P701 = 17、P702 = 17、P703 = 17、P1000 = 3、P1001 = 15、P1002 = 30、P1003 = 45，电机 M1 由 S7-200 SMART SR40 控制。SR40 主程序中，在触摸屏上选择调试按钮计数信号 VW110 = 1，且触摸屏手动调试界面信号 M100.0 = 1，通过信号传输到 SR40，使得 V100.0 = 1 时，调用货物传送带电机 M1 子程序，且 V0.0 = 1，通过信号传输到 300 PLC，使得 M0.0 = 1，即触摸屏上货物传送带电机指示灯点亮。程序调用如图 9-23 所示。

| 1 | 在触摸屏上选择调试按钮计数信号VW110=1，且触摸屏手动调试界面信号M100.0=1，通过信号传输到SR40，使得V100.0=1时，调用货物传送带电机M1子程序，且V0.0=1，通过信号传输到300 PLC，使得M0.0=1，即触摸屏上货物传送带电机指示灯点亮 |

```
   V100.0        VW110              货物传送带电~
 ──┤ ├──────────┤==I├──────────────┤EN
                    1
                 V0.0
                ─( )─
```

图 9-23　货物传送带电机 M1 子程序调用

在货物传送带电机 M1 子程序中，按下启动按钮 SB1，计数器计数一次，电机 M1 以 15 Hz 启动，再按下 SB1 按钮，计数器计数第二次，电机以 30 Hz 运行，再按下 SB1 按钮，计数器计数第三次，电机以 45 Hz 运行，按下 SB2 按钮，电机停止。在调试过程中，指示灯 HL1 以亮 2 s、灭 1 s 的周期闪烁。货物传送带电机 M1 控制程序如图 9-24 所示。

三、托盘传送带电机 M2 程序设计

根据控制要求，托盘传送带电机 M2 由 S7-200 SMART SR40 控制。SR40 主程序中，在触摸屏上选择调试按钮计数信号 VW110 = 2，且触摸屏手动调试界面信号 M100.0 = 1，通过信号传输到 SR40，使得 V100.0 = 1 时，调用托盘传送带电机 M2 子程序，且 V0.1 = 1，通过信号传输到 300 PLC，使得 M0.1 = 1，即触摸屏上托盘传送带电机指示灯点亮。程序调用如图 9-25 所示。

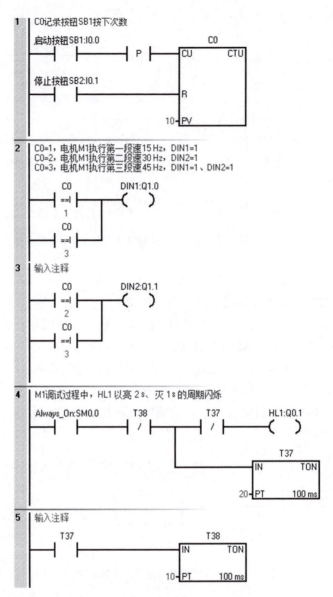

图 9-24　货物传送带电机 M1 控制程序

图 9-25　托盘传送带电机 M2 子程序调用

在托盘传送带电机 M2 子程序中，按下按钮 SB1，电机 M2 启动，3 s 后停止，停 2 s 后又开始运行，按此规律反复运行，按下停止按钮 SB2，电机 M2 停止。在调试过程中，HL1 指示灯常亮。控制程序如图 9-26 所示。

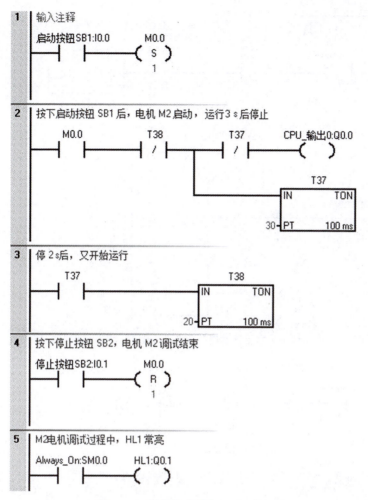

图 9-26　托盘传送带电机 M2 控制程序

四、码料小车水平移动电机 M3 程序设计

根据控制要求，码料小车水平移动电机 M3 由 S7-200 SMART ST30 控制。ST30 主程序中，在触摸屏上选择调试按钮计数信号 VW110=3，且触摸屏手动调试界面信号 M100.0=1，通过信号传输到 ST30，使得 V100.0=1 时，调用码料小车水平移动电机 M3 子程序并进行伺服电机运动轴的初始化。程序调用及运动轴初始化如图 9-27 所示。

在码料小车水平移动电机子程序中，手动将码料小车移动至 SQ11 位置，在触摸屏中设定伺服电机的速度（速度范围应为 60～150 r/min 之间）之后，按下启动按钮 SB1，码料小车向右行驶 2 cm 停止，2 s 后，码料小车开始向左运行，至 SQ11 处停止，2 s 后继续向左运行至 SQ12 处停止，2 s 后继续向左运行，至 SQ13 处停止。重新设置伺服电机速度，再次按下 SB1，码料小车开始右行，至 SQ11 处停止，整个调试过程结束。整个过程中，按下停止按钮 SB2，M3 停止，再次按下 SB1，小车从当前位置开始继续运行。码料小车水平移动电机控制程序如图 9-28 所示。

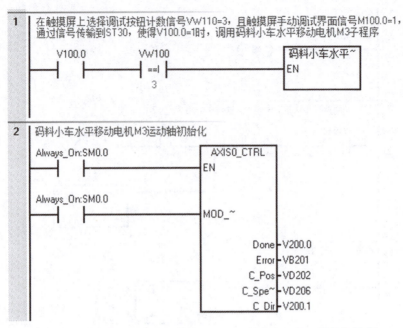

1 在触摸屏上选择调试按钮计数信号VW110=3，且触摸屏手动调试界面信号M100.0=1，通过信号传输到ST30，使得V100.0=1时，调用码料小车水平移动电机M3子程序

2 码料小车水平移动电机M3运动轴初始化

图 9-27　码料小车水平移动电机 M3 子程序调用及运动轴初始化

1 触摸屏输入伺服电机速度r/min转换成mm/s

2 按钮信号从ST30的VB40，通过300 PLC的通信区MB160传给SR40的VB160。C0记录按钮SB1按下次数

3 输入注释

4 按下启动按钮 SB1，码料小车向右行驶 2 cm 停止

图 9-28　码料小车水平移动电机 M3 控制程序

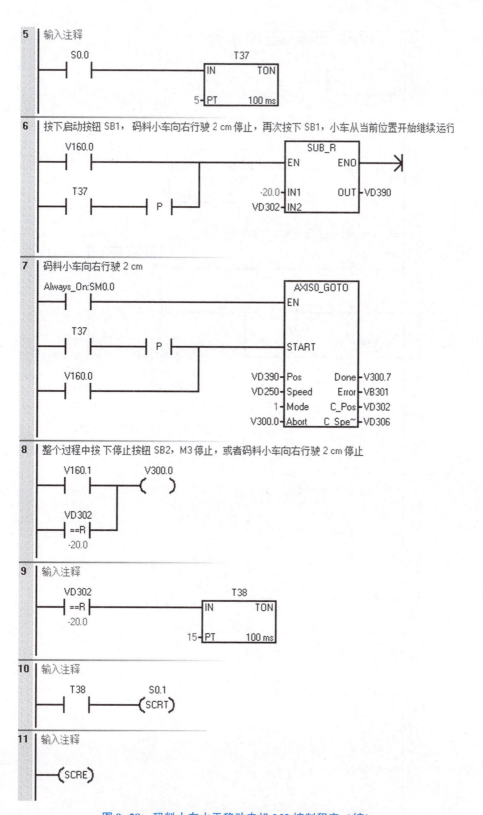

5 输入注释

```
   S0.0                           T37
 ──┤ ├──────────────────────┤IN        TON│
                          5──┤PT    100 ms│
```

6 按下启动按钮 SB1，码料小车向右行驶 2 cm 停止，再次按下 SB1，小车从当前位置开始继续运行

```
  V160.0                              SUB_R
 ──┤ ├──────────────────┬──────┤EN        ENO├───>
                        │
   T37                  │     -20.0──┤IN1    OUT├──VD390
 ──┤ ├──────┤P├─────────┘     VD302──┤IN2       │
```

7 码料小车向右行驶 2 cm

```
 Always_On:SM0.0                    AXIS0_GOTO
 ──┤ ├──────────────────────────┤EN           │
                                 │             │
   T37                           │             │
 ──┤ ├──────┤P├──────────┬───────┤START        │
                         │       │             │
  V160.0                 │  VD390─┤Pos     Done├─V300.7
 ──┤ ├───────────────────┘  VD250─┤Speed  Error├─VB301
                               1──┤Mode   C_Pos├─VD302
                           V300.0─┤Abort  C_Spe~├─VD306
```

8 整个过程中按下停止按钮 SB2，M3 停止，或者码料小车向右行驶 2 cm 停止

```
  V160.1           V300.0
 ──┤ ├──────┬───────( )
            │
  VD302     │
 ──┤==R├────┘
  -20.0
```

9 输入注释

```
  VD302                           T38
 ──┤==R├──────────────────────┤IN        TON│
  -20.0                     15──┤PT    100 ms│
```

10 输入注释

```
   T38            S0.1
 ──┤ ├───────────(SCRT)
```

11 输入注释

```
 ──(SCRE)
```

图 9-28 码料小车水平移动电机 M3 控制程序（续）

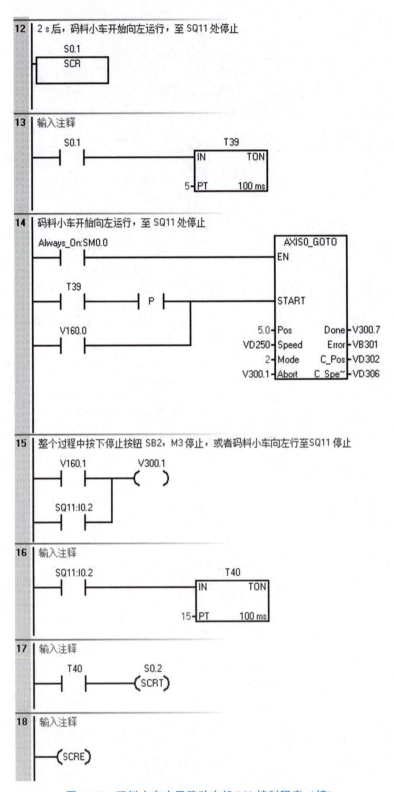

12 2 s后，码料小车开始向左运行，至 SQ11 处停止

```
  S0.1
  SCR
```

13 输入注释

```
  S0.1                          T39
 ──┤ ├──                      ┌──────────┐
                              │IN    TON │
                              │          │
                          5 ──┤PT  100 ms│
                              └──────────┘
```

14 码料小车开始向左运行，至 SQ11 处停止

```
Always_On:SM0.0                         ┌─AXIS0_GOTO─┐
 ──┤ ├──────────────────────────────────┤EN         │
                                         │           │
    T39                                  │           │
 ──┤ ├────────┤ P ├──────┐               │           │
                         │               │           │
   V160.0                │          ──┤START         │
 ──┤ ├───────────────────┘               │           │
                                 5.0 ─┤Pos    Done├─ V300.7
                               VD250 ─┤Speed  Error├─ VB301
                                   2 ─┤Mode   C_Pos├─ VD302
                               V300.1 ─┤Abort  C_Spe~├─ VD306
                                         └───────────┘
```

15 整个过程中按下停止按钮 SB2，M3停止，或者码料小车向左行至SQ11 停止

```
   V160.1      V300.1
 ──┤ ├──┤ ├────( )──
   SQ11:I0.2
 ──┤ ├──┤
```

16 输入注释

```
  SQ11:I0.2                     T40
 ──┤ ├──                      ┌──────────┐
                              │IN    TON │
                              │          │
                         15 ──┤PT  100 ms│
                              └──────────┘
```

17 输入注释

```
   T40        S0.2
 ──┤ ├──┤ ├──(SCRT)
```

18 输入注释

```
 ──(SCRE)
```

图 9-28 码料小车水平移动电机 M3 控制程序（续）

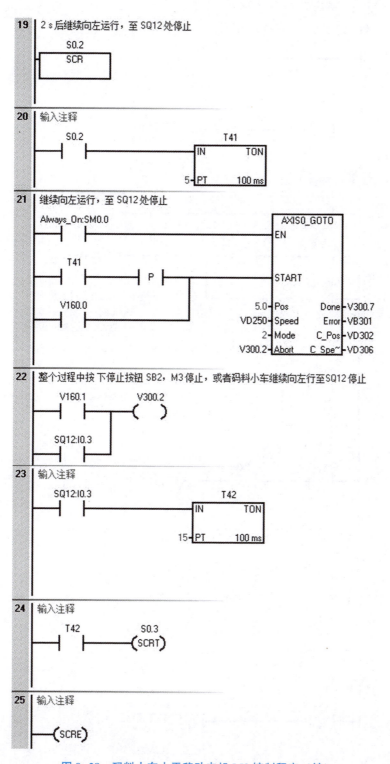

图 9-28 码料小车水平移动电机 M3 控制程序（续）

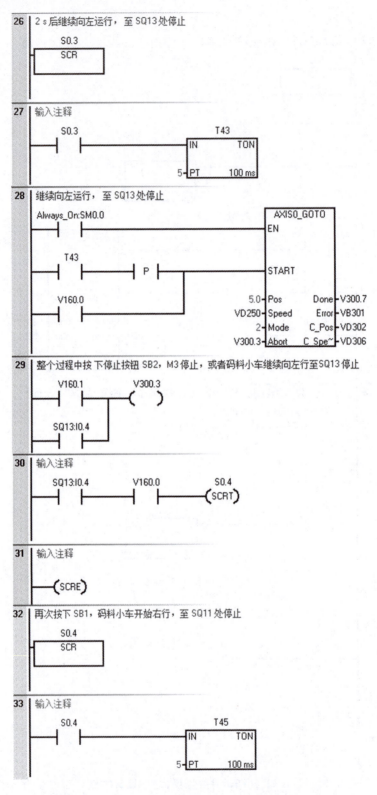

图 9-28　码料小车水平移动电机 M3 控制程序（续）

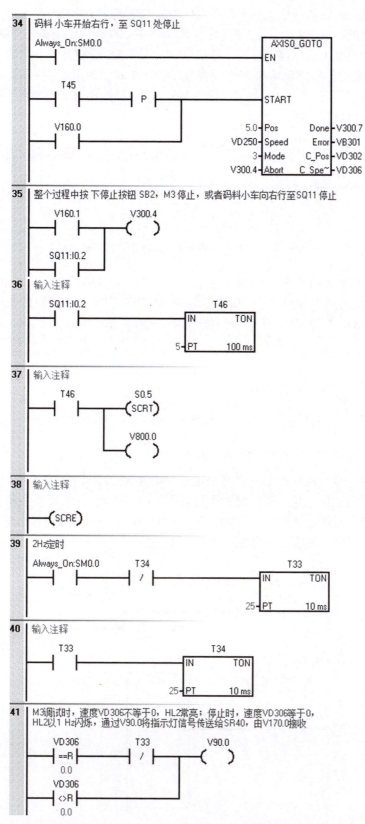

图 9-28 码料小车水平移动电机 M3 控制程序（续）

根据控制要求，码料小车水平移动电机 M3 在调试过程中，小车运行时，HL2 常亮，小车停止时，HL2 以 2 Hz 闪烁，指示灯由 S7-200 SMART SR40 控制。SR40 主程序中，在触摸屏上选择调试按钮计数信号 VW110＝3，且触摸屏手动调试界面信号 M100.0＝1，通过信号传输到 SR40，使得 V100.0＝1 时，调用 M3 指示灯子程序，且 V0.2＝1，通过信号传输到 300 PLC，使得 M0.2＝1，即触摸屏上码料水平移动电机指示灯点亮。程序调用如图 9-29 所示。

3 在触摸屏上选择调试按钮计数信号VW110＝3，且触摸屏手动调试界面信号M100.0＝1，通过信号传输到SR40，使得V100.0＝1时，调用M3指示灯子程序，且V0.2＝1，通过信号传输到300 PLC，使得M0.2＝1，即触摸屏上码料水平移动电机指示灯点亮

```
    V100.0        VW110              M3指示灯
─────┤ ├──────────┤==I├─────┬──────── EN
                    3        │
                           V0.2
                           ─( )
```

图 9-29　码料小车水平移动电机 M3 指示灯子程序调用

在 M3 电机调试过程中，M3 运行时，HL1 常亮，停止时，HL2 以 2 Hz 闪烁，将 M3 运行状态信号从 ST30 中的 V90.0 传送到 300 PLC 中的 M90.0，由 300 PLC 中的 M90.0 传给 SR40 中的 V170.0。具体程序如图 9-30 所示。

1 从ST30中的V90.0传送到300 PLC中的M90.0，由300 PLC中的M90.0传给SR40中的V170.0

```
    V170.0        HL2:Q0.2
─────┤ ├──────────( )
```

图 9-30　码料小车水平移动电机 M3 指示灯控制程序

五、码料小车垂直移动电机 M4 程序设计

根据控制要求，码料小车垂直移动电机 M4 由 S7-200 SMART ST30 控制。ST30 主程序中，在触摸屏上选择调试按钮计数信号 VW110＝4，且触摸屏手动调试界面信号 M100.0＝1，通过信号传输到 ST30，使得 V100.0＝1 时，调用码料小车垂直移动电机 M4 子程序。程序调用及运动轴初始化如图 9-31 所示。

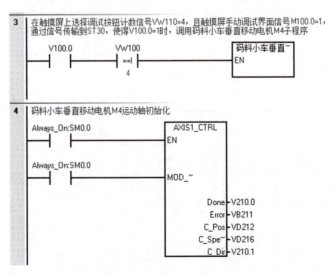

图 9-31　码料小车垂直移动电机 M4 子程序调用及运动轴初始化

在码料小车垂直移动电机子程序中，步进电机开始调试前，首先在触摸屏中设定步进电机的速度（速度范围应为 60~150 r/min）之后，按下启动按钮 SB1，步进电机 M4 以正转5 s、停 2 s、反转 5 s、停 2 s 的周期一直运行，按下停止按钮 SB2，M4 停止。具体程序如图 9-32 所示。

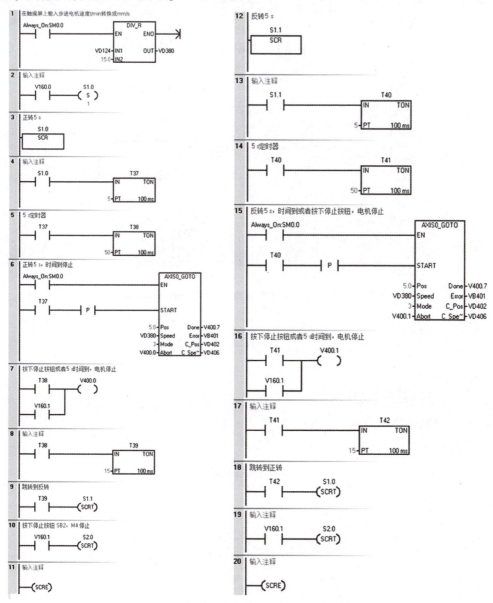

图 9-32　码料小车垂直移动电机 M4 控制程序

根据控制要求，码料小车垂直移动电机 M4 在调试过程中，HL2 以亮 2 s、灭 1 s 的周期闪烁。指示灯由 S7-200 SMART SR40 控制，SR40 主程序中，在触摸屏上选择调试按钮计数信号 VW110＝4，且触摸屏手动调试界面信号 M100.0＝1，通过信号传输到 SR40，使得 V100.0＝1 时，调用 M4 指示灯子程序，且 V0.3＝1，通过信号传输到 300 PLC，使得 M0.3＝1，即触摸屏上码料垂直移动电机指示灯点亮。程序调用及指示灯控制程序如图 9-33 和图 9-34 所示。

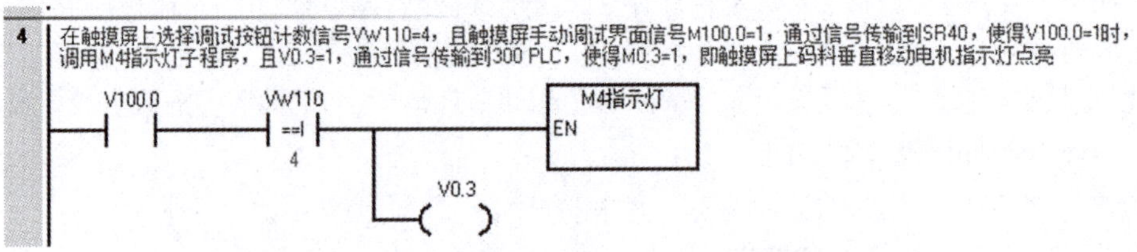

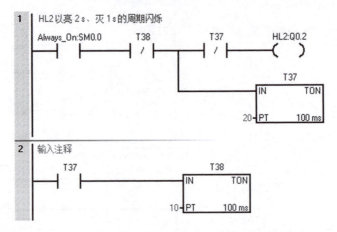

4
在触摸屏上选择调试按钮计数信号VW110=4，且触摸屏手动调试界面信号M100.0=1，通过信号传输到SR40，使得V100.0=1时，调用M4指示灯子程序，且V0.3=1，通过信号传输到300 PLC，使得M0.3=1，即触摸屏上码料垂直移动电机指示灯点亮
V100.0
VW110
==I
4
M4指示灯
EN
V0.3

图 9-33　码料小车水平垂直电机 M4 指示灯子程序调用

1
HL2以亮 2 s、灭 1 s的周期闪烁
Always_On:SM0.0
T38
T37
HL2:Q0.2
T37
IN
TON
20
PT
100 ms
2
输入注释
T37
T38
IN
TON
10
PT
100 ms

图 9-34　码料小车水平垂直电机 M4 指示灯控制程序

9.5　实践演练与评价反馈

9.5.1　实践演练

一、任务分工

填写小组任务分配表。

小组任务分配表

<table>
<tr><td colspan="2">班级</td><td colspan="2"></td><td colspan="2">组号</td><td colspan="2"></td></tr>
<tr><td colspan="2">组长</td><td colspan="2"></td><td colspan="2">学号</td><td colspan="2"></td></tr>
<tr><td>组员 1</td><td></td><td>学号</td><td></td><td>组员 2</td><td></td><td>学号</td><td></td></tr>
<tr><td>组员 3</td><td></td><td>学号</td><td></td><td>组员 4</td><td></td><td>学号</td><td></td></tr>
<tr><td>组员 5</td><td></td><td>学号</td><td></td><td>组员 6</td><td></td><td>学号</td><td></td></tr>
<tr><td colspan="2" rowspan="7">任务分工</td><td colspan="2">姓名</td><td colspan="4">负责工作</td></tr>
<tr><td colspan="2"></td><td colspan="4"></td></tr>
<tr><td colspan="2"></td><td colspan="4"></td></tr>
<tr><td colspan="2"></td><td colspan="4"></td></tr>
<tr><td colspan="2"></td><td colspan="4"></td></tr>
<tr><td colspan="2"></td><td colspan="4"></td></tr>
<tr><td colspan="2"></td><td colspan="4"></td></tr>
</table>

二、知识准备

引导问题 1：如何实现电机运行过程中，根据不同的控制要求指示灯以不同频率进行闪烁？若要使指示灯亮和指示灯灭的时间不一致，如何实现？

_____

_____

_____

引导问题 2：本项目触摸屏控制要求中，选择调试按钮的运行控制程序如何编写？

_____

_____

_____

_____

引导问题 3：在运动控制指令 AXIS_GOTO 指令中，参数 MODE 取值为 1、2、3 的含义分别时是什么？举例说明三种取值情况的应用场景。

_____

_____

_____

_____

_____

引导问题 4：本项目中，M4 步进电机要求旋转一周，需要 1 000 脉冲，如何根据要求进行步进驱动器参数设置？

_____

_____

_____

_____

_____

三、工作实施

各小组根据项目控制要求，参考教材内容完成以下工作。

①列出 PLC 的 I/O 分配表。

序号	输入信号	PLC 地址	序号	输出信号	PLC 地址

②根据 PLC 的 I/O 分配表，绘制 PLC 的 I/O 接线图。

③根据项目控制要求设计系统控制程序。

_____
_____
_____
_____
_____
_____

④下载程序并进行调试，确认是否满足系统控制要求，填写调试记录，并谈谈完成本项目的心得体会。

_____
_____
_____
_____
_____

四、自主探究

根据所学内容进行项目拓展，各小组进行讨论，编写项目拓展任务书。

_____
_____
_____
_____
_____

9.5.2　评价反馈

评价反馈由个人与小组自评、小组互评以及教师评价组成，填写个人与小组自评表、小组互评表以及教师评价表。

个人与小组自评表

班级		组名		日期	年　月　日	
评价指标		评价内容		配分	得分	
知识准备	1. 是否已提前熟悉本项目的控制要求； 2. 本项目涉及前序课程所学专业知识是否复习。			10		
操作实践	是否根据控制要求完成以下工作： 1. 硬件接线已调试完成； 2. 监控画面已设计完成； 3. 系统控制程序已调试完成； 4. 系统联机调试已完成。			40		
学习态度	1. 上课是否按时出勤； 2. 是否积极主动参与项目的安装与调试工作； 3. 同学之间是否相互理解、相互支持； 4. 与教师沟通是否顺畅。			10		
学习方法	1. 学习方法是否得当，有工作计划； 2. 技能实操是否符合操作规程； 3. 是否可以获得进一步提升的能力。			10		
工作过程	1. 每次课的工作任务完成情况； 2. 能否主动发现并提出有价值的问题； 3. 是否有解决问题的能力。			10		
自评反馈	1. 按时保质完成工作任务； 2. 掌握本项目相关专业知识； 3. 具有较强的分析问题、解决问题的能力； 4. 具有较强的团队协作能力； 5. 具有严谨的思维能力和表达能力。			20		
自评总分						
总结反馈						

小组互评表

班级		组名		日期	年 月 日	
评价指标		评价内容		配分	得分	
硬件组装与调试		1. 输入/输出信号分析； 2. 硬件选型； 3. I/O 分配表及接线图绘制； 4. 硬件安装、接线与调试。		25		
监控画面设计		1. 合理进行监控画面设计； 2. 正确选择监控画面控件； 3. 正确设置控件属性。		25		
控制程序设计与调试		1. 能正确设计程序； 2. 按控制要求进行调试。		40		
互评反馈		1. 按时保质完成工作任务； 2. 掌握本项目相关专业知识； 3. 具有较强的分析问题、解决问题的能力； 4. 具有较强的团队协作能力； 5. 具有严谨的思维能力和表达能力； 6. 是否完成本项目的心得体会。		10		
互评总分						
合理建议						

教师评价表

班级		组名		日期	年 月 日	
小组成员签名						
序号	评价指标	评价内容	评价标准	配分	得分	
1	任务分工	1. 根据项目要求合理分工； 2. 小组成员之间协作情况。	1. 分工不合理，扣2分； 2. 团队成员之间出现不和谐现象，酌情扣2~5分。	5		
2	硬件组装与调试	1. 输入/输出信号分析； 2. 硬件选型； 3. I/O 分配表及接线图绘制； 4. 硬件安装、接线与调试。	1. I/O 信号遗漏或者错误，每处扣2分； 2. 硬件选型错误或者不合适，每处扣2分；接线图绘制错误或者不规范，每处扣2分； 3. 硬件安装不规范、接线不规范或者错误，每处扣2分。	15		

序号	评价指标	评价内容	评价标准	配分	得分
3	监控画面设计	1. 合理进行监控画面设计； 2. 正确选择监控画面控件； 3. 正确设置控件属性。	1. 监控画面设计不合理，扣5分； 2. 画面控件选择错误，每处扣5分； 3. 控件属性设置错误，每处扣5分。	25	
4	控制程序设计与调试	1. 能正确设计程序； 2. 按控制要求进行调试。	1. 指令有错误，每处扣2分； 2. 货物传动带电机M1控制要求全部未显示，扣10分；实现部分功能，根据完成情况酌情扣分； 3. 托盘传送带电机M2控制要求全部未显示，扣10分；实现部分功能，根据完成情况酌情扣分； 4. 码料小车水平移动电机M3（伺服电机）控制要求全部未显示，扣10分；实现部分功能，根据完成情况酌情扣分； 5. 码料小车垂直移动电机M4（步进电机）控制要求全部未显示，扣10分；实现部分功能，根据完成情况酌情扣分。 注：根据控制要求进行打分，扣完为止。	45	
5	职业素养	1. 遵守教学场所规章制度； 2. 安全生产、文明操作意识。	1. 迟到、早退或不遵守教学场所规章制度，扣5分； 2. 设备首次上电前未进行请示，扣2分；带电操作者，视情况扣5~10分； 3. 出现重大事故或者人为损坏设备，扣10分； 4. 工具材料摆放不整齐，扣2分；踩踏导线，扣2分； 5. 项目完成后，未进行工位清理，扣5分。	10	

9.6　项目拓展

切换到自动运行模式后，触摸屏自动进入运行模式界面，可参考图9-35进行设计。界面要求：触摸屏界面应当有仓库位置指示，各仓库位置有货物进入时，对应位置显示已存放货物的重量；此外，触摸屏中还应该有当前运送货物的重量。

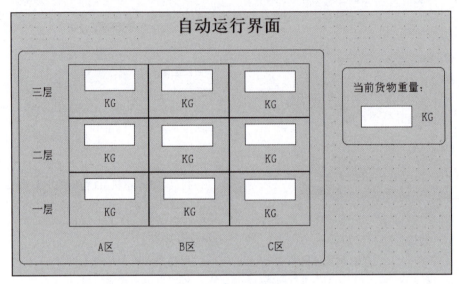

图9-35　自动运行界面示意图

立体仓库工艺流程与控制要求：

1）系统初始化状态。

码料小车处于一层C区（SQ11检测有信号），各气缸处于初始状态，小车内无货物。

2）运行操作。

①货物进入仓库之前，要先进行称重，即首先将货物放至称重区，待触摸屏中显示货物质量时，按下确认按钮SB4，系统自动记录当前货物质量。

②根据称得的货物质量及之前的码放情况，系统自动决定将货物码放至仓库的第几层的某一区。已知每个存储位置最多可承受100 kg的质量，而货物质量一般在0~100 kg之间。在码放货物时，按照A1—A2—A3—B1—B2—B3—C1—C2—C3的规则进行码放。例如，第一个货物重50 kg，将其放入A1仓位之后，第二个货物若小于50 kg，则还将其放入A1位置，若大于50 kg，则放入A2位置，依此类推。

③称重过的货物会被放至货物传送带上，则SQ1会被压下，SQ1有信号后，M1电机启动正转，M1的速度根据货物质量自动调整，即大于60 kg的货物，M1电机以15 kg速度运送；20~60 kg之间的货物，M1电机以30 Hz的速度运送；小于20 kg的货物，M1电机以45 Hz速度运送。直至货物被运送到位，SQ2被压下，M1电机停止。

④M1电机启动的同时，M2电机负责带动托盘传送带将托盘运送至SQ4位置。首先，SQ3检测到传送带上有托盘，M2电机开始启动，当托盘被运送到位时，SQ4

被压下，M2 电机停止。

当货物和托盘都被运送到位之后，等待 5 s，期间机械手负责将货物抓放至托盘上。

⑤货物被抓放至托盘上之后，系统开始正式的入库操作。首先，码料小车从 C1 位置向右行驶 2 cm（M3 电机带动滑块右行，速度为 1 r/s），然后等待 5 s（期间码料小车自动完成取货）；取货完成后，码料小车自动将货物送至相应的仓位，期间 M3、M4 的速度均为 2 r/s。已知码料小车每上升一层，步进电机 M3 需要正转 10 圈。例如，码料小车需要将货物运送至 B2 仓位，则取货完成后，M3、M4 的动作流程如下：M3 以 2 r/s 的速度向左行驶，直至 SQ12 处停下；M4 以 2 r/s 的速度正转 10 r 后停下，此时码料小车到达 B2 仓位，等待 2 s（期间小车上的气缸将货物连同托盘推送至仓位中），之后 M4 以 0.5 r/s 的速度反转 1 r，缓缓将货物放下，此时触摸屏中对应仓位的质量显示发生改变；货物放下后再等待 2 s（期间小车上的气缸缩回），之后 M3 向右运行至 SQ11，M4 反转 9 r，即码料小车回到原点。至此，一个完整的码料过程完成，等待下一个货物。

⑥当所有仓位都满仓时，系统停止运行，同时报警指示灯 HL3 闪烁（周期为 0.5 s）。

3）停止操作。

①系统自动运行过程中，按下停止按钮 SB2，系统完成当前货物的入库操作后停止运行。当停止后再次启动运行时，系统保持上次运行的记录。

②系统发生急停事件按下急停按钮时（SA1 被切断），系统立即停止。急停恢复后（SA1 被接通），再次按下 SB1，系统自动从之前状态启动运行。

4）送料过程的动作要求连贯，执行动作要求顺序执行，运行过程不允许出现硬件冲突。

5）系统状态显示。

系统运行时，绿灯 HL4 常亮；入库时，绿灯 HL5 闪（周期为 1 s）；系统停止时，红灯 HL3 亮。

当电机 M1 开始运行时，若托盘传送带上无托盘（SQ3 无信号），则在触摸屏中自动弹出报警界面"托盘用完，请放入托盘"，直至 SQ3 有信号，M2 电机启动，报警界面自动消除。

项目十

混料罐电气控制系统安装与调试

德育教育 10 "差之毫厘失之千里"之混料控制

学习目标

①能完成一台 S7-300 PLC 与两台 S7-200 SMART 的工业以太网组网；

②能完成触摸屏与 S7-300 PLC 的工业以太网连接；

③能完成混料罐电气控制系统的电气控制原理图的绘制；

④能完成混料罐电气控制系统中主要器件的安装与连接；

⑤能完成混料罐电气控制系统的运行与调试。

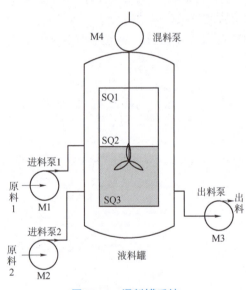

图 10-1　混料罐系统

在炼油、化工、制药、水处理等行业中，将不同液体混合是必不可少的工序，并且这些行业中多为易燃易爆、有毒有腐蚀性的介质，不适合人工现场操作。本混料罐系统借助 PLC 来控制混料罐，对提高企业生产和管理自动化水平有很大的帮助，同时，又提高了生产效率、使用寿命和质量，减少了企业产品质量的波动。

混料罐系统如图 10-1 所示。该系统由以下电气控制回路组成：进料泵 1 由电机 M1 驱动（M1 为三相异步电机，只进行单向正转运行）。进料泵 2 由电机 M2 驱动（M2 为三相异步电机，由变频器进行多段速控制，变频器参数设置为第一段速为 10 Hz、第二段速为 30 Hz、第三段速为 40 Hz、第四段速为 50 Hz，加速时间为 1.2 s，减速时间为 0.5 s）。出料泵由电机 M3 驱动（M3 为三相异步电机（带速度继电器），只进行单向正转运行）。混料泵由电机 M4 驱动（M4 为双速电机，需要考虑过载、联锁保护）。液料罐中的液位由 M5 电机通过丝杠带动滑块来模拟（M5 为伺服电机，伺服电机旋转一周需要 2 000 个脉冲）。

10. 1　控制要求

混料罐控制系统设备具备两种工作模式：调试模式和混料模式。设备上电后，触摸屏显示欢迎界面，单击界面任一位置，触摸屏即进入调试界面，设备开始进入调试模式。

触摸屏进入调试界面后，指示灯 HL1、HL2 以 0.5 Hz 频率闪烁点亮，等待电机调试。触摸屏调试界面可以参考图 10-2 进行制作。通过按下"选择调试按钮"，可依次选择需要调试的电机 M1~M5，对应电机指示灯亮，HL1、HL2 停止闪烁。按下调试启动按钮 SB1，选中的电机将进行调试运行。每个电机调试完成后，对应的指示灯熄灭。

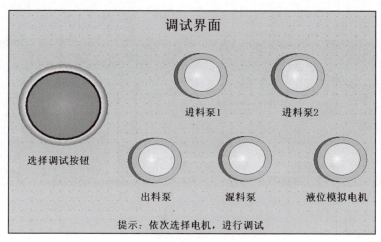

图 10-2　调试模式参考界面

此外，调试界面中应配置有通信测试功能，用于测试主站 PLC、从站 PLC 和触摸屏之间的通信。例如，测试主站与触摸屏之间的通信时，可在触摸屏上设置指示灯，当按下 SB1 时，触摸屏上的指示灯亮。

（1）进料泵 1 对应电机 M1 调试过程

按下启动按钮 SB1 后，电机 M1 启动运行，6 s 后停止，电机 M1 调试结束。M1 电机调试过程中，HL1 常亮。

（2）进料泵 2 对应电机（变频电机）M2 调试过程

按下启动按钮 SB1 后，电机 M2 以 10 Hz 启动，再按下 SB1 按钮，M2 电机以 30 Hz 运行，再按下 SB1 按钮，M2 电机以 40 Hz 运行，再按下 SB1 按钮，M2 电机以 50 Hz 运行，按下停止按钮 SB2，M2 停止。M2 电机调试过程中，HL1 以亮 2 s、灭 1 s 的周期闪烁。

（3）出料泵对应电机 M3 调试过程

按下 SB1 按钮，电机 M3 启动，3 s 后 M3 停止，再 3 s 后又自动启动，按此周期反复运行，可随时按下 SB2 停止。M3 电机调试过程中，HL2 常亮。

（4）混料泵对应电机 M4 调试过程

按下 SB1 按钮，M4 电机以低速运行 4 s 后停止，再次按下启动按钮 SB1 后，高速运行 6 s，电机 M4 调试结束。电机 M4 调试过程中，HL2 以亮 2 s、灭 1 s 的周期闪烁。

（5）液位模拟电机（伺服电机）M5 调试过程

初始状态断电手动调节至高液位 SQ1，按下 SB1 按钮，电机 M5 正转，带动滑块以 10 mm/s（已知滑台丝杠的螺距为 4 mm）的速度向左移动，当 SQ2 检测到中液位信号时，停止旋转，再次按下 SB1 按钮，电机 M5 正转，带动滑块以 8 mm/s 的速度向左移动，当 SQ3 检测到低液位信号时，停止旋转，至此，电机 M5 调试结束。M5 电机调试过程中，按下 SB2，电机 M5 立即停止，再按下 SB1，电机 M5 继续行驶。另外，M5 调试过程中，HL1 和 HL2 同时以 2 Hz 闪烁。

液位模拟电机 M5 结构示意图如图 10-3 所示。

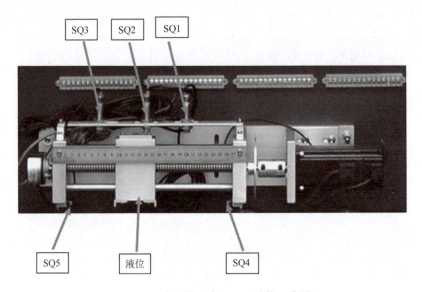

图 10-3　液位模拟电机 M5 结构示意图

所有电机（M1~M5）调试完成后，触摸屏界面将自动切换进入混料模式。在未进入混料模式时，单台电机可以反复调试。

10.2　系统方案设计

根据控制任务描述，选用一台 S7-300 PLC 与两台 S7-200 SMART 作为本系统的控制器，S7-300 PLC 为主站，两台 S7-200 SMART 为从站。电机控制、I/O、HMI 与 PLC 组合分配方案见表 10-1，本系统控制框图如图 10-4 所示。

表 10-1　设备与控制器分配方案

设备	控制器
HMI SB1~SB5	CPU314C-2PN/DP
M1、M3、M4 HL1~HL3	S7-200 SMART 6ES7288-1SR40-0AA0
M2、M5、编码器 SQ1~SQ5	S7-200 SMART 6ES7288-1ST30-0AA0

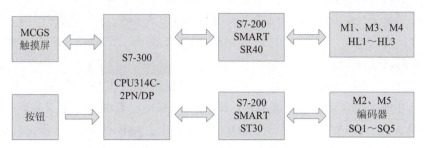

图 10-4　混料罐系统控制框图

10.3　系统电气设计与安装

10.3.1　电气原理分析

混料罐控制系统由 5 个电机组成。M1 为进料泵 1 电机，M2 为进料泵 2 电机，M3 为出料泵电机，M4 为混料泵电机，M5 为液位模拟驱动电机。混料罐控制系统原理图如图 10-5 所示。

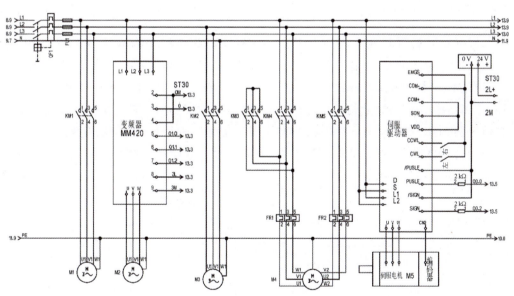

图 10-5　混料罐控制系统电气原理图

工作原理如下。

M1 电机：按下启动按钮 SB1，KM1 线圈得电，KM1 主触点吸合，电机运行。6 s 后，KM1 线圈失电，KM1 主触点断开，电机停止。HL1 常亮。

M2 电机：按下启动按钮 SB1，电机 M2 以 10 Hz 启动，再按 SB1，电机以 30 Hz 运行，再按 SB1，电机以 40 Hz 运行，再按 SB1，电机以 50 Hz 运行。按下停止按钮 SB2，电机停止。在调试阶段，HL1 以亮 2 s、灭 1 s 周期闪烁。

M3 电机：按下启动按钮 SB1，KM2 线圈得电，KM2 主触点吸合，电机运行。3 s 后，KM2 线圈失电，KM2 主触点断开，电机停止。3 s 后，KM2 线圈得电，KM2 主触点吸合，电机运行。按下停止按钮 SB2，KM2 线圈失电，KM2 主触点断开，电机停止。在调试过程中，HL2 常亮。

M4 电机：按下启动按钮 SB1，KM3 线圈得电，KM3 主触点吸合，KM4 线圈得电，KM2 主触点吸合，电机低速运转。KM2 常闭辅助触点断开，形成互锁。4 s 后，KM3 线圈失电，KM3 主触点断开，KM4 线圈失电，KM4 主触点断开，电机停止。KM2 常闭辅助触点吸合，再按下启动按钮 SB1，KM3 线圈得电，KM3 主触点吸合，KM5 线圈得电，KM5 主触点吸合，电机高速运转。KM5 常闭辅助触点断开，形成互锁。

6 s 后，KM3 线圈失电，KM3 主触点断开，KM5 线圈失电，KM5 主触点断开，电机停止。KM5 常闭辅助触点吸合，在调试阶段，HL2 以亮 2 s、灭 1 s 周期闪烁。

M5：先手动调试到初始位置 SQ1，按下 SB1 按钮，电机以 10 m/s 正转，滑块向左移动，到达 SQ2 位置，电机停止，再按下 SB1 按钮，电机以 8 m/s 正转，滑块向左移动，到达 SQ3 位置，电机停止。HL1 和 HL2 以 2 Hz 闪烁。按下 SB2 按钮，电机停止，再按下 SB1 按钮，电机启动。

10.3.2　I/O 地址分配

根据对混料罐控制系统的分析，本系统 S7-300 PLC 输入信号有按钮 SB1、SB2、SB3、SB4、SB5；输出信号无。S7-200 SMART PLC SR40 输入信号无；输出信号有 M1 电机接触器线圈、M3 电机接触器线圈、M4 电机接触器线圈、指示灯 HL1、指示灯 HL2、指示灯 HL3。S7-200 SMART PLC ST30 输入信号有编码器，位置传感器 SQ1、SQ2、SQ3、SQ4、SQ5，温控信号；输出信号有 M2 电机多段速信号 DIN1、DIN2、DIN3，M5 电机脉冲和方向信号。具体输入/输出信号地址分配情况见表 10-2~表 10-4。

表 10-2　S7-300 PLC 地址分配

S7-300 PLC					
输入信号			输出信号		
序号	信号名称	PLC 地址	序号	信号名称	PLC 地址
1	SB1	I0.0	1	无	
2	SB2	I0.1	2		
3	SB3	I0.2	3		
4	SB4	I0.3	4		
5	SB5	I0.4	5		

表 10-3　**S7-200 SMART PLC SR40** 地址分配

S7-200 SMART PLC SR40					
输入信号			输出信号		
序号	信号名称	PLC 地址	序号	信号名称	PLC 地址
1	无		1	M1 接触器线圈	Q0.0
2			2	M3 接触器线圈	Q0.1
			3	M4 低速接触器线圈	Q0.2
			4	M4 高速接触器线圈	Q0.3
			5	指示灯 HL1	Q0.4
			6	指示灯 HL2	Q0.5
			7	指示灯 HL3	Q0.6

表 10-4　**S7-200 SMART PLC ST30** 地址分配

S7-200 SMART PLC ST30					
输入信号			输出信号		
序号	信号名称	PLC 地址	序号	信号名称	PLC 地址
1	编码器	I0.0	1	M2 DIN1	Q1.0
2	编码器	I0.1	2	M2 DIN2	Q1.1
3	位置传感器 SQ1	I0.2	3	M2 DIN3	Q1.2
4	位置传感器 SQ2	I0.3	4	M5 PULSE	Q0.0
5	位置传感器 SQ3	I0.4	5	M5 SIGN	Q0.2
6	位置传感器 SQ4	I0.5			
7	位置传感器 SQ5	I0.6			
8	温控信号	I0.7			

10.3.3　系统安装与接线

混料罐控制系统 PLC 接线图如图 10-6 所示。

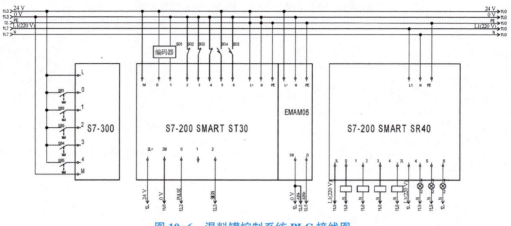

图 10-6　混料罐控制系统 PLC 接线图

10.4　系统软件设计与调试

10.4.1　MCGS 组态设计

一、新建工程

在"文件"工具栏选择"新建"项目，弹出对话框，选择触摸屏型号 TPC7062Ti，在设备组态窗口选择通用 TCP/IP 串口父设备及西门子 CP443-1 以太网模块，双击以太网模块创建 MCGS 界面变量、设置本地 IP 地址及远程 IP 地址。设备编辑窗口如图 10-7 所示。

图 10-7　设备窗口的变量及 IP 地址

二、新建窗口

在用户窗口新建 3 个窗口，分别为窗口 0（欢迎界面）、窗口 1（调试模式）及窗口 2（混料模式）。在欢迎界面中插入一个按钮，并将它的边线拉至界面边框，然后右击，单击"属性"，在基本属性文本处输入"欢迎进入混料罐控制系统"，在"操作属性"选项卡中，勾选"打开用户窗口"，选择"窗口 1"，如图 10-8 所示。

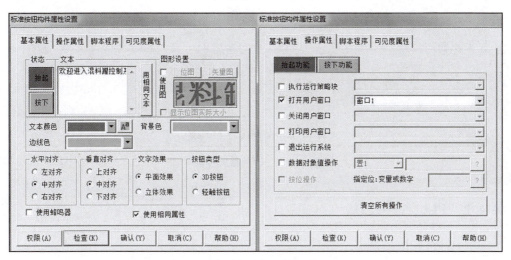

图 10-8　按钮属性设置

三、手动调试界面设计

双击打开窗口 2（调试界面），先从工具箱中选择"插入元件"命令，在对象元件库里选择指示灯 3，在触摸屏中按住鼠标左键，画出 5 个指示灯，并添加标注，连接对应变量。

调试按钮脚本
程序编写案例

在对象元件库里选择按钮 82，在触摸屏中按住鼠标左键，画出"选择调试按钮"，连接实时数据库中开关型变量 kg0，调试按钮按下次数由变量按下按钮次数 MW110 记录。循环策略脚本程序如图 10-9 所示，设计完成界面如图 10-10 所示。

```
IF kg0 = 1 AND 按下调试按钮次数 = 0 THEN 按下调试按钮次数 = 1
IF kg0 = 0 AND 按下调试按钮次数 = 1 THEN 按下调试按钮次数 = 2
IF kg0 = 1 AND 按下调试按钮次数 = 2 THEN 按下调试按钮次数 = 3
IF kg0 = 0 AND 按下调试按钮次数 = 3 THEN 按下调试按钮次数 = 4
IF kg0 = 1 AND 按下调试按钮次数 = 4 THEN 按下调试按钮次数 = 5
IF kg0 = 0 AND 按下调试按钮次数 = 5 THEN 按下调试按钮次数 = 0
```

图 10-9　选择调试按钮脚本程序

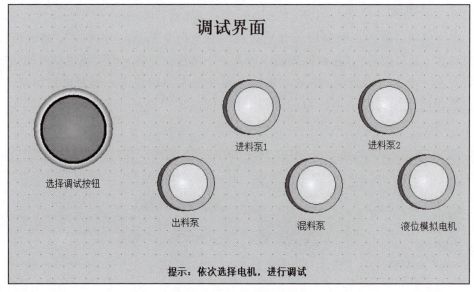

图 10-10　调试模式界面

10.4.2　PLC 程序设计

一、PLC 组网设计

（一）新建 Ethernet 子网

S7-300 PLC 硬件组态完成之后，双击硬件组态中的"PN-IO"，弹出 PN-IO 属性对话框，在属性对话框"常规"的接口处单击"属性"，弹出 Ethernet 接口属性对话框，输入 S7-300 PLC 的 IP 地址"192.168.2.1"，然后单击"新建"按钮，创建 Ethernet 网络，如图 10-11 所示。

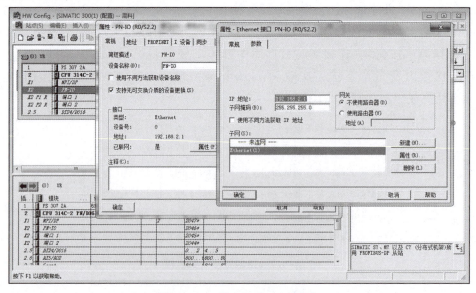

图 10-11　新建 Ethernet 子网

(二) S7-300 PLC 与 S7-200 SMART 的组网

完成新建 Ethernet 子网之后，退出硬件组态窗口，返回项目设计窗口。双击图 10-12 中的"连接"，弹出 NetPro 网络窗口，在 SIMATIC 300(1) 的 CPU 处右击，单击图 10-13 中的"插入新连接"，弹出"插入新连接"对话框，连接伙伴选择"未指定"，连接类型选择"S7 连接"，如图 10-14 所示。

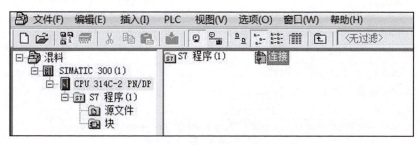

图 10-12　项目设计窗口

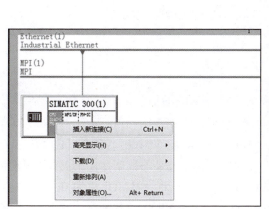

图 10-13　NetPro 网络

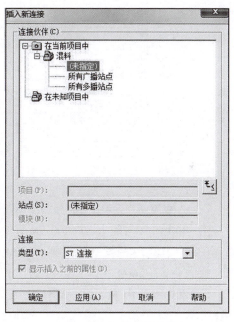

图 10-14　插入新连接

在图 10-14 中单击"确定"按钮，弹出 S7 连接属性对话框，在"块参数"中设置本地 ID 地址，SR40 设置为 1（W#16#1），ST30 设置为 2（W#16#2），在伙伴的地址中设置 SR40 和 ST30 的 IP 地址为 192.168.2.2 和 192.168.2.3，如图 10-15 和图 10-16 所示。

块参数设置完成之后，S7-300 PLC 与两个 S7-200 SMART 组网完成，NetPro 网络窗口出现 Ethernet 网络连接，保存并编译，如图 10-17 所示。

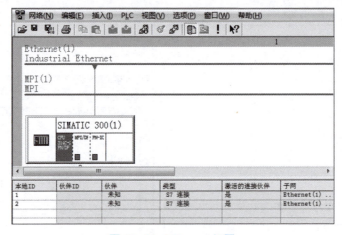

图 10-15　SR40 块参数本地 ID 及伙伴地址　　　图 10-16　ST30 块参数本地 ID 及伙伴地址

图 10-17　Ethernet 组网

（三）设置 S7-300 PLC 与两个 S7-200 SMART 的通信区

S7-300 PLC 与两个 S7-200 SMART 的通信区设置如图 10-18 所示。S7-300 PLC 由 MB100~MB179 区发送数据到 S7-200 SMART SR40 的 VB100~VB179 区，S7-300 PLC 接收由 S7-200 SMART SR40 的 VB0~VB49 区发送过来的数据存储到 MB0~MB49 区。S7-300 PLC 由 MB100~MB179 区发送数据到 S7-200 SMART ST30 的 VB100~VB179 区，S7-300 PLC 接收由 S7-200 SMART ST30 的 VB50~VB99 区发送过来的数据存储到 MB50~MB99 区。

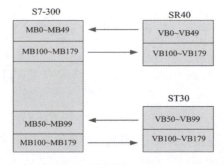

图 10-18　S7-300 PLC 与两个 S7-200 SMART 的通信区

1. 设置 S7-300 PLC 与 S7-200 SMART SR40 的通信区

S7-300 PLC 读取 S7-200 SMART SR40 存储区 V0.0 开始的 50 个字节的信号存放到 S7-300 PLC 的存储区 M0.0 开始的 50 个字节中。S7-300 PLC 发送 M100.0 开始的 80 个字节的信号到 S7-200 SMART SR40 存储区 V100.0 开始的 80 个字节中。具体指令如图 10-19 所示。

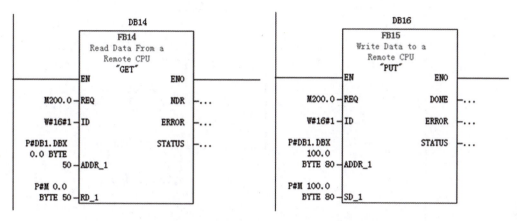

图 10-19　S7-300 PLC 与 S7-200 SMART SR40 的读取与写入指令

2. 设置 S7-300 PLC 与 S7-200 SMART ST30 的通信区

S7-300 PLC 读取 S7-200 SMART ST30 存储区 V50.0 开始的 50 个字节的信号存放到 S7-300 PLC 的存储区 M50.0 开始的 50 个字节中。S7-300 PLC 发送 M100.0 开始的 80 个字节的信号到 S7-200 SMART ST30 存储区 V100.0 开始的 80 个字节中。具体指令如图 10-20 所示。

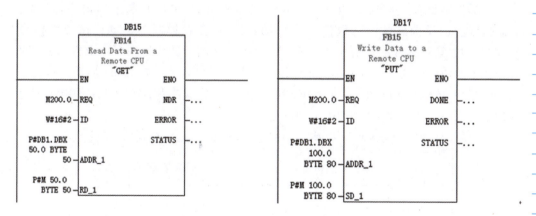

图 10-20　S7-300 PLC 与 S7-200 SMART ST30 的读取与写入指令

二、调试模式初始化设计

根据控制要求，触摸屏进入调试界面后，指示灯 HL1、HL2 以 0.5 Hz 频率闪烁点亮，等待电机调试。在触摸屏上手动调试界面信号 M100.0=1，通过信号传输到 SR40，使得 V100.0=1，没有按下调试按钮时，进入指示灯初始状态子程序。指示灯初始状态程序调用及控制程序如图 10-21 所示。

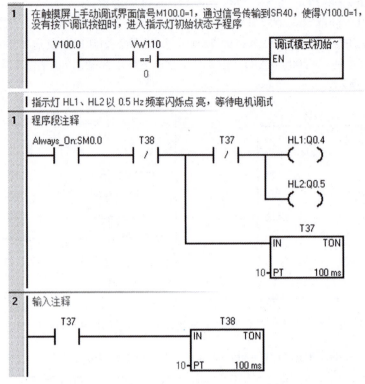

图 10-21　指示灯初始状态程序调用及控制程序

三、进料泵电机 M1 程序设计

根据控制要求，进料泵 1 电机 M1 由 S7-200 SMART SR40 控制。SR40 主程序中，在触摸屏上选择调试按钮计数信号 VW110 = 1，且在触摸屏上手动调试界面信号 M100.0 = 1，通过信号传输到 SR40，使得 V100.0 = 1 时，调用进料泵 1 电机 M1 子程序。在手动调试模式下，按下调试选择按钮或者自动模式下，电机 M1 启动，V0.0 = 1，通过信号传输到 300 PLC，使得 M0.0 = 1，即手动模式或者自动模式下进料泵 1 电机指示灯点亮。程序调用如图 10-22 所示。

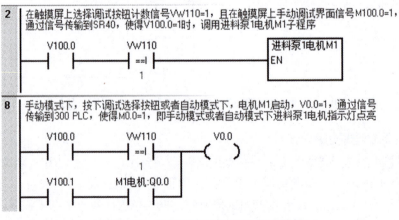

图 10-22　进料泵 1 电机 M1 子程序调用

在进料泵 1 电机 M1 子程序中，按下启动按钮 SB1 后，电机 M1 启动运行，6 s 后停止，电机 M1 调试结束。M1 电机调试过程中，HL1 常亮。进料泵 1 电机 M1 的控制程序如图 10-23 所示。

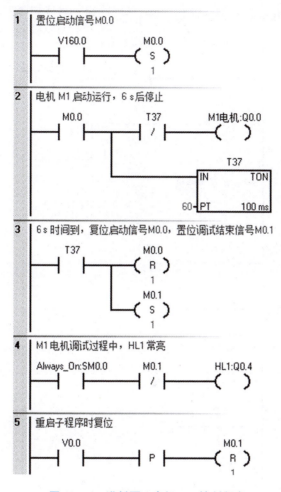

图 10-23　进料泵 1 电机 M1 控制程序

四、进料泵 2 电机 M2 程序设计

根据控制要求，进料泵 2 电机 M2 由 S7-200 SMART ST30 控制。ST30 主程序中，在触摸屏上选择调试按钮计数信号 VW110＝2，且在触摸屏上手动调试界面信号 M100.0＝1，通过信号传输到 ST30，使得 V100.0＝1 时，调用进料泵 2 电机 M2 子程序。程序调用如图 10-24 所示。

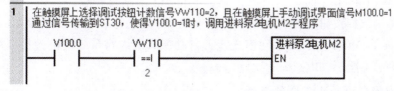

图 10-24　进料泵 2 电机 M2 的子程序调用

在进料泵 2 电机的子程序中使用加计数器，按下启动按钮 SB1（V160.0），计数器计数一次，电机 M2 以 10 Hz 启动，再按下 SB1 按钮，M2 电机以 30 Hz 运行，再按下 SB1 按钮，M2 电机以 40 Hz 运行，再按下 SB1 按钮，M2 电机以 50 Hz 运行。按下停止按钮 SB2（V160.1），计数器复位，M2 电机停止。具体程序如图 10-25 所示。

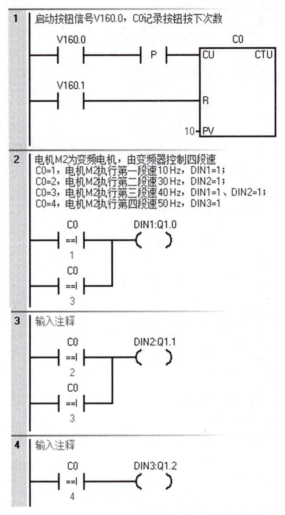

图 10-25　进料泵 2 电机 M2 的控制程序

根据控制要求，进料泵 2 电机 M2 运行时，指示灯 HL1 以亮 2 s、灭 1 s 的周期闪烁。指示灯由 S7-200 SMART SR40 控制，SR40 主程序中，在触摸屏上选择调试按钮计数信号 VW110＝2，且在触摸屏上手动调试界面信号 M100.0＝1，通过信号传输到SR40，使得 V100.0＝1 时，调用进料泵 2 电机 M2 指示灯子程序；在手动调试模式下，按下调试选择按钮或者自动模式下，电机 M2 启动，V0.1＝1，通过信号传输到300 PLC，使得 M0.1＝1，即手动模式或者自动模式下进料泵 2 电机指示灯点亮。指示灯 HL1 的控制程序如图 10-26 所示。

五、出料泵电机 M3 程序设计

根据控制要求，出料泵电机 M3 由 S7-200 SMART SR40 控制。SR40 主程序中，

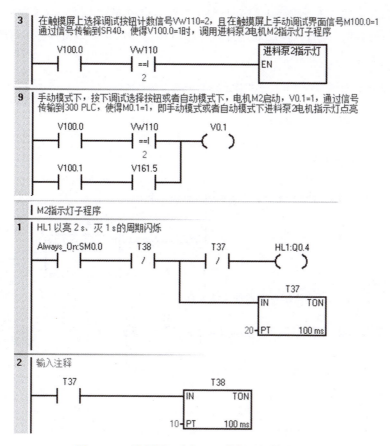

3 在触摸屏上选择调试按钮计数信号VW110=2，且在触摸屏上手动调试界面信号M100.0=1
通过信号传输到SR40，使得V100.0=1时，调用进料泵2电机M2指示灯子程序

V100.0　　VW110　　　　　　　　　　进料泵2指示灯
　╢├　　　　==I　　　　　　　　　　　EN
　　　　　　　2

9 手动模式下，按下调试选择按钮或者自动模式下，电机M2启动，V0.1=1，通过信号
传输到300 PLC，使得M0.1=1，即手动模式或者自动模式下进料泵2电机指示灯点亮

V100.0　　VW110　　　　　V0.1
　╢├　　　　==I　　　　　　( )
　　　　　　　2
V100.1　　V161.5
　╢├　　　╢├

M2指示灯子程序

1 HL1以亮2 s、灭1 s的周期闪烁

Always_On:SM0.0　T38　　　　T37　　　HL1:Q0.4
　╢├　　　　/├　　　　　/├　　　　( )

　　　　　　　　　　　　　　　　　　T37
　　　　　　　　　　　　　　　　IN　　　TON
　　　　　　　　　　　　　20-PT　　100 ms

2 输入注释

T37　　　　　　　　　T38
╢├　　　　　　　　IN　　　TON
　　　　　　　　10-PT　　100 ms

图 10-26　进料泵 2 电机 M2 的指示灯控制程序

在触摸屏上选择调试按钮计数信号 VW110 = 3，且在触摸屏上手动调试界面信号
M100.0 = 1，通过信号传输到 SR40，使得 V100.0 = 1 时，调用出料泵电机 M3 子程
序；在手动调试模式下，按下调试选择按钮或者自动模式下，电机 M3 启动，V0.2 =
1，通过信号传输到 300 PLC，使得 M0.2 = 1，即手动模式或者自动模式下出料泵电机
指示灯点亮。程序调用如图 10-27 所示。

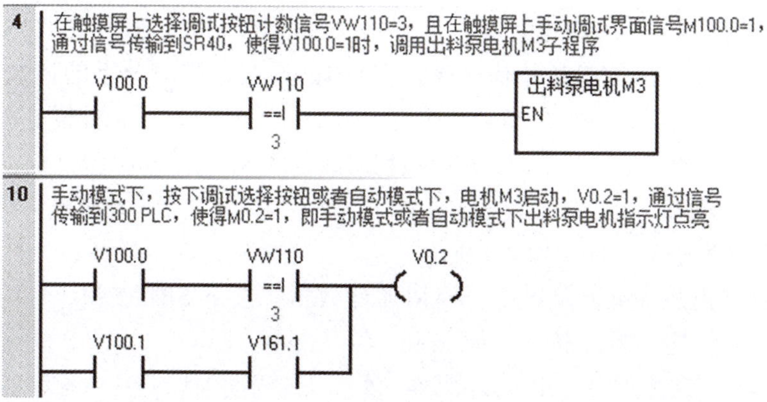

4 在触摸屏上选择调试按钮计数信号VW110=3，且在触摸屏上手动调试界面信号M100.0=1，
通过信号传输到SR40，使得V100.0=1时，调用出料泵电机M3子程序

V100.0　　VW110　　　　　　　　　　出料泵电机M3
　╢├　　　　==I　　　　　　　　　　　EN
　　　　　　　3

10 手动模式下，按下调试选择按钮或者自动模式下，电机M3启动，V0.2=1，通过信号
传输到300 PLC，使得M0.2=1，即手动模式或者自动模式下出料泵电机指示灯点亮

V100.0　　VW110　　　　　V0.2
　╢├　　　　==I　　　　　　( )
　　　　　　　3
V100.1　　V161.1
　╢├　　　╢├

图 10-27　出料泵电机 M3 子程序调用

在出料泵电机 M3 子程序中，按下 SB1 按钮，电机 M3 启动，3 s 后 M3 停止，再 3 s 后又自动启动，按此周期反复运行，可随时按下 SB2 停止。M3 电机调试过程中，HL2 常亮。控制程序如图 10-28 所示。

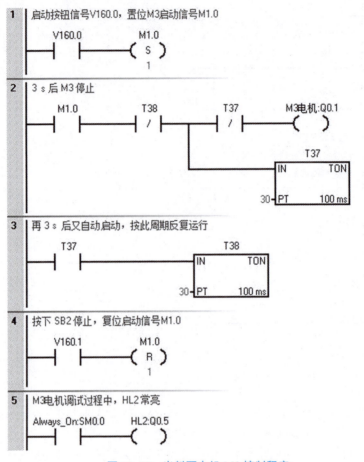

图 10-28　出料泵电机 M3 控制程序

六、混料泵电机 M4 程序设计

根据控制要求，混料泵电机 M4 由 S7-200 SMART SR40 控制。SR40 主程序中，在触摸屏上选择调试按钮计数信号 VW110＝4，且在触摸屏上手动调试界面信号 M100.0＝1，通过信号传输到 SR40，使得 V100.0＝1 时，调用混料泵电机 M4 子程序；在手动调试模式下，按下调试选择按钮或者自动模式下，电机 M4 启动，V0.3＝1，通过信号传输到 300 PLC，使得 M0.3＝1，即手动模式或者自动模式下混料泵电机指示灯点亮。程序调用如图 10-29 所示。

在混料泵电机 M4 子程序中，使用加计数器，按下 SB1 按钮，M4 电机以低速运行 4 s 后停止，再次按下启动按钮 SB1 后，高速运行 6 s，电机 M4 调试结束。电机 M4 调试过程中，HL2 以亮 2 s、灭 1 s 的周期闪烁。具体程序如图 10-30 所示。

5　在触摸屏上选择调试按钮计数信号VW110＝4，且在触摸屏上手动调试界面信号M100.0＝1，通过信号传输到SR40，使得V100.0＝1时，调用混料泵电机M4子程序

```
  V100.0        VW110              ┌─────────────┐
───┤ ├──────────┤ ├────────────────┤ 混料泵电机M4 │
                 ==I               │             │
                  4                │ EN          │
                                   └─────────────┘
```

11　手动模式下，按下调试选择按钮或者自动模式下，电机M4启动，V0.3＝1，通过信号传输到300 PLC，使得M0.3＝1，即手动模式或者自动模式下混料泵电机指示灯点亮

```
  V100.0        VW110                   V0.3
───┤ ├──────────┤ ├──────────────────┬──( )──
                 ==I                  │
                  4                   │
  V100.1        V161.2                │
───┤ ├────┬─────┤ ├───────────────────┤
          │                           │
          │     V161.3                │
          └─────┤ ├───────────────────┘
```

图 10-29　混料泵电机 M4 子程序调用

1　启动按钮信号V160.0，停止按钮信号V160.1，C0记录按启动钮按下次数

```
  V160.0                     ┌───── C0 ──────┐
───┤ ├────────┤ P ├──────────┤CU         CTU │
                             │               │
  T38                        │               │
───┤ ├───────────────────────┤R              │
                             │               │
                       10 ───┤PV             │
                             └───────────────┘
```

2　启动按钮按下一次，M4电动机以低速运行 4 s 后停止

```
  C0            T37              M4低速:Q0.2
───┤ ├────┬─────┤/├──────────────( )──
   ==I    │
    1     │                     ┌──── T37 ────┐
          └─────────────────────┤IN       TON │
                                │             │
                          40 ───┤PT    100 ms │
                                └─────────────┘
```

3　再次按下启动按钮 SB1 后，高速运行 6 s

```
  C0            T38              M4高速:Q0.3
───┤ ├────┬─────┤/├──────────────( )──
   ==I    │
    2     │                     ┌──── T38 ────┐
          └─────────────────────┤IN       TON │
                                │             │
                          60 ───┤PT    100 ms │
                                └─────────────┘
```

图 10-30　混料泵电机 M4 控制程序

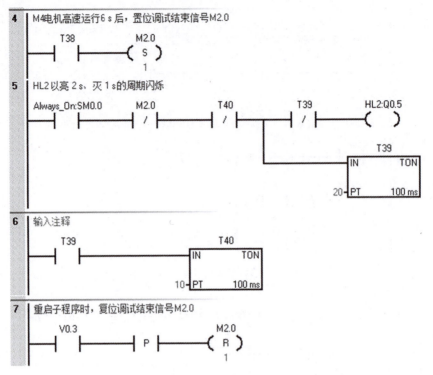

图 10-30　混料泵电机 M4 控制程序（续）

七、液位模拟电机 M5 程序设计

　　根据控制要求，液位模拟电机 M5 由 S7-200 SMART ST30 控制。ST30 主程序中，在触摸屏上选择调试按钮计数信号 VW110 = 5，且在触摸屏上手动调试界面信号 M100.0 = 1，通过信号传输到 ST30，使得 V100.0 = 1 时，调用液位模拟电机 M5 子程序。程序调用及运动轴初始化如图 10-31 所示。

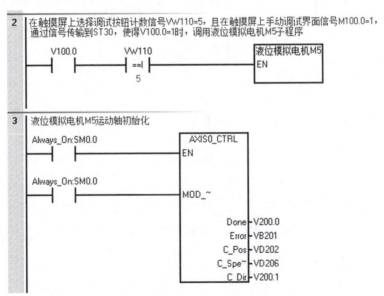

图 10-31　液位模拟电机 M5 子程序调用及运动轴初始化

　　在液位模拟电机 M5 子程序中，手动调节至高液位 SQ1，按下 SB1 启动按钮，电机 M5 正转，以 10 mm/s 的速度向左移动，到 SQ2 中液位时停止运转，再按下 SB1 按钮，电机 M5 以 8 mm/s 的速度向左移动，至 SQ3 低液位信号时，停止旋转。M5 电机调试过程中，按下停止按钮 SB2，电机 M5 立即停止，再按下 SB1，电机 M5 继续行驶。控制程序如图 10-32 所示。

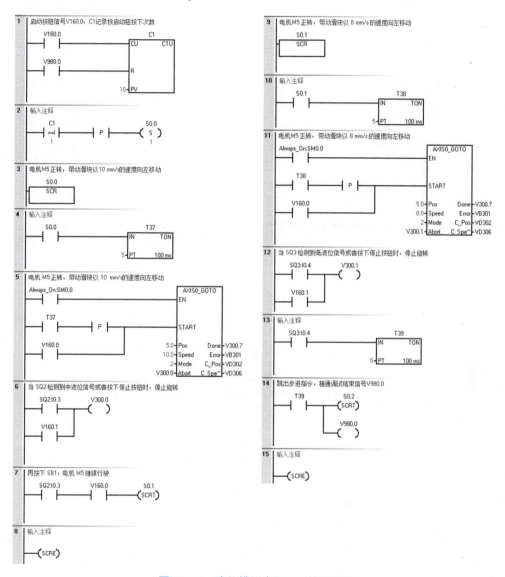

图 10-32　液位模拟电机 M5 控制程序

　　根据控制要求，液位模拟电机 M5 运行时，调试过程中，HL1 和 HL2 同时以 2 Hz 闪烁，指示灯由 S7-200 SMART SR40 控制。SR40 主程序中，在触摸屏上选择调试按钮计数信号 VW110＝5，且在触摸屏上手动调试界面信号 M100.0＝1，通过信号传输到 SR40，使得 V100.0＝1 时，调用液位模拟电机 M5 指示灯子程序。指示灯的控制程序如图 10-33 所示。

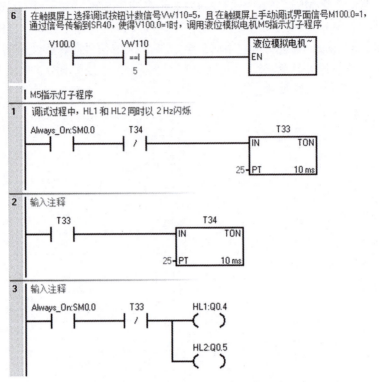

图 10-33　液位模拟电机 M5 指示灯控制程序

10.5　实践演练与评价反馈

10.5.1　实践演练

一、任务分工

填写小组任务分配表。

小组任务分配表

班级			组号		
组长			学号		
组员 1		学号	组员 2		学号
组员 3		学号	组员 4		学号
组员 5		学号	组员 6		学号
任务分工		姓名		负责工作	

二、知识准备

引导问题 1：本项目中，进料泵电机 M2 为变频电机，根据 M2 电机控制要求，变频器参数 P700、P701～P703、P1000～P1007 及加减速时间设置 P1120、P1121 如何进行设置？

引导问题 2：本项目中，混料泵电机 M4 为双速电机，双速电机在进行高低速切换时，应注意哪些问题？如何实现电机的短路、过载和欠失压保护？

引导问题 3：本项目中，M5 伺服电机要旋转一周，需要 2 000 脉冲，如何根据要求进行伺服驱动器参数设置？

引导问题 4：本项目中，M5 伺服电机运动控制指令 AXIS_GOTO 中，参数 MODE 如何取值？POS、SPEED 参数应选用什么类型变量？

三、工作实施

各小组根据项目控制要求，参考教材内容完成以下工作。

①列出 PLC 的 I/O 分配表。

序号	输入信号	PLC 地址	序号	输出信号	PLC 地址

②根据 PLC 的 I/O 分配表，绘制 PLC 的 I/O 接线图。

③根据项目控制要求设计系统控制程序。

④下载程序并进行调试，确认是否满足系统控制要求，填写调试记录，并谈谈完成本项目的心得体会。

四、自主探究

根据所学内容进行项目拓展，各小组进行讨论，编写项目拓展任务书。

_____

_____

_____

_____

10.5.2 评价反馈

评价反馈由个人与小组自评、小组互评以及教师评价组成，填写个人与小组自评表、小组互评表以及教师评价表。

个人与小组自评表

班级		组名		日期	年 月 日
评价指标	评价内容			配分	得分
知识准备	1. 是否已提前熟悉本项目的控制要求； 2. 本项目涉及前序课程所学专业知识是否复习。			10	
操作实践	是否根据控制要求完成以下工作： 1. 硬件接线已调试完成； 2. 监控画面已设计完成； 3. 系统控制程序已调试完成； 4. 系统联机调试已完成。			40	
学习态度	1. 上课是否按时出勤； 2. 是否积极主动参与项目的安装与调试工作； 3. 同学之间是否相互理解、相互支持； 4. 与教师沟通是否顺畅。			10	
学习方法	1. 学习方法是否得当，有工作计划； 2. 技能实操是否符合操作规程； 3. 是否可以获得进一步提升的能力。			10	
工作过程	1. 每次课的工作任务完成情况； 2. 能否主动发现并提出有价值的问题； 3. 是否有解决问题的能力。			10	
自评反馈	1. 按时保质完成工作任务； 2. 掌握本项目相关专业知识； 3. 具有较强的分析问题、解决问题的能力； 4. 具有较强的团队协作能力； 5. 具有严谨的思维能力和表达能力。			20	
自评总分					
总结反馈					

小组互评表

班级		组名		日期	年　月　日	
评价指标		评价内容		配分	得分	
硬件组装与调试		1. 输入/输出信号分析； 2. 硬件选型； 3. I/O 分配表及接线图绘制； 4. 硬件安装、接线与调试。		25		
监控画面设计		1. 合理进行监控画面设计； 2. 正确选择监控画面控件； 3. 正确设置控件属性。		25		
控制程序设计与调试		1. 能正确设计程序； 2. 按控制要求进行调试。		40		
互评反馈		1. 按时保质完成工作任务； 2. 掌握本项目相关专业知识； 3. 具有较强的分析问题、解决问题的能力； 4. 具有较强的团队协作能力； 5. 具有严谨的思维能力和表达能力； 6. 是否完成本项目的心得体会。		10		
互评总分						
合理建议						

教师评价表

班级		组名		日期	年　月　日		
小组成员签名							
序号	评价指标	评价内容	评价标准		配分	得分	
1	任务分工	1. 根据项目要求合理分工； 2. 小组成员之间协作情况。	1. 分工不合理，扣2分； 2. 团队成员之间出现不和谐现象，酌情扣2~5分。		5		
2	硬件组装与调试	1. 输入/输出信号分析； 2. 硬件选型； 3. I/O 分配表及接线图绘制； 4. 硬件安装、接线与调试。	1. I/O信号遗漏或者错误，每处扣2分； 2. 硬件选型错误或者不合适，每个扣2分；接线图绘制错误或者不规范，每处扣2分； 3. 硬件安装不规范、接线不规范或者错误，每处扣2分。		15		

续表

序号	评价指标	评价内容	评价标准	配分	得分
3	监控画面设计	1. 合理进行监控画面设计； 2. 正确选择监控画面控件； 3. 正确设置控件属性。	1. 监控画面设计不合理，扣 5 分； 2. 画面控件选择错误，每处扣 5 分； 3. 控件属性设置错误，每处扣 5 分。	25	
4	控制程序设计与调试	1. 能正确设计程序； 2. 按控制要求进行调试。	1. 指令有错误，每处扣 2 分； 2. 进料泵 1 对应电机 M1 控制要求全部未显示，扣 10 分；实现部分功能，根据完成情况酌情扣分； 3. 进料泵 2 对应电机 M2 控制要求全部未显示，扣 10 分；实现部分功能，根据完成情况酌情扣分； 4. 出料泵对应电机 M3 控制要求全部未显示，扣 10 分；实现部分功能，根据完成情况酌情扣分； 5. 混料泵对应电机 M4 控制要求全部未显示，扣 10 分；实现部分功能，根据完成情况酌情扣分； 6. 液位模拟电机 M5 控制要求全部未显示，扣 10 分；实现部分功能，根据完成情况酌情扣分。 注：根据控制要求进行打分，扣完为止。	45	
5	职业素养	1. 遵守教学场所规章制度； 2. 安全生产、文明操作意识。	1. 迟到、早退或不遵守教学场所规章制度，扣 5 分； 2. 设备首次上电前未进行请示，扣 2 分；带电操作者，视情况扣 5~10 分； 3. 出现重大事故或者人为损坏设备，扣 10 分； 4. 工具材料摆放不整齐，扣 2 分；踩踏导线，扣 2 分； 5. 项目完成后，未进行工位清理，扣 5 分。	10	

10.6　项目拓展

自动切换到混料模式后，触摸屏随即进入混料模式界面，如图 10-34 所示，主要包含各个泵的工作状态指示、液位检测开关 SQ1～SQ3 的状态指示灯、液位跟随 M5 电机的实际运行位置（编码器检测）连续变化、配方选择开关 SQ7，以及循环选择开关 SQ8、系统已循环运行次数（停止或失电时都不会被清零）等信息。

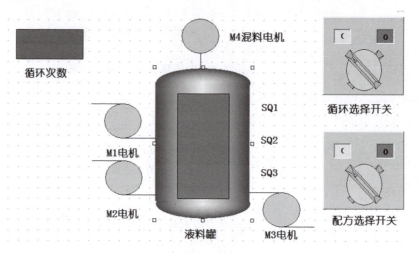

图 10-34　混料模式参考界面

混料模式时初始状态：指示灯 HL3 开始以 1 Hz 频率闪烁，液位模拟电机 M5 所带动的滑块位于低位 SQ3，混料模式启动按钮 SB3、停止按钮 SB4、急停按钮 SB5 全部位于初始状态，所有电机（M1～M5）停止等。

①开始混料之前，首先应对系统的循环方式及配方进行选择。循环方式选择开关 SQ8 为 0 时，系统为连续循环模式；为 1 时，系统为单次循环模式。配方选择开关 SQ7 为 1 时，选择配方 1；为 0 时，选择配方 2。

②选择配方 1 时，混料罐的工艺流程如下：按下 SB3，进料泵 M1 打开，液位增加（M5 电机以 8 mm/s 速度右行）；当 SQ2 检测到达中液位时，进料泵 M2 以 40 Hz 运行，液位加速上升（M5 电机以 12 mm/s 速度右行），同时，混料泵 M4 开始低速运行；当 SQ1 检测到达高液位时，进料泵 M1、M2 均关闭，液位不再上升（M5 停止），同时，混料泵 M4 开始高速运行，持续 5 s 后 M4 停止；此时开始检测液体温度（温度控制器+热电阻 P_t100），温度超过 30 ℃ 时，出料泵 M3 开始运行，液位开始下降（M5 电机以 20 mm/s 速度左行）；当 SQ3 检测到达低液位时，M3 停止，液位不再下降（M5 停止）。至此，混料罐完成一个周期的运行。整个混料过程中，HL3 常亮。

③选择配方 2 时，混料罐的工艺流程如下：按下 SB3，进料泵 M1 打开，进料泵 M2 以 10 Hz 运行，液位增加（M5 电机以 10 mm/s 速度右行）；当 SQ2 检测到达中液位时，进料泵 M1 关闭，进料泵 M2 以 30 Hz 运行，液位继续上升（M5 电机以 8 mm/s 速度右行），同时，混料泵 M4 开始低速运行；当 SQ1 检测到达高液位时，进料泵 M2 关闭，液位不再上升（M5 停止），同时，混料泵 M4 开始高速运行，持续 5 s 后，出料泵 M3 开始运行，液位开始下降（M5 电机以 10 mm/s 速度左行），当 SQ2 检测到达中液位时，混料泵 M4 停止；当 SQ3 检测到达低液位时，M3 停止，液位不再下降（M5 停止）。至此，混料罐完成一个周期的运行，整个混料过程中，HL3 常亮。

④若混料罐为单次循环模式，则每完成一个周期，混料罐自动停止，同时，指示

灯 HL3 以 1 Hz 频率闪烁；若混料罐为连续循环模式，则混料罐将连续做 3 次循环后自动停止，其间按急停按钮 SB5，混料罐立即停止；直至 SB5 恢复，再次按下启动按钮 SB3，混料罐继续运行；期间按停止按钮 SB4，则混料罐完成当前循环后才能停止。

⑤加工模式结束后，可以通过触摸屏查看液位的历史变化曲线（由编码器计数测出）。

当电机 M5 出现越程（左、右超程位置开关分别为两侧微动开关 SQ4、SQ5），伺服系统自动锁住，并在触摸屏自动弹出报警信息"报警界面，设备越程"。解除报警后，系统重新从原点初始态启动。

在选择配方 1 时，当混料泵停止，开始检测液体温度时，若 10 s 内检测液体温度未超过 30 ℃，则自动弹出报警界面"加热器损坏，请检测设备"，手动关闭窗口后，再次自动进入 10 s 温度检测。

拓展篇

项目十一

仓库分拣电气控制系统安装与调试

 学习目标

①能完成一台 S7-300 PLC 与两台 S7-200 SMART 的工业以太网组网；

②能完成触摸屏与 S7-300 PLC 的工业以太网连接；

③能完成仓库分拣控制系统的电气控制原理图的绘制；

④能完成仓库分拣控制系统中主要器件的安装与连接；

⑤能完成仓库分拣控制系统的运行与调试。

德育教育 11 自动化技术与传统技术的完美配合

仓库分拣系统由立体仓库区、取货小车滑台、取货小车、转运传送带、机械手装置、分拣传送带和平面存货区组成。整个系统俯视图如图 11-1 所示。

立体仓库区的正视图如图 11-2 所示。由图可知，立体仓库区共有 9 个存储位置，每列仓位的第一层各配有一个位置检测传感器（SQ11～SQ13）。系统自动运行过程如下：首先在触摸屏中立体仓库区的 9 个仓位随机输入取货顺序号（①～⑨，输入序号不得重复），然后将取料小车按照规则行驶至相应位置取出货物并返回至原位（SQ13）；

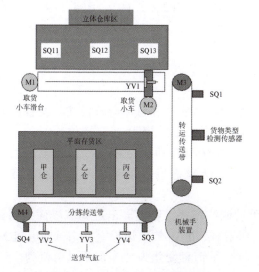

图 11-1 仓库分拣系统俯视图

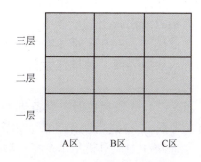

图 11-2 立体仓库区正视图

小车上推送气缸（以等待 3 s 模拟）将货物推到 SQ1，当 SQ1 检测到有货物时，转运传送带将货物送至 SQ2 位置，期间需要对货物类型进行检测，根据货物类型检测到的结果（用控制柜正面的 0~10 V 电压模拟货物类型），将货物分成甲、乙、丙 3 种（0~4 V 为甲货，4~7 V 为乙货，7~10 V 为丙货）；之后机械手动作（以等待 3 s 模拟）将货物放至货物传送带的 SQ3 位置，当 SQ3 检测到有货物时，分拣传送带将货物运送至甲仓、乙仓、丙仓入口（送货传送带运行的速度、时间根据运送货物的类型而变化），对应气缸动作，将货物推入对应仓位，完成放货，至此，一个取货和送货流程结束。

仓库分拣系统由以下电气控制回路组成：取货小车滑台由电机 M1 驱动（M1 为步进电机，参数设置如下：步进电机旋转一周，需要 4 000 个脉冲，已知直线导轨的螺距为 4 mm，并使用旋转编码器对小车位置进行检测）。取货小车的垂直运行由电机 M2 驱动（M2 为伺服电机，参数设置如下：伺服电机旋转一周，需要 2 000 个脉冲，每上升一层，伺服电机正转 10 圈）。转运传送带由电机 M3 驱动（M3 为三相异步电机，要求 M3 为星形–三角形降压启动，星形–三角形切换时间为 3 s，并且需要设有过载保护）。分拣传送带由电机 M4 驱动（M4 为三相异步电机，由变频器进行多段速控制，变频器参数设置为第一段速为 15 Hz、第二段速为 25 Hz、第三段速为 35 Hz，加速时间为 1.5 s，减速时间为 0.5 s；可进行正反转运行）。

电机旋转以"顺时针旋转为正向，逆时针旋转为反向"为准。转运传送带 M3 电机控制回路中，接触器 KM 需由 PLC 经中间继电器 KA 进行控制，以实现控制回路的交直流隔离。系统输入应包含以下各点：转运传送带、分拣传送带的位置传感器 SQ1~SQ4（使用控制柜正面的行程开关模拟）；取货小车滑台位置检测传感器 SQ11、SQ12、SQ13，左、右极限位保护传感器 SQ14 和 SQ15，编码器（双相计数）；调试/自动运行模式切换开关（用控制柜正面 SA1 模拟），启动按钮 SB1、停止按钮 SB2、货物类型确认按钮 SB3（所有按钮 SB 使用控制柜正面元件）和急停按钮（由控制柜正面的 SA2 模拟）；货物类型检测传感器（用控制柜正面的 0~10 V 电压模拟）。系统的输出指示灯应该包含状态指示灯 HL1（红灯）、HL2（红灯）、HL4（绿灯）。所有的指示灯用控制柜正面元件。

11.1　控制要求

仓库分拣系统具备两种工作模式：手动调试模式和自动分拣模式。两种模式通过控制柜的前面板上的转换开关 SA1 进行切换：SA1 断开（左挡位）时，系统为手动调试模式；SA1 接通（右挡位）时，系统为自动运行模式。设备上电后，触摸屏进入欢迎界面，触摸任意位置，根据 SA1 状态进入手动调试界面或者自动分拣界面。

当 SA2 位于左挡位时，设备进入手动调试模式，触摸屏出现调试界面，调试界面可参考图 11-3 进行制作。按下"选择调试按钮"，依次选择需要调试的电机 M1~M4，触摸屏中对应电机指示灯亮。触摸屏提示信息变化为"当前调试电机为：××电机"。按下 SB1 启动按钮，选中的电机将进行调试运行。每个电机调试完成后，对应的指示灯熄灭。

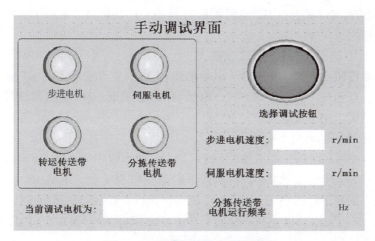

图 11-3　手动调试模式参考界面

（1）取料小车滑台电机（步进电机）M1 调试过程

取料小车滑台电机（步进电机）安装在丝杠装置上。其水平移动示意图如图 11-4 所示，其中 SQ11、SQ12、SQ13 分别为立体仓库 A、B、C 3 个区的定位开关，SQ14、SQ15 分别为左、右极限位开关。步进电机开始调试前，手动将取料小车移动至 SQ13 位置。首先在触摸屏中设定步进电机的速度（速度范围应在 60～150 r/min），按下启动按钮 SB1，取料小车开始向左运行，至 SQ12 处停止，2 s 后继续向左运行，至 SQ11 处停止。然后重新设置步进电机速度，再次按下 SB1，取料小车开始右行，至 SQ12 处停止，整个调试过程结束。整个过程中，按下停止按钮 SB2，M1 停止，再次按下 SB1，小车从当前位置开始继续运行。M1 电机调试过程中，小车运行时，HL1 常亮；小车停止时，HL1 以 2 Hz 的频率闪烁；调试结束，HL1 灯熄灭。

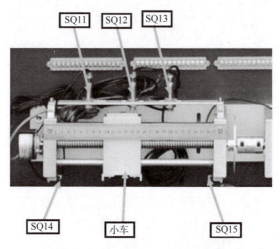

图 11-4　取料小车水平移动示意图

（2）取料小车垂直移动电机（伺服电机）M2 调试过程

取料小车垂直移动电机（伺服电机）不需要安装在丝杠装置上。伺服电机开始调试前，在触摸屏中设定伺服电机的速度（速度范围应为 60～150 r/min），按下启动按钮 SB1，伺服电机 M2 以正转 3 圈、停 2 s、反转 3 圈、停 2 s 的周期一直运行，按下停止按钮 SB2，M2 停止。M2 电机调试过程中，HL2 以 0.5 Hz 的频率闪烁，调试结束，HL2 灯熄灭。

（3）转运传送带电机 M3 调试过程

按下启动按钮 SB1 后，电机 M3 以星形运行 3 s、三角形运行 3 s、停止 2 s 的周期一直运行，直到按下停止按钮 SB2，电机 M3 调试结束。M3 电机调试过程中，HL1 常亮，调试结束，HL1 灯熄灭。

（4）分拣传送带电机 M4 调试过程

按下启动按钮 SB1 后，电机 M4 正转启动，且动作顺序为：15 Hz 运行 3 s、25 Hz 运行 3 s、35 Hz 运行 3 s、停止；再次按下启动按钮 SB1 后，电机 M4 反转启动，且按照以下顺序循环运行：15 Hz 运行 3 s、25 Hz 运行 3 s、35 Hz 运行 3 s，直到按下停止按钮 SB2，M4 停止。M4 电机调试过程中，HL2 以亮 1 s、灭 0.5 s 的周期闪烁，调试结束，HL2 灯熄灭。电机运行频率在触摸屏中显示。

在手动调试模式下，每台电机调试完成后，可以通过选择调试按钮切换至其他电机进行调试，也可以对单台电机进行反复调试。

11.2　系统方案设计

根据控制任务描述，选用一台 S7-300 PLC 与两台 S7-200 SMART 作为本系统的控制器。S7-300 PLC 为主站，两台 S7-200 SMART 为从站。电机控制、I/O、HMI 与 PLC 组合分配方案见表 11-1，本系统控制框图如图 11-5 所示。

表 11-1　设备与控制器分配方案

设备	控制器
HMI	CPU314C-2PN/DP
M3、M4 SB1~SB3 HL1、HL2、HL4 SQ1~SQ4	S7-200 SMART 6ES7288-1SR40-0AA0
M1、M2 SA1、SA2 SQ11~SQ15	S7-200 SMART 6ES7288-1ST30-0AA0

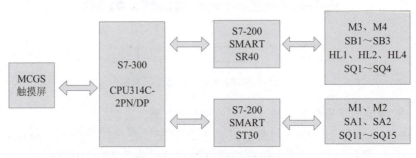

图 11-5　仓库分拣控制框图

11.3　系统电气设计与安装

11.3.1　电气原理分析

仓库分拣控制系统由 4 个电机组成。M1 为取货小车滑台电机，M2 为取货小车垂直运行电机，M3 为转运传送带电机，M4 为分拣传送带电机。仓库分拣控制系统原理图如图 11-6 所示。

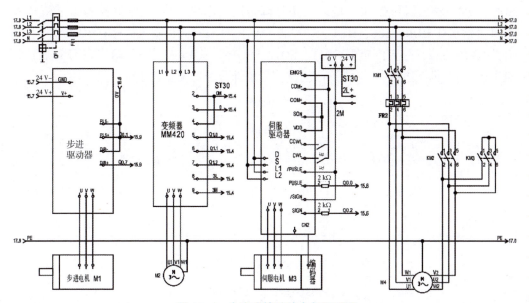

图 11-6　仓库分拣系统电气原理图

工作原理如下。

M1：先手动调试到初始位置 SQ13，设定步进速度（60～150 r/min），按下 SB1 按钮，电机启动，小车向左移动，到达 SQ12 位置，电机停止，2 s 后电机启动，小车向左移动，到达 SQ11 位置，电机停止。再按下 SB1 按钮，电机启动，小车向右移动，到达 SQ12 位置，电机停止。在调试过程中，小车运行时，HL1 常亮。小车停止时，HL1 以 2 Hz 频率闪烁。调试结束，HL1 熄灭。

M2：设定步进速度（60～150 r/min），按下 SB1 按钮，电机以正转 3 圈、停止 2 s、反转 3 圈、停止 2 s 的周期运行。按下停止按钮 SB2，M2 停止。在调试过程中，HL2 以 0.5 Hz 频率闪烁。调试结束，HL2 熄灭。

M3：按下启动按钮 SB1，KM1 线圈得电，KM1 主触点吸合，电机以星形运行。KM1 常开辅助触点吸合，形成自锁。KM2 线圈得电，KM2 主触点吸合，KM2 常闭辅助触点断开，形成互锁。3 s 后，KM2 线圈失电，KM2 主触点断开，KM2 常闭辅助触点吸合，KM3 线圈得电，KM3 主触点吸合，电机以三角形运行。KM3 常闭辅助触点断开，形成互锁。3 s 后，KM1 线圈失电，KM1 主触点断开，电机停止。KM1 常开辅助触点断开，自锁失效。KM3 线圈失电，KM3 主触点断开，周期运行。在调试过程中，HL1 常亮。调试结束，HL1 熄灭。

M4：按下启动按钮 SB1，电机 M4 正转启动，以 15 Hz 运行 3 s，再以 25 Hz 运行 3 s，再以 35 Hz 运行 3 s 后电机停止。按下停止按钮 SB2，M4 停止。在调试过程中，HL2 以亮 1 s、灭 0.5 s 的周期闪烁。调试结束，HL2 熄灭。

11.3.2　I/O 地址分配

根据对仓库分拣控制系统的分析，本系统 S7-300 PLC 输入信号无，输出信号无。S7-200 SMART PLC SR40 输入信号有按钮 SB1、SB2、SB3，行程开关 SQ1、SQ2、SQ3、SQ4，输出信号有 M3 星形-三角形降压启动电机，M4 变频器控制的三相异步电机，指示灯 HL1、HL2、HL4。S7-200 SMART PLC ST30 输入信号有编码器，主令开关 SA1、SA2，位置传感器 SQ11、SQ12、SQ13、SQ14、SQ15，输出信号有 M1 步进电机、M2 伺服电机。具体输入/输出信号地址分配情况见表 11-2~表 11-4。

表 11-2　S7-300 PLC 地址分配

S7-300 PLC					
输入信号			输出信号		
序号	信号名称	PLC 地址	序号	信号名称	PLC 地址
1	无		1	无	

表 11-3　S7-200 SMART PLC SR40 地址分配

S7-200 SMART PLC SR40					
输入信号			输出信号		
序号	信号名称	PLC 地址	序号	信号名称	PLC 地址
1	按钮 SB1	I0.0	1	M3 电源线圈	Q0.0
2	按钮 SB2	I0.1	2	M3 星形线圈	Q0.1
3	按钮 SB3	I0.2	3	M3 三角形线圈	Q0.2
4	行程开关 SQ1	I0.3	4	指示灯 HL1	Q0.3
5	行程开关 SQ2	I0.4	5	指示灯 HL2	Q0.4
6	行程开关 SQ3	I0.5	6	指示灯 HL4	Q0.6
7	行程开关 SQ4	I0.6	7	M4 DIN1	Q1.0
			8	M4 DIN2	Q1.1
			9	M4 DIN3	Q1.2

表 11-4　S7-200 SMART PLC ST30 地址分配

S7-200 SMART PLC ST30					
输入信号			输出信号		
序号	信号名称	PLC 地址	序号	信号名称	PLC 地址
1	编码器	I0.0	1	M1 PLS+	Q0.0
2	编码器	I0.1	2	M1 DIR+	Q0.2
3	位置传感器 SQ11	I0.2	3	M2 PULSE	Q0.1
4	位置传感器 SQ12	I0.3	4	M2 SIGN	Q0.7
5	位置传感器 SQ13	I0.4	5		
6	位置传感器 SQ14	I0.5			
7	位置传感器 SQ15	I0.6			
8	主令开关 SA1	I0.7			
9	主令开关 SA2	I1.0			

11.3.3　系统安装与接线

仓库分拣系统 PLC 接线图如图 11-7 所示。

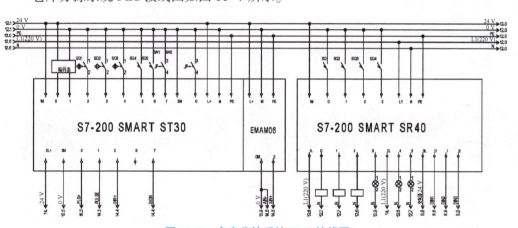

图 11-7　仓库分拣系统 PLC 接线图

11.4　系统软件设计与调试

11.4.1　MCGS 组态设计

一、新建工程

在"文件"工具栏选择"新建"项目，弹出对话框，选择触摸屏型号 TPC7062Ti，在设备组态窗口选择通用 TCP/IP 串口父设备及西门子 CP443-1 以太网模块，双击以太网模块，创建 MCGS 界面变量、设置本地 IP 地址及远程 IP 地址。设备编辑窗口如图 11-8 所示。

(a)

(b)

图11-8　设备窗口的变量及IP地址

二、新建窗口

在用户窗口新建3个窗口，分别为窗口0（欢迎界面）、窗口1（手动调试模式）及窗口2（自动分拣模式）。在欢迎界面中插入一个按钮，并将它的边线拉至界面边框，然后右击，选择"属性"。在弹出的对话框中，在"基本属性"文本处输入"欢迎进入仓库分拣控制系统"，在"操作属性"中，勾选"数据对象值操作"，选择"按1松0"和"欢迎界面按钮"，如图11-9所示。

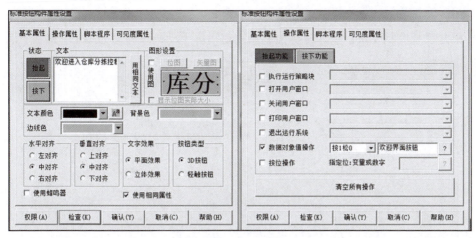

图 11-9　按钮属性设置

三、手动调试界面设计

双击打开窗口 1（手动调试界面），先从工具箱中选择"插入元件"命令，在对象元件库里选择指示灯 3，在触摸屏中按住鼠标左键，画出 4 个指示灯，并添加标注及连接变量步进电机 M0.0、伺服电机 M0.1、转运传送带电机 M0.2、分拣传送带电机 M0.3；在对象元件库里选择按钮 82，在触摸屏中按住鼠标左键，画出选择调试按钮，连接变量选择调试按钮 M100.0；然后从工具箱中选择输入框 **ab** 并连接对应的数据变量；在工具箱中选择标签 **A**，在"当前调试电机为："右边插入 4 个标签，双击标签，在"属性设置"中勾选"可见度"，在 4 个标签的"扩展属性"的文本中输入"步进电机""伺服电机""转运传送带电机""分拣传送带电机"，在标签的"可见度"中选择表达式非零时"对应图符可见"，表达式选择与对应的指示灯变量相同，如图 11-10 所示。

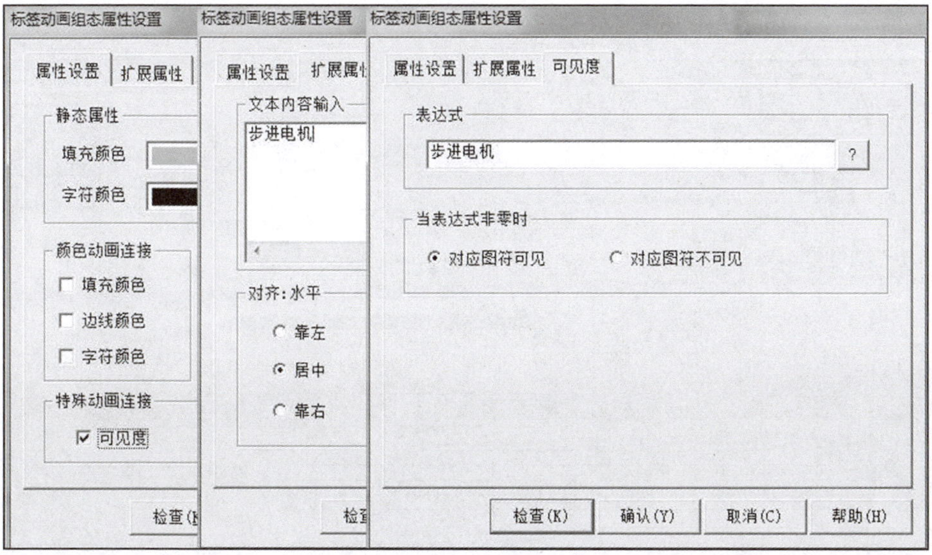

图 11-10　标签属性设置

四、调试界面

根据系统控制要求，仓库分拣控制系统触摸屏手动调试界面如图 11-11 所示。

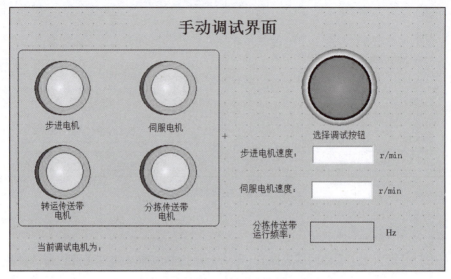

图 11-11　仓库分拣系统调试界面

11.4.2　PLC 程序设计

一、PLC 组网设计

（一）新建 Ethernet 子网

S7-300 PLC 硬件组态完成之后，双击硬件组态中的"PN-IO"，弹出 PN-IO 属性对话框，在属性对话框"常规"的接口处单击"属性"，弹出 Ethernet 接口属性对话框，输入 S7-300 PLC 的 IP 地址"192.168.2.1"，然后单击"新建"按钮，创建 Ethernet 网络，如图 11-12 所示。

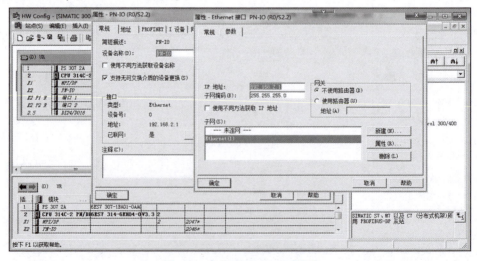

图 11-12　新建 Ethernet 子网

(二) S7-300 PLC 与 S7-200 SMART 的组网

完成新建 Ethernet 子网之后，退出硬件组态窗口，返回项目设计窗口，双击图 11-13 中的"连接"，弹出 NetPro 网络窗口，在 SIMATIC 300(1) 的 CPU 处右击，单击图 11-14 中的"插入新连接"，弹出"插入新连接"对话框，连接伙伴选择"未指定"，连接类型选择"S7 连接"，如图 11-15 所示。

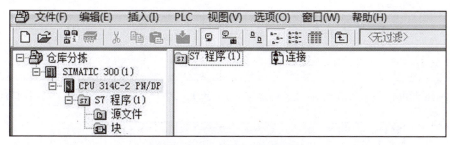

图 11-13　项目设计窗口

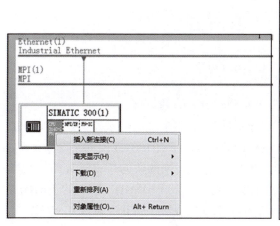

图 11-14　NetPro 网络

图 11-15　插入新连接

在图 11-15 中单击"确定"按钮，弹出 S7 连接属性对话框，在"块参数"中设置本地 ID 地址，SR40 设置为 1（W#16#1），ST30 设置为 2（W#16#2），在伙伴的地址中设置 SR40 和 ST30 的 IP 地址为 192.168.2.2 和 192.168.2.3，如图 11-16 和图 11-17 所示。

块参数设置完成之后，S7-300 PLC 与两个 S7-200 SMART 组网完成，NetPro 网络窗口出现 Ethernet 网络连接，如图 11-18 所示。

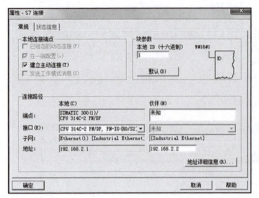 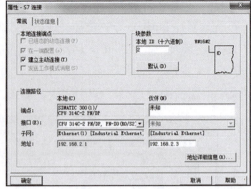

图 11-16　SR40 块参数本地 ID 及伙伴地址　　　图 11-17　ST30 块参数本地 ID 及伙伴地址

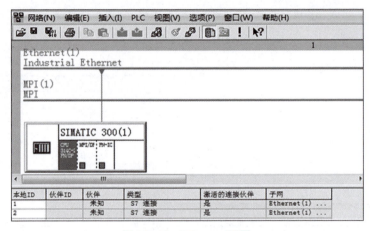

图 11-18　Ethernet 组网

（三）设置 S7-300 PLC 与两个 S7-200 SMART 的通信区

S7-300 PLC 与两个 S7-200 SMART 的通信区设置如图 11-19 所示。S7-300 PLC 由 MB100～MB179 区发送数据到 S7-200 SMART SR40 的 VB100～VB179 区，S7-300 PLC 接收由 S7-200 SMART SR40 的 VB0～VB49 区发送过来的数据存储到 MB0～MB49 区。S7-300 PLC 由 MB100～MB179 区发送数据到 S7-200 SMART ST30 的 VB100～VB179 区，S7-300 PLC 接收由 S7-200 SMART ST30 的 VB50～VB99 区发送过来的数据存储到 MB50～MB99 区。

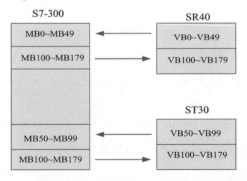

图 11-19　S7-300 PLC 与两个 S7-200 SMART 的通信区

1. 设置 S7-300 PLC 与 S7-200 SMART SR40 的通信区

S7-300 PLC 读取 S7-200 SMART SR40 存储区 V0.0 开始的 50 个字节的信号存放到 S7-300 PLC 存储区 M0.0 开始的 50 个字节中。S7-300 PLC 发送 M100.0 开始的 80 个字节的信号到 S7-200 SMART SR40 存储区 V100.0 开始的 80 个字节中。具体指令如图 11-20 所示。

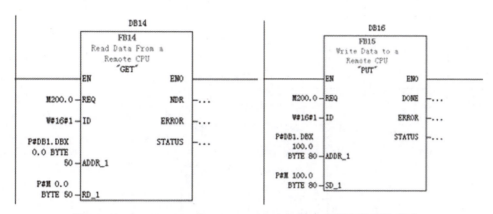

图 11-20　S7-300 PLC 与 S7-200 SMART SR40 的读取与写入指令

2. 设置 S7-300 PLC 与 S7-200 SMART ST30 的通信区

S7-300 PLC 读取 S7-200 SMART ST30 存储区 V50.0 开始的 50 个字节的信号存放到 S7-300 PLC 存储区 M50.0 开始的 50 个字节中。S7-300 PLC 发送 M100.0 开始的 80 个字节的信号到 S7-200 SMART ST30 存储区 V100.0 开始的 80 个字节中。具体指令如图 11-21 所示。

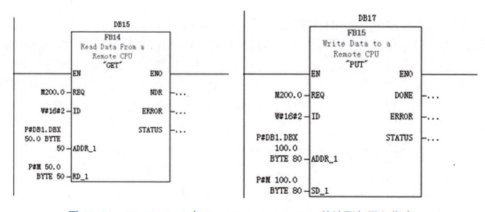

图 11-21　S7-300 PLC 与 S7-200 SMART ST30 的读取与写入指令

二、取料小车滑台电机（步进电机）M1 程序设计

根据控制要求，取料小车滑台电机 M1 由 S7-200 SMART ST30 控制。ST30 主程序中，在触摸屏上选择调试按钮 M100.0 为动作取反型按钮，按下选择调试按钮，则 V100.0 对应的值取反，按一次按钮，C0 值加 1，选择调试按钮按下次数 C0 = 1，且在触摸屏上调试界面信号 M100.1 = 1，通过将信号传输到 ST30，使得 V100.1 = 1 时，调用取料小车滑台电机（步进电机）的子程序 M1 及使运动轴的初始化，如图 11-22 所示和图 11-23 所示。

1 在触摸屏上选择调试按钮M100.0是动作取反型按钮，按下按钮V100.0，对应的值取反，按一次按钮，C0值加1

```
    V100.0                                              C0
──────┤ ├──────┤ P ├──────┐              ┌──────────────────┐
                          │              │ CU          CTU  │
    V100.0                │              │                  │
──────┤ ├──────┤ N ├──────┘              │                  │
                                         │                  │
    C0                                   │                  │
────┤==I├──────────────────────────────┤ R                │
     5                                   │                  │
                                     10──┤ PV               │
                                         └──────────────────┘
```

2 选择调试按钮按下次数C0=1，且在触摸屏上调试界面信号M100.1，通过信号传输到ST30，使得V100.1=1时，调用步进电机M1子程序

```
    V100.1          C0                    ┌──────────────┐
──────┤ ├─────────┤==I├─────────────────┤ 步进电机M1    │
                    1                     │ EN           │
                                          └──────────────┘
```

图 11-22　取料小车滑台电机 M1 子程序调用

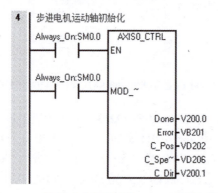

图 11-23　取料小车滑台电机 M1 运动轴初始化

在取料小车滑台电机 M1 子程序中，先手动将取料小车移动至 SQ13 位置，首先在触摸屏中设定步进电机的速度（速度范围应在 60~150 r/min），然后按下启动按钮 SB1，取料小车开始向左运行，至 SQ12 处停止，2 s 后继续向左运行，至 SQ11 处停止。然后重新设置步进电机速度，再次按下 SB1，取料小车开始右行，至 SQ12 处停止，整个调试过程结束。整个过程中按下停止按钮 SB2，M1 停止，再次按下 SB1，小车从当前位置开始继续运行。具体控制程序如图 11-24 所示。

1 将在触摸屏上设置的速度r/min转换成mm/s，因直线导轨螺距为4 mm，旋转一周移动4 mm，则将触摸屏设置的数值除以15就可转换成mm/s

```
    Always_On:SM0.0              ┌──────────────────┐
──────────┤ ├──────────────────┤ EN    DIV_R   ENO ├──────>
                                │                  │
                          VD52──┤ IN1          OUT ├──VD220
                          15.0──┤ IN2              │
                                └──────────────────┘
```

2 按钮SB1从SR40通过300 PLC传到ST30中V160.0，C0记录按钮按下次数，调试结束后，由V800.0复位计数器

```
    V160.0                                C0
──────┤ ├──────────────────┐        ┌──────────────────┐
                           │        │ CU          CTU  │
    V800.0                 │        │                  │
──────┤ ├──────────────────┘        │                  │
                                    │ R                │
                                    │                  │
                                10──┤ PV               │
                                    └──────────────────┘
```

图 11-24　取料小车滑台电机（步进电机）M1 控制程序

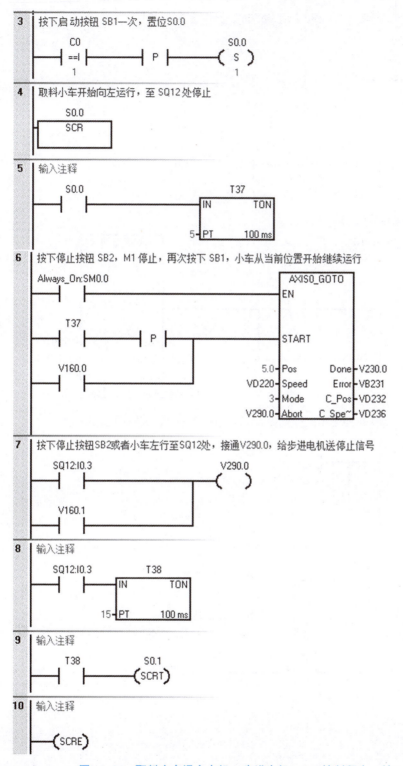

3 按下启动按钮 SB1一次，置位S0.0

4 取料小车开始向左运行，至 SQ12 处停止

5 输入注释

6 按下停止按钮 SB2，M1 停止，再次按下 SB1，小车从当前位置开始继续运行

7 按下停止按钮SB2或者小车左行至SQ12处，接通V290.0，给步进电机送停止信号

8 输入注释

9 输入注释

10 输入注释

图 11-24　取料小车滑台电机（步进电机）M1 控制程序（续）

11 步进电机左行至SQ12，停止2s后继续向左运行，至SQ11处停止

```
     S0.1
    ┌──────┐
    │ SCR  │
    └──────┘
```

12 输入注释

```
     S0.1                           T39
    ──┤ ├──                        ┌──────────┐
                                   │IN     TON│
                                   │          │
                                 5─┤PT  100 ms│
                                   └──────────┘
```

13 步进电机继续左行

```
  Always_On:SM0.0                          ┌──────────────┐
    ──┤ ├──                                 │  AXIS0_GOTO  │
                                            │EN            │
                                            │              │
     T39                                    │              │
    ──┤ ├────────┤P├────┐                   │START         │
                        │                   │              │
     V160.0             │              5.0─┤Pos    Done├─V230.0
    ──┤ ├───────────────┘            VD220─┤Speed  Error├─VB231
                                        3─┤Mode   C_Pos├─VD232
                                     V290.1─┤Abort  C_Spe~├─VD236
                                            └──────────────┘
```

14 按下停止按钮SB2或者小车左行至SQ11处，接通V290.1，给步进电机送停止信号

```
   SQ11:I0.2          V290.1
    ──┤ ├──────────────( )──

    V160.1
    ──┤ ├──
```

15 输入注释

```
   SQ11:I0.2                        T40
    ──┤ ├──                        ┌──────────┐
                                   │IN     TON│
                                   │          │
                                15─┤PT  100 ms│
                                   └──────────┘
```

16 小车运行至SQ11处停止，重新设置步进电机速度，再次按下 SB1，置位S0.2

```
     T40          V160.0          S0.2
    ──┤ ├──────────┤ ├───────────(SCRT)
```

17 输入注释

```
    ──(SCRE)
```

图 11-24 取料小车滑台电机（步进电机）M1 控制程序（续）

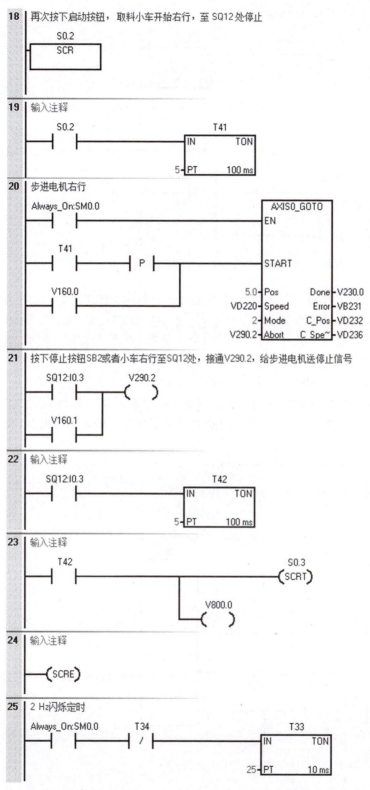

图 11-24　取料小车滑台电机（步进电机）M1 控制程序（续）

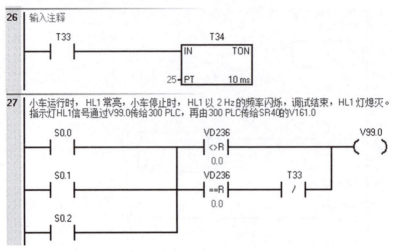

图 11-24　取料小车滑台电机（步进电机）M1 控制程序（续）

取料小车滑台电机 M1 在调试过程中，小车运行时，HL1 常亮；小车停时，HL1 以 2 Hz 的频率闪烁；调试结束，HL1 灯熄灭。指示灯由 S7-200 SMART SR40 控制。SR40 主程序中，在触摸屏上选择调试按钮 M100.0 是动作取反型按钮，按下选择调试按钮，V100.0 对应的值取反，按一次按钮，C0 值加 1。选择调试按钮按下次数 C0=1，且在触摸屏上调试界面信号 M100.1=1，通过将信号传输到 SR40，使得 V100.1=1 时，调用取料小车滑台电机 M1 指示灯子程序，且 V0.0=1，通过将信号传输到 300 PLC，使得 M0.0=1，即触摸屏上步进电机指示灯点亮。调用取料小车滑台电机 M2 指示灯的子程序，如图 11-25 所示。

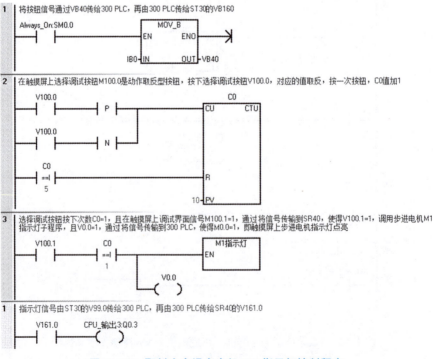

图 11-25　取料小车滑台电机 M1 指示灯控制程序

三、取料小车垂直移动电机（伺服电机）M2 程序设计

根据控制要求，取料小车垂直移动电机 M2 由 S7−200 SMART ST30 控制。ST30 主程序中，在触摸屏上选择调试按钮 M100.0 为动作取反型按钮，按下选择调试按钮，则 V100.0 对应的值取反，按一次按钮，C0 值加 1，选择调试按钮按下次数 C0 = 2，且在触摸屏上调试界面信号 M100.1 = 1，通过信号传输到 ST30，使得 V100.1 = 1，调用取料小车垂直移动电机（伺服电机）的子程序 M2 及使运动轴的初始化，如图 11−26 所示和图 11−27 所示。

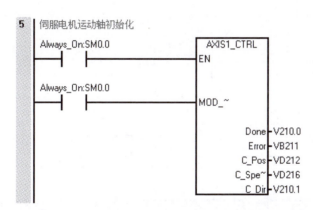

图 11−26　取料小车垂直移动电机 M2 子程序调用

图 11−27　取料小车垂直移动电机 M2 运动轴初始化

在取料小车垂直移动电机 M2 子程序中，在触摸屏中设定伺服电机的速度（速度范围应为 60～150 r/min），按下启动按钮 SB1，伺服电机 M2 以正转 3 圈、停 2 s、反转 3 圈、停 2 s 的周期一直运行，按下停止按钮 SB2，M2 停止。具体控制程序如图 11−28 所示。

取料小车垂直移动电机 M2 在调试过程中，小车运行时，HL2 以 0.5 Hz 闪烁，调试结束，HL2 灯熄灭。指示灯由 S7−200 SMART SR40 控制。SR40 主程序中，在触摸屏上选择调试按钮 M100.0 是动作取反型按钮，按下选择调试按钮，V100.0 对应的值取反，按一次按钮，C0 值加 1，选择调试按钮按下次数 C0 = 2，且在触摸屏上调试界面信号 M100.1 = 1，通过将信号传输到 SR40，使得 V100.1 = 1 时，调用伺服电机 M2 指示灯子程序，且 V0.1 = 1，通过将信号传输到 300 PLC，使得 M0.1 = 1，即触摸屏上伺服电机指示灯点亮。调用取料小车垂直移动电机 M2 指示灯的子程序，如图 11−29 所示。

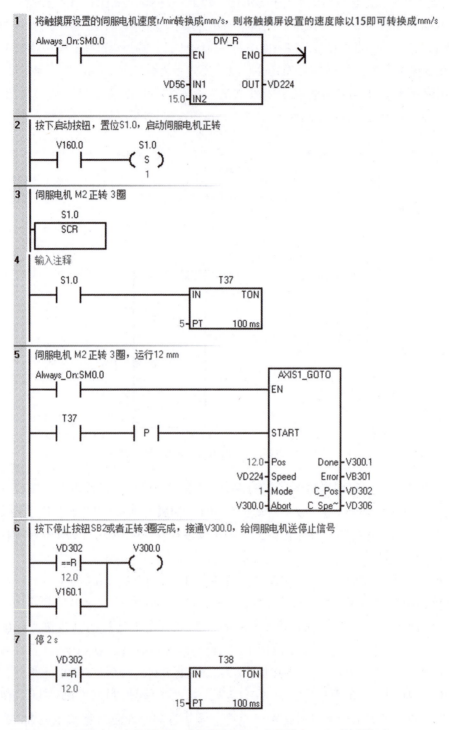

图 11-28　取料小车垂直移动电机（伺服电机）M2 控制程序

8　输入注释

```
 T38      S1.1
──┤├──────┤├────(SCRT)
```

9　电机在正转时，按下停止按钮 SB2，跳出正转执行程序

```
 V160.1    S1.3
──┤├────────┤├────(SCRT)
```

10　输入注释

```
──(SCRE)
```

11　反转 3 圈

```
   S1.1
──┤ SCR ├
```

12　输入注释

```
 S1.1                      T39
──┤├──────┤├──────┤ IN      TON │
                  │               │
              5 ──┤ PT     100 ms │
```

13　反转 3 圈，运行-12 mm

```
 Always_On:SM0.0                   ┌─ AXIS1_GOTO ─┐
──────┤├──────────────────────────┤ EN           │
                                   │              │
   T39                             │              │
──────┤├──────┤├──────┤ P ├────────┤ START        │
                                   │              │
                          -12.0 ──┤ Pos      Done ├── V300.1
                          VD224 ──┤ Speed   Error ├── VB301
                              1 ──┤ Mode    C_Pos ├── VD302
                          V300.2 ─┤ Abort   C_Spe~├── VD306
```

14　按下停止按钮SB2或者反转3圈，接通V300.2，给伺服电机送停止信号

```
 VD302      V300.2
──┤==R├──────( )
   0.0
 V160.1
──┤├──────┤├
```

15　停 2 s

```
 VD302                     T40
──┤==R├────────────┤ IN      TON │
   0.0             │               │
               15 ─┤ PT     100 ms │
```

图 11-28　取料小车垂直移动电机（伺服电机）M2 控制程序（续）

269

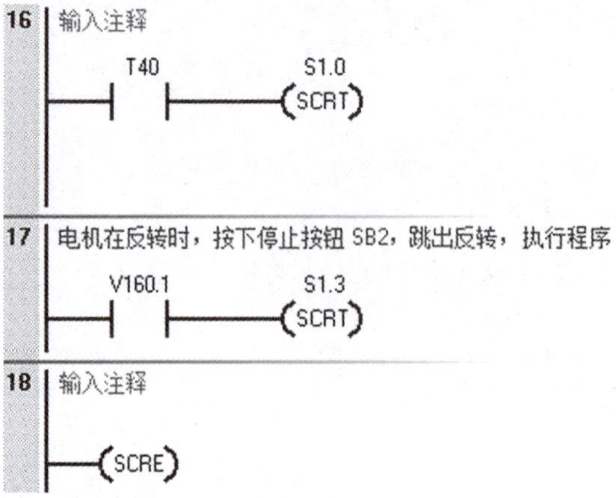

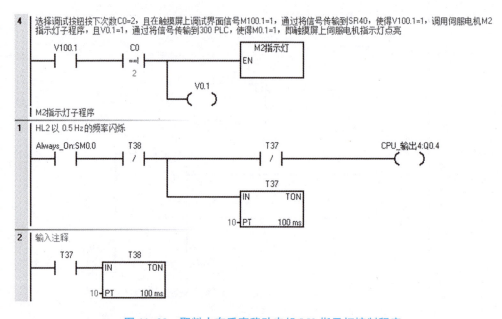

图 11-28　取料小车垂直移动电机（伺服电机）M2 控制程序（续）

图 11-29　取料小车垂直移动电机 M2 指示灯控制程序

四、转运传送带电机 M3 程序设计

转运传送带电机 M3 在调试过程中，按下启动按钮 SB1 后，电机 M3 以星形运行 3 s、三角形运行 3 s、停止 2 s 的周期一直运行，直到按下停止按钮 SB2，电机 M3 调试结束。M3 电机调试过程中，HL1 常亮，调试结束，HL1 灯熄灭。转运传送带电机 M3 由 S7-200 SMART SR40 控制。SR40 主程序中，在触摸屏上选择调试按钮 M100.0 是动作取反型按钮，按下选择调试按钮，V100.0 对应的值取反，按一次按钮，C0 值加 1，选择调试按钮按下次数 C0 = 3，且触摸屏调试界面信号 M100.1 = 1，通过将信号传输到 SR40，使得 V100.1 = 1，调用运货传送带电机 M3 子程序，且 V0.2 = 1，通过将信号传输到 300 PLC，使得 M0.2 = 1，即触摸屏上运货传送带电机指示灯点亮。

程序调用及控制程序如图 11-30 和图 11-31 所示。

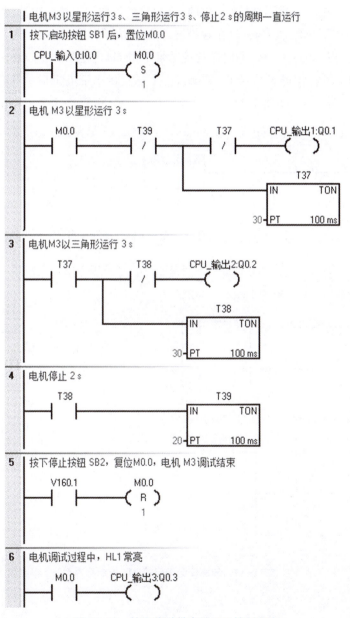

图 11-30 转运传送带电机 M3 子程序调用

图 11-31 转运传送带电机 M3 控制程序

五、分拣传送带电机 M4 程序设计

分拣传送带电机 M4 在调试过程中，按下启动按钮 SB1 后，电机 M4 正转启动，且动作顺序为 15 Hz 运行 3 s、25 Hz 运行 3 s、35 Hz 运行 3 s、停止；再次按下启动按钮 SB1 后，电机 M4 反转启动，且按照以下顺序循环运行：15 Hz 运行 3 s、25 Hz 运行 3 s、35 Hz 运行 3 s，直到按下停止按钮 SB2，M4 停止。M4 电机调试过程中，HL2 以亮 1 s、灭 0.5 s 的周期闪烁，调试结束，HL2 灯熄灭。送货传送带电机 M4 由 S7-200 SMART SR40 控制。SR40 主程序中，在触摸屏上选择调试按钮 M100.0 是动作取反型按钮，按下选择调试按钮，V100.0 对应的值取反，按一次按钮，C0 值加 1，选择调试按钮按下次数 C0＝4，且在触摸屏上调试界面信号 M100.1＝1，通过信号传输到 SR40，使得 V100.1＝1，调用送货传送带电机 M4 子程序，且 V0.3＝1，通过信号传输到 300 PLC，使得 M0.3＝1，即触摸屏上送货传送带电机指示灯点亮。程序调用及控制程序如图 11-32 和图 11-33 所示。

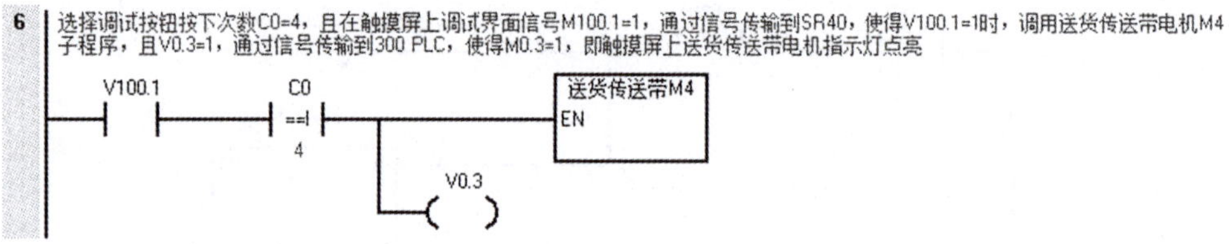

图 11-32　分拣传送带电机 M4 子程序调用

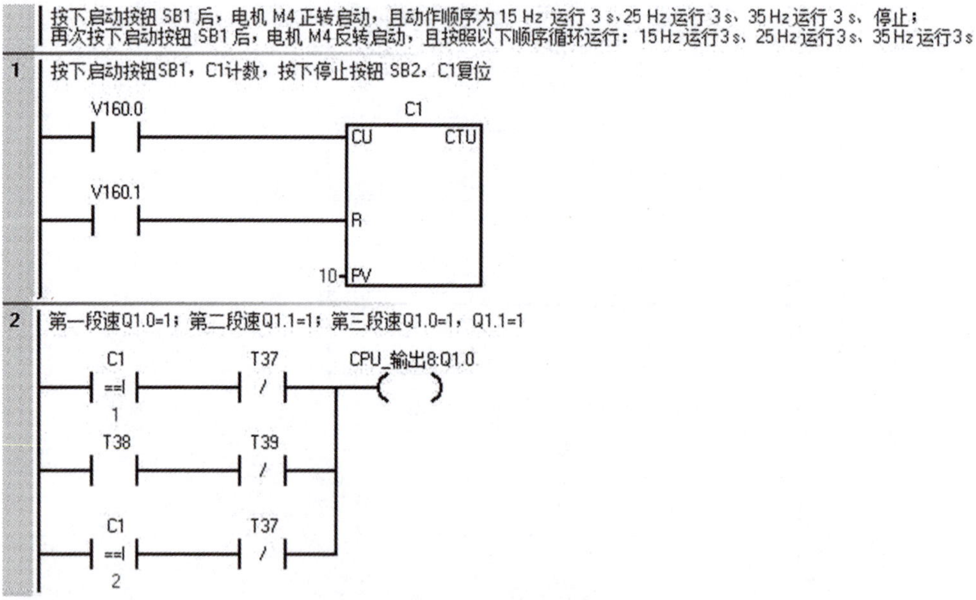

图 11-33　分拣传送带电机 M4 控制程序

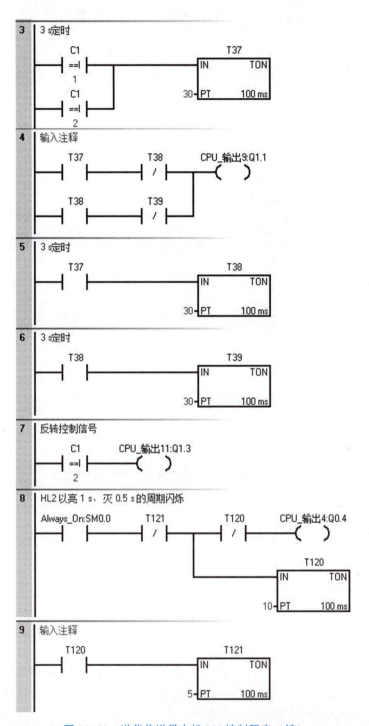

图 11-33　送货传送带电机 M4 控制程序（续）

11.5 实践演练与评价反馈

11.5.1 实践演练

一、任务分工

填写小组任务分配表。

小组任务分配表

班级			组号		
组长			学号		
组员 1		学号	组员 2		学号
组员 3		学号	组员 4		学号
组员 5		学号	组员 6		学号
任务分工	姓名		负责工作		

二、知识准备

引导问题 1：本项目中，货物类型由控制柜中 0～10 V 电压模拟，PLC 如何将模拟量电压信号转换成 PLC 可以控制的信号？

_____

_____

_____

引导问题 2：本项目中，M1 步进电机要旋转一周，需要 4 000 脉冲，如何根据要求进行步进驱动器参数设置？M2 伺服电机要旋转一周，需要 2 000 脉冲，如何根据要求进行伺服驱动器参数设置？

_____

_____

_____

引导问题3：本项目中，如何将步进电机运行速度单位 r/min 转换成 mm/s？

_____

_____

_____

_____

引导问题4：本项目中，根据 M4 电机控制要求，变频器参数 P700、P701 ~ P703、P1000 ~ P1007 以及加减速时间 P1120、P1121 如何进行设置？如何在触摸屏上实时显示变频器运行频率？

_____

_____

_____

_____

三、工作实施

各小组根据项目控制要求，参考教材内容完成以下工作。

①列出 PLC 的 I/O 分配表。

序号	输入信号	PLC 地址	序号	输出信号	PLC 地址

②根据 PLC 的 I/O 分配表，绘制 PLC 的 I/O 接线图。

③根据项目控制要求设计系统控制程序。

_____

_____

_____

_____

_____

_____

_____

④下载程序并进行调试，确认是否满足系统控制要求，填写调试记录，并谈谈完成本项目的心得体会。

_____

_____

_____

_____

_____

_____

_____

_____

四、自主探究

根据所学内容进行项目拓展，各小组进行讨论，编写项目拓展任务书。

_____

_____

_____

_____

_____

_____

_____

11.5.2 评价反馈

评价反馈由个人与小组自评、小组互评以及教师评价组成，填写个人与小组自评表、小组互评表以及教师评价表。

个人与小组自评表

班级		组名		日期	年　月　日
评价指标	评价内容			配分	得分
知识准备	1. 是否已提前熟悉本项目的控制要求； 2. 本项目涉及前序课程所学专业知识是否复习。			10	
操作实践	是否根据控制要求完成以下工作： 1. 硬件接线已调试完成； 2. 监控画面已设计完成； 3. 系统控制程序已调试完成； 4. 系统联机调试已完成。			40	
学习态度	1. 上课是否按时出勤； 2. 是否积极主动参与项目的安装与调试工作； 3. 同学之间是否相互理解、相互支持； 4. 与教师沟通是否顺畅。			10	
学习方法	1. 学习方法是否得当，有工作计划； 2. 技能实操是否符合操作规程； 3. 是否可以获得进一步提升的能力。			10	
工作过程	1. 每次课的工作任务完成情况； 2. 能否主动发现并提出有价值的问题； 3. 是否有解决问题的能力。			10	
自评反馈	1. 按时保质完成工作任务； 2. 掌握本项目相关专业知识； 3. 具有较强的分析问题、解决问题的能力； 4. 具有较强的团队协作能力； 5. 具有严谨的思维能力和表达能力。			20	
自评总分					
总结反馈					

小组互评表

班级		组名		日期	年　　月　　日
评价指标	评价内容			配分	得分
硬件组装 与调试	1. 输入/输出信号分析； 2. 硬件选型； 3. I/O 分配表及接线图绘制； 4. 硬件安装、接线与调试。			25	
监控画面 设计	1. 合理进行监控画面设计； 2. 正确选择监控画面控件； 3. 正确设置控件属性。			25	
控制程序 设计与调试	1. 能正确设计程序； 2. 按控制要求进行调试。			40	
互评反馈	1. 按时保质完成工作任务； 2. 掌握本项目相关专业知识； 3. 具有较强的分析问题、解决问题的能力； 4. 具有较强的团队协作能力； 5. 具有严谨的思维能力和表达能力； 6. 是否完成本项目的心得体会。			10	
互评总分					
合理建议					

教师评价表

班级		组名		日期	年　　月　　日		
小组成员 签名							
序号	评价 指标	评价内容		评价标准		配分	得分
1	任务 分工	1. 根据项目要求合理分工； 2. 小组成员之间协作情况。		1. 分工不合理，扣 2 分； 2. 团队成员之间出现不和谐现象，酌情扣 2~5 分。		5	
2	硬件 组装 与调试	1. 输入/输出信号分析； 2. 硬件选型； 3. I/O 分配表及接线图绘制； 4. 硬件安装、接线与调试。		1. I/O 信号遗漏或者错误，每处扣 2 分； 2. 硬件选型错误或者不合适，每个扣 2 分；接线图绘制错误或者不规范，每处扣 2 分； 3. 硬件安装不规范、接线不规范或者错误，每处扣 2 分。		15	

序号	评价指标	评价内容	评价标准	配分	得分
3	监控画面设计	1. 合理进行监控画面设计； 2. 正确选择监控画面控件； 3. 正确设置控件属性。	1. 监控画面设计不合理，扣5分； 2. 画面控件选择错误，每处扣5分； 3. 控件属性设置错误，每处扣5分。	25	
4	控制程序设计与调试	1. 能正确设计程序； 2. 按控制要求进行调试。	1. 指令有错误，每处扣2分； 2. 取料小车滑台电机M1控制要求全部未显示，扣10分；实现部分功能，根据完成情况酌情扣分； 3. 取料小车垂直移动电机M2控制要求全部未显示，扣10分；实现部分功能，根据完成情况酌情扣分； 4. 转运传动带电机M3控制要求全部未显示，扣10分；实现部分功能，根据完成情况酌情扣分； 5. 分拣传动带电机M4控制要求全部未显示，扣10分；实现部分功能，根据完成情况酌情扣分。 注：根据控制要求进行打分，扣完为止。	45	
5	职业素养	1. 遵守教学场所规章制度； 2. 安全生产、文明操作意识。	1. 迟到、早退或不遵守教学场所规章制度，扣5分； 2. 设备首次上电前未进行请示，扣2分；带电操作者，视情况扣5~10分； 3. 出现重大事故或者人为损坏设备，扣10分； 4. 工具材料摆放不整齐，扣2分；踩踏导线，扣2分； 5. 项目完成后，未进行工位清理，扣5分。	10	

11.6 项目拓展

当所有电机（M1～M4）都未运行时，可以打开 SA1（右挡位），触摸屏进入自动分拣界面。触摸屏自动分拣界面可参考图 11-34 进行设计。界面要求：有主界面和复位按钮；有立体仓库取货区，每个仓位可以输入不同的取货顺序号（①～⑨，序号不得重复），实时显示取料小车的模拟位置；有平面仓库存货区，可以显示当前仓位货物数量及各仓位对应的送货气缸动作状态；有运行状态显示区，可以实现推送气缸动作显示和机械手的运行状态显示、M3 和 M4 电机的运行状态显示；有参数显示区，包括步进运行速度、伺服运行速度、当前运送货物类型及 M4 运行的频率和时间显示。

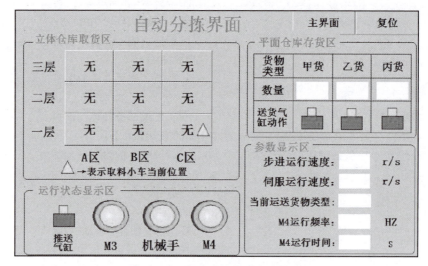

图 11-34　自动分拣模式参考界面

立体仓库工艺流程与控制要求如下。

1）系统初始化状态。

系统进入自动分拣界面后，按下复位按钮，自动回到初始化状态（取材小车处于一层 C 区（C1 仓位 SQ13），全部气缸处于缩回状态，转运传送带和分拣传送带处于停止状态）。初始化完成后，HL4 以 1 Hz 闪烁。

2）运行操作。

①首先在触摸屏立体仓库取货区每个仓位中随机输入不同的取货号（①～⑨，系统自动运行时，触摸屏中取货号不能更改），然后按下启动按钮 SB1，系统开始自动运行，指示灯 HL4 常亮。

②立体仓库区取货流程。

系统开始运行，取货小车将按照取货号（①～⑨）依次取出货物。例如，B2 为①号取货仓位，M1、M2 的动作流程如下：M1 以 3 r/s 的速度左移到 SQ12，同时，M2 以 3 r/s 速度正转 10 圈到达第二层，等待 2 s，把货取出，然后 M1、M2 回到 C1 位置（速度为取货的 70%），当小车回到原点 C1 处（SQ13）后，等待 3 s（期间推料气缸将货物推到 SQ1 处，触摸屏中显示推料气缸的动作情况）。至此，取货完成，当机械手将货物从转运传送带放置到分拣传送带后，执行下一次取货。

③货物转运及货物类型检测流程。

当 SQ1 检测到货物时，转运传送带 M3 电机正转降压启动（星形-三角形转换时间为 3 s），期间经过货物类型传感器时（用控制柜正面的 0~10 V 电压模拟货物类型），将货物分成甲、乙、丙三种（0~4 V 甲货，4~7 V 为乙货，7~10 V 为丙货）；按下按钮 SB3，则确认货物类型，并在触摸屏上显示；当 SQ2 检测到货物时，转运传送带电机 M3 停止。

④平面存货区入库工作流程。

当 SQ2 有信号后，等待 3 s，期间机械手将货物从 SQ2 处抓起放置到分拣传送带 SQ3 处。当 SQ3 检测到货物时，电机 M4 正转启动。电机 M4 运行速度与时间根据货物类型调整，当货物为甲货时，电机 M4 以 35 Hz 运送 7 s 停下，对应送货气缸动作 2 s，则甲仓位货物数量增加 1；当货物为乙货时，电机 M4 以 25 Hz 运送 5 s 停下，送货气缸动作 2 s，则乙仓位货物数量增加 1；当货物为丙货时，电机 M4 以 15 Hz 运送 3 s 停下，送货气缸动作 2 s，则丙仓位货物数量增加 1。触摸屏中应有气缸动作显示。

3）停止操作。

①系统自动运行过程中，按下停止按钮 SB2，系统完成当前货物的送货操作后停止运行（立体仓库区和平面存货区数据状态保持）。此外，当系统停止后，再次按下启动按钮 SB1 时，系统从上次运行的记录开始运行。

②系统发生急停事件，按下急停按钮时（用 SA2 模拟实现，即 SA2 处于右挡位），系统立即停止。急停恢复后（SA2 处于左挡位），按下触摸屏复位按钮，系统自动回到初始化状态（立体仓库区数据清零，平面存货区数据保持）。

4）送货过程的动作要求连贯，执行动作要求顺序执行，运行过程中不允许出现硬件冲突。

5）系统状态灯显示。

系统处于初始化状态时，HL4 以 1 Hz 闪烁；系统自动运行时，绿灯 HL4 常亮；系统停止时，红灯 HL1 常亮；系统发生急停时，红灯 HL1 闪（频率为 2 Hz）。

系统在手动调试模式下，当某台电机正在调试运行时，若将 SA1 旋转至自动运行模式，则触摸屏会自动弹出报警界面，提示"××电机正在调试"，直到该电机调试运行结束，触摸屏进入自动运行界面。

项目十二

自动涂装电气控制系统安装与调试

德育教育 12
高标准、高要
求，从而高进步

学习目标

①能完成一台 S7-300 PLC 与两台 S7-200 SMART 的工业以太网组网；

②能完成触摸屏与 S7-300 PLC 的工业以太网连接；

③能完成自动涂装控制系统的电气控制原理图的绘制；

④能完成自动涂装控制系统中主要器件的安装与连接；

⑤能完成自动涂装控制系统的运行与调试。

在工件涂装过程中，有很多环节如涂料混合、涂料传输、工件涂装等，大多存在易燃易爆、有毒有腐蚀性的介质，对人体健康有不同程度的危害，不适合由人工现场实时操作。本系统设计借助 PLC 来控制涂料混合、传输及定点涂装等工序，对提高企业生产和管理自动化水平有很大的帮助，同时，又提高了生产效率、使用寿命和质量，减少了企业产品质量的波动。自动涂装系统的结构及组成如图 12-1 所示，包括 A 阀、B 阀、搅拌电机、供料阀、储存罐、喷涂进料泵、喷涂高度电机、转台电机、排风扇、排料阀。

由图 12-1 可知，自动涂装系统整体由三部分组成，分别为进料、混料工段，储料工段，涂装工段。系统自动运行过程如下：首先按照被加工工件要求对供料阀 A 与供料阀 B 进行控制，并在混料罐中进行搅拌，搅拌完成后，根据储料罐液位情况控制供料阀状态及涂装工段运行情况，涂装工段需顺序完成两部分动作，具体动作如下：

①喷涂高度电机定位在 SQ2 处，并且转台电机定位在起始喷涂位置后，启动喷涂进料泵开始对工件涂装，同时，转台电机从起始位置转至结束位置（由参数 HMI 设定），动作结束。

②喷涂高度电机定位在 SQ1 处，并且转台电机定位在零点位置后，开始喷涂作业。喷涂高度电机从 SQ1 运行到 SQ3 处。同时，转台电机旋转 360°后，涂装工段动作结束。结束后，喷涂高度电机与转台电机自动恢复到初始位置。在涂装工段运行期间，排风扇保持低速或高速运行，排料阀打开。

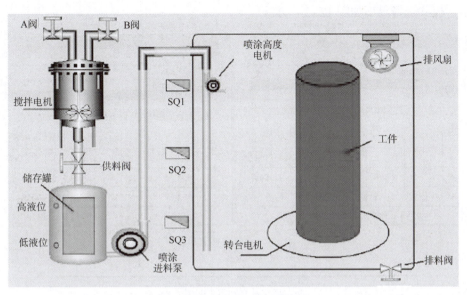

图 12-1　自动涂装系统结构图

自动涂装系统由以下电气控制回路组成：混料搅拌电机由搅拌电机 M1 驱动（M1 为三相异步电机，只进行单向正转运行，需考虑过载保护）；喷涂泵由电机 M2 驱动（M2 为三相异步电机，由变频器进行无级调速控制；变频器输出频率与工件直径对应关系如下：工件直径 $D<60$ cm 时，变频器输出 $f=50$ Hz；工件尺寸直径 60 cm $\leq$ $D\leq120$ cm 时，变频器输出频率 $f=50-(D-60)/2$，电机加速时间为 1.5 s，减速时间为 0.5 s）；喷头高度位置由喷涂高度电机 M3 驱动（M3 为步进电机，带动丝杠运行，已知直线导轨的螺距为 4 mm，并使用旋转编码器对小车位置进行检测，步进电机参数设置为：步进电机旋转一周，需要 4 000 个脉冲）；工件旋转台由转台电机 M4 驱动（M4 为伺服电机，参数设置如下：伺服电机旋转一周，需要 2 000 个脉冲，减速比为 36∶1）；工件涂装仓排风扇由排风电机 M5 驱动（M5 为双速电机）。其中，搅拌电机 M1 与排风电机 M5 所使用的接触器 KM 需由 PLC 输出，经中间继电器 KA 进行控制，以实现控制回路的交、直流隔离。储存罐有效储液高度为 0~1 m，使用投入式液位传感器进行液位高度测量（以控制柜正面的模拟量 0~10 V 模拟，0~10 V 对应 0~1 m）；喷头高度控制电机由 3 个位置预置点（SQ1~SQ3）控制喷涂位置；混料罐 A、B 料进料累计质量由质量传感器确定（传感器量程为 0~30 kg，以模拟量 4~20 mA 模拟输入）。电机旋转以"由转轴方向确认时，顺时针旋转为正向、逆时针旋转为反向"为准。

12.1　控制要求

自动涂装控制系统设备具备两种工作模式：调试模式和自动涂装模式。设备上电后，触摸屏显示用户登录界面，设置用户权限。用户输入用户名 Admin 及密码 123 后登录，触摸屏即进入模式选择界面，可以选择进入调试模式或自动涂装模式；输入用户名 User 及密码 321 登录后，触摸屏只能进入自动涂装模式。用户登录界面如图 12-2

所示，模式选择界面如图 12-3 所示。

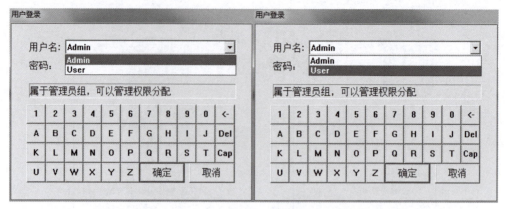

图 12-2　用户登录界面

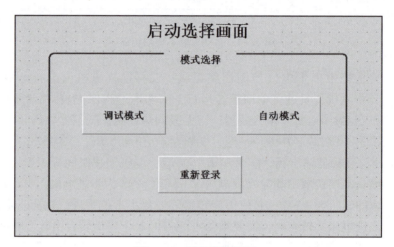

图 12-3　模式选择界面

触摸屏进入调试界面后，指示灯 HL1、HL2 以 0.5 Hz 频率闪烁点亮，等待选择电机调试。按下"调试选择按钮"，可依次选择需要调试的电机 M1～M5，对应电机指示灯亮，HL1、HL2 停止闪烁。按下调试启动按钮 SB1，被选中的电机进入调试运行状态。每个电机调试完成后，触摸屏上对应的指示灯熄灭（电机 M1～M5 未调试完，"自动模式"按钮处于红色状态，即无法进入自动模式）。调试模式界面如图 12-4 所示。

（1）搅拌电机 M1 调试过程

按下启动按钮 SB1 后，电机 M1 启动运行，运行 4 s、停止 2 s，运行 3 个周期后停止，电机 M1 调试结束。电机 M1 调试过程中，HL4 常亮，调试完成后，HL4 熄灭。

（2）喷涂泵电机（变频电机）M2 调试过程

由触摸屏输入工件直径（工件直径应为 40～120 cm）后按下启动按钮 SB1，电机 M2 正向运行 4 s，变频器输出频率按照工件直径与频率对应关系确定（工件直径 $D<60$ cm 时，变频器输出 $f=50$ Hz；工件尺寸直径 60 cm $\leqslant D\leqslant 120$ cm 时，变频器输出 $f=50-(D-60)/2$），运行过程中按下停止按钮 SB2，电机 M2 停止运行；再按下启动按钮 SB1 时，电机 M2 继续之前的状态运行，直至电机运行时间到达。电机 M2 调试过

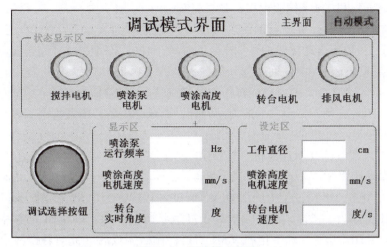

图 12-4　调试模式界面

程中，HL4 以亮 1 Hz 的周期闪烁，调试结束后，HL4 熄灭。喷涂泵电机运行频率应在触摸屏相应位置显示（保留一位小数）。

（3）喷涂高度电机 M3（步进电机）调试过程

调试前将电机 M3 手动调至 SQ2 与 SQ3 之间，然后在触摸屏上设置步进电机的运行速度（设定范围为 4.0~12.0 mm/s，精确到小数点后一位）。喷涂高度电机 M3 结构示意图如图 12-5所示。按下启动按钮 SB1，电机 M3 自动回到初始位置 SQ1，到达后，由 SQ1 位置开始运行，运行过程如下：在 SQ1 位置等待 2 s 开始向 SQ2 运行，在 SQ2 位置停止 2 s 后运行至 SQ3，在 SQ3 位置停止 2 s 后返回 SQ1，返回速度为设定运行速度的 1.5 倍；在动作过程中的任意时刻按下停止按钮 SB2，电机 M3 在当前位置停止运行，HL4 以 2 Hz 的频率闪烁；再按下启动按钮 SB1 后，电机 M3 继续当前动作，直至电机 M3 调试过程结束。电机 M3 调试过程中，当电机 M3 由 SQ1 向 SQ3 运动时，HL1 常亮，返回 SQ1 的过程中，HL2 常亮，调试结束后，HL1、HL2 均熄灭。步进电机运行速度应在触摸屏中显示（单位：mm/s）。

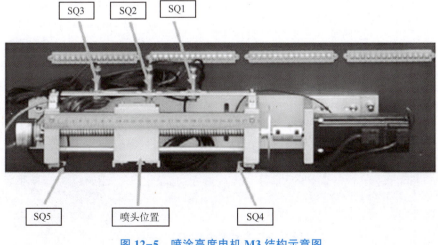

图 12-5　喷涂高度电机 M3 结构示意图

（4）转台电机 M4（伺服电机）调试过程

首先在触摸屏上设置转台的旋转速度（设定范围为 6.0°/s～12.0°/s，精确到小数点后一位），按下启动按钮 SB1，转台正向运行 10°，停止 2 s；再正向运行 20°，停止 2 s；然后反向运行 30°，回到起始位置，电机 M4 调试结束。此过程中，转台电机 M4 按照设定的速度沿要求方向旋转相应角度（需要考虑减速比 36∶1）。电机 M4 调试过程中，HL4 以亮 2 s、灭 1 s 的周期闪烁，调试结束后，HL4 熄灭。转台实时位置应在触摸屏中显示（单位：（°））。

（5）排风扇电机（双速电机）M5 调试过程

按下启动按钮 SB1，电机 M5 以低速运行 3 s 后转换到高速运行，高速状态运行 5 s 后停止，电机 M5 调试结束。电机 M5 调试过程中，当电机 M5 处于低速状态时，HL4 以 1 Hz 的频率闪烁；当电机 M5 处于高速状态时，HL4 以 2 Hz 的频率闪烁；当调试结束后，HL4 熄灭。所有电机（M1～M5）调试完成后（此时触摸屏中"自动模式"按钮由红变绿），按下"自动模式"按钮，将进入自动涂装模式。在未进入自动涂装模式前，单台电机可以反复调试。

12.2　系统方案设计

根据控制任务描述，选用一台 S7-300 PLC 与两台 S7-200 SMART 作为本系统的控制器，S7-300 PLC 为主站，两台 S7-200 SMART 为从站。电机控制、I/O、HMI 与 PLC 组合分配方案见表 12-1，本系统控制框图如图 12-6 所示。

表 12-1　设备与控制器分配方案

设备	控制器
HMI SB1～SB2	CPU314C-2PN/DP
M1、M5 HL1、HL2、HL4	S7-200 SMART 6ES7288-1SR40-0AA0
M2、M3、M4 编码器 SQ1～SQ5	S7-200 SMART 6ES7288-1ST30-0AA0

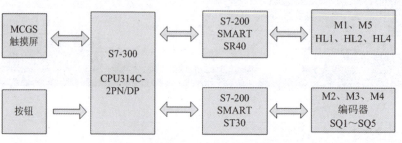

图 12-6　自动涂装系统控制框图

12.3　系统电气设计与安装

12.3.1　电气原理分析

自动涂装控制系统由 5 个电机组成：M1 为搅拌电机，M2 为喷涂泵电机，M3 为喷涂高度电机，M4 为转台电机，M5 为排风电机。自动涂装控制系统原理图如图 12-7 所示。

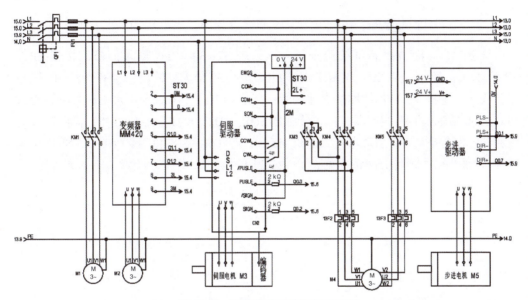

图 12-7　自动涂装系统电气原理图

工作原理如下。

M1：按下启动按钮 SB1，KM1 线圈得电，KM1 主触点吸合，电机运转。4 s 后，KM1 线圈失电，KM1 主触点断开，电机停止运转。2 s 后，KM1 线圈得电，KM1 主触点吸合，电机运转。运行 3 个周期。在调试过程中，HL4 常亮。

M2：在触摸屏上输入直径（40～120 cm），按下启动按钮 SB1，电机 M2 正向运行 4 s。按下停止按钮 SB2，电机停止运转。在调试过程中，HL4 以亮 1 Hz 的频率闪烁。调试结束后，HL4 熄灭。

M3：先手动调到 SQ2 与 SQ3 之间，设定步进速度（4.0～12.0 mm/s），按下 SB1 按钮，电机自动返回初始位置 SQ1。在 SQ1 位置等待 2 s，开始向 SQ2 运行，在 SQ2 位置等待 2 s，开始向 SQ3 运行，在 SQ3 位置等待 2 s，返回 SQ1，返回速度为运行速度的 1.5 倍。按下停止按钮 SB2，电机 M3 停止，HL4 以 2 Hz 的频率闪烁。再按 SB1 按钮，电机继续动作，直至 M3 调试结束。在调试过程中，电机由 SQ1 向 SQ3 运动时，HL1 常亮。返回 SQ1 的过程中，HL2 常亮。调试结束后，HL1、HL2 熄灭。

M4：设定转台旋转速度（6.0°/s～12.0°/s），按下 SB1 按钮，转台正向运行 10°，停止 2 s，再正向运行 20°，停止 2 s，反向运行 30°回到原点。在调试过程中，HL4 以亮2 s、灭1 s的周期闪烁。调试结束后，HL4熄灭。

M5：按下启动按钮SB1，KM2线圈得电，KM2主触点吸合，电机低速运行。KM3线圈得电，KM3主触点吸合，KM3常闭辅助触点断开，形成互锁。3 s后，KM3线圈失电，KM3主触点断开，电机高速运转。KM4常闭辅助触点吸合，KM4线圈得电，KM4主触点吸合，KM4常闭辅助触点断开，形成互锁。5 s后，KM2线圈失电，KM2主触点断开，电机停止运转。KM4线圈失电，KM4主触点断开。在调试过程中，M5低速状态，HL4以1 Hz的频率闪烁。电机M5处于高速运转状态，HL4以2 Hz的频率闪烁。调试结束后，HL4熄灭。

12.3.2 I/O地址分配

根据对自动涂装控制系统的分析，本系统S7-300 PLC输入信号有按钮SB1、SB2；输出信号无。S7-200 SMART PLC SR40输入信号无；输出信号有电机M1三相异步线圈，电机M5低速线圈、高速线圈，指示灯HL1、HL2、HL4。S7-200 SMART PLC ST30输入信号有编码器，位置传感器SQ1、SQ2、SQ3、SQ4、SQ5；输出信号有变频器控制的电机M2启动信号，电机M3 PLS+、DIR-，电机M4 PULSE、SIGN。具体输入/输出信号地址分配情况见表12-2~表12-4。

表12-2　S7-300 PLC地址分配

S7-300 PLC					
输入信号			输出信号		
序号	信号名称	PLC地址	序号	信号名称	PLC地址
1	按钮SB1	I0.0	1	无	
2	按钮SB2	I0.1	2		

表12-3　S7-200 SMART PLC SR40地址分配

S7-200 SMART PLC SR40					
输入信号			输出信号		
序号	信号名称	PLC地址	序号	信号名称	PLC地址
1	无		1	M1三相异步线圈	Q0.0
2			2	M5低速线圈	Q0.1
			3	M5高速线圈	Q0.2
			4	指示灯HL1	Q0.3
			5	指示灯HL2	Q0.4
			6	指示灯HL4	Q0.6

表 12-4　S7-200 SMART PLC ST30 地址分配

S7-200 SMART PLC ST30					
输入信号			输出信号		
序号	信号名称	PLC 地址	序号	信号名称	PLC 地址
1	编码器	I0.0	1	M2 启动信号	Q1.0
2	编码器	I0.1	2	M3 PLS+	Q0.0
3	位置传感器 SQ1	I0.2	3	M3 DIR+	Q0.2
4	位置传感器 SQ2	I0.3		M4 PULSE	Q0.1
5	位置传感器 SQ3	I0.4		M4 SIGN	Q0.7
6	位置传感器 SQ4	I0.5			
7	位置传感器 SQ5	I0.6			

12.3.3　系统安装与接线

自动涂装控制系统接线图如图 12-8 所示。

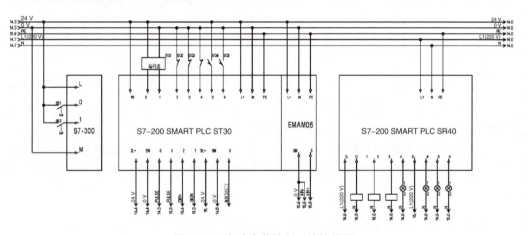

图 12-8　自动涂装控制系统接线图

12.4　系统软件设计与调试

12.4.1　MCGS 组态设计

一、新建工程

在"文件"工具栏中选择"新建"项目，弹出对话框，选择触摸屏型号 TPC7062Ti，在设备组态窗口选择通用 TCP/IP 串口父设备及西门子 CP443-1 以太网模块，双击以太网模块，创建 MCGS 界面变量、设置本地 IP 地址及远程 IP 地址。设备编辑窗口如图 12-9 所示。

触摸屏 IP 地址
设置方法

图 12-9　设备编辑窗口

二、新建窗口

在用户窗口新建 3 个窗口，分别为窗口 0（重新启动）、窗口 1（调试模式）及窗口 2（自动模式）。在实时数据库新建一个变量，将变量改为字符型，名字可自定义为"zf0"。然后在登录界面插入 3 个按钮，将按钮文本分别改为"调试模式""自动模式""重新启动"。在"调试模式""自动模式"和"重新启动"按钮的脚本程序里写入脚本。"调试模式""自动模式"和"重新启动"按钮的脚本程序如图 12-10～图 12-12 所示。

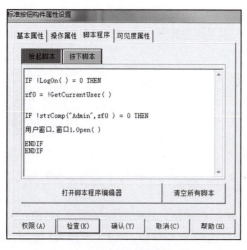

图 12-10　"调试模式"脚本程序

图 12-11　"自动模式"脚本程序

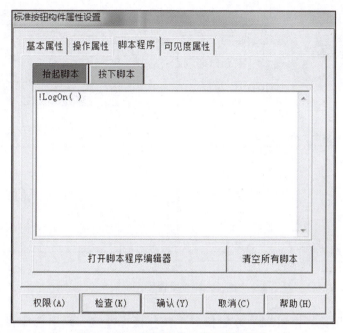

图 12-12　"重新启动"按钮脚本程序

三、用户权限设置

在"工具"下拉列表中选择"用户权限管理"，新建 Admin 和 User 两个用户，将 Admin 密码改为 123，将 User 密码改为 321。具体操作如图 12-13 和图 12-14 所示。

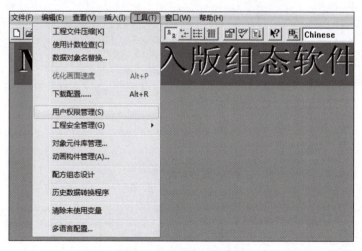

图 12-13　用户权限管理

四、调试模式界面设计

双击打开窗口 1，先从工具箱中选择"插入元件"命令，在对象元件库里选择指示灯 3，在触摸屏中按住鼠标左键，画出 5 个指示灯，并添加标注及连接变量搅拌电机 M0.0、喷涂泵电机 M0.1、喷涂高度电机 M0.2、转台电机 M0.3 及排风电机 M0.4；

图12-14 设置用户密码

在对象元件库里选择按钮82，在触摸屏中按住鼠标左键，画出选择调试按钮，连接变量选择调试按钮 M110.0；然后从工具箱中选择输入框 **ab**，在触摸屏中按住鼠标左键，画出3个输入框并连接对应的数据变量；在工具箱中选择标签 **A**，画出3个标签，双击标签，在"属性设置"中勾选"显示输出"，在"显示输出"中连接变量"喷涂泵运行频率""喷涂高度电机速度"及"转台实时角度"。标签属性设置如图12-15所示。

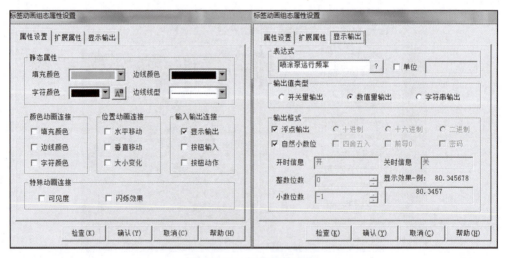

图12-15 标签属性设置

五、调试界面

根据系统控制要求，自动涂装控制系统触摸屏手动调试模式界面如图12-16所示。

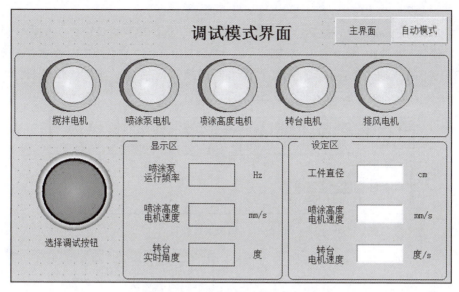

图 12-16　自动涂装调试模式界面

12.4.2　PLC 程序设计

一、PLC 组网设计

（一）新建 Ethernet 子网

S7-300 PLC 硬件组态完成之后，双击硬件组态中的"PN-IO"，弹出 PN-IO 属性对话框，在属性对话框"常规"选项卡的接口处单击"属性"，弹出 Ethernet 接口属性对话框，输入 S7-300 PLC 的 IP 地址"192.168.2.1"，然后单击"新建"按钮，创建 Ethernet 子网，如图 12-17 所示。

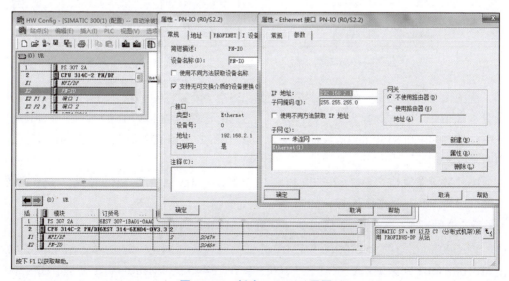

图 12-17　新建 Ethernet 子网

（二）S7-300 PLC 与 S7-200 SMART 的组网

完成新建 Ethernet 子网之后，退出硬件组态窗口，返回项目设计窗口。双击图 12-18 中的"连接"，弹出 NetPro 网络窗口，在 SIMATIC 300（1）的 CPU 处右击，单击图 12-19中的"插入新连接"，弹出"插入新连接"对话框，连接伙伴选择"未指定"，连接类型选择"S7 连接"，如图 12-20 所示。

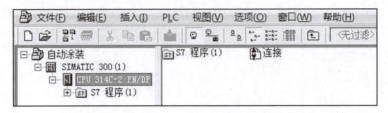

图 12-18　项目设计窗口

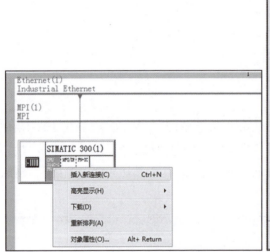

图 12-19　NetPro 网络

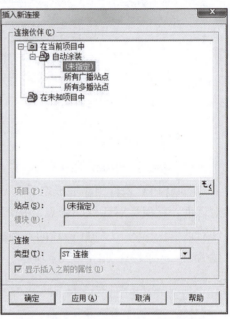

图 12-20　插入新连接

在图 12-20 中单击"确定"按钮，弹出 S7 连接属性对话框，在"块参数"中设置本地 ID，SR40 设置为 1（W#16#1），ST30 设置为 2（W#16#2），在伙伴的地址中设置 SR40 和 ST30 的 IP 地址分别为 192.168.2.2 和 192.168.2.3，如图 12-21 和图 12-22 所示。

块参数设置完成之后，S7-300 PLC 与两个 S7-200 SMART 组网完成，NetPro 网络窗口出现 Ethernet 网络连接，如图 12-23 所示。

（三）设置 S7-300 PLC 与两个 S7-200 SMART 的通信区

S7-300 PLC 与两个 S7-200 SMART 的通信区设置如图 12-24 所示。S7-300 PLC 由 MB100～MB179 区发送数据到 S7-200 SMART SR40 的 VB100～VB179 区，S7-300 PLC 接收由 S7-200 SMART SR40 的 VB0～VB49 区发送过来的数据，并存储到 MB0～MB49 区。S7-300 PLC 由 MB100～MB179 区发送数据到 S7-200 SMART ST30 的

VB100~VB179 区，S7-300 PLC 接收由 S7-200 SMART ST30 的 VB50~VB99 区发送过来的数据，并存储到 MB50~MB99 区。

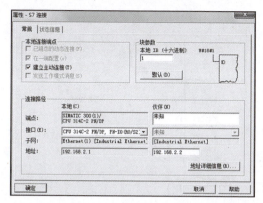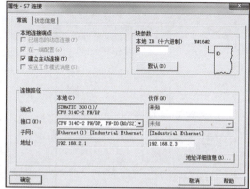

图 12-21　SR40 块参数本地 ID 及伙伴地址　　　**图 12-22　ST30 块参数本地 ID 及伙伴地址**

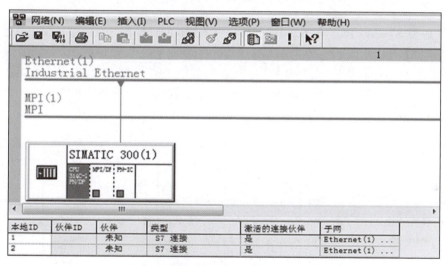

图 12-23　Ethernet 组网

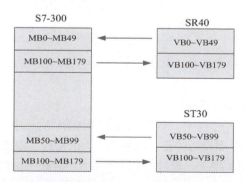

图 12-24　S7-300 PLC 与两个 S7-200 SMART 的通信区

1. 设置 S7-300 PLC 与 S7-200 SMART SR40 的通信区

S7-300 PLC 读取 S7-200 SMART SR40 存储区 V0.0 开始的 50 字节的信号存放到 S7-300 PLC 存储区 M0.0 开始的 50 字节中。S7-300 PLC 发送 M100.0 开始的 80 字节的

信号到 S7-200 SMART SR40 存储区 V100.0 开始的 80 字节中。具体指令如图 12-25 所示。

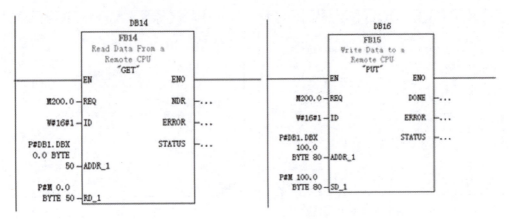

图 12-25　S7-300 PLC 与 S7-200 SMART SR40 的读取与写入指令

2. 设置 S7-300 PLC 与 S7-200 SMART ST30 的通信区

S7-300 PLC 读取 S7-200 SMART ST30 存储区 V50.0 开始的 50 字节的信号存放到 S7-300 PLC 存储区 M50.0 开始的 50 字节中。S7-300 PLC 发送 M100.0 开始的 80 字节的信号到 S7-200 SMART ST30 存储区 V100.0 开始的 80 字节中。具体指令如图 12-26 所示。

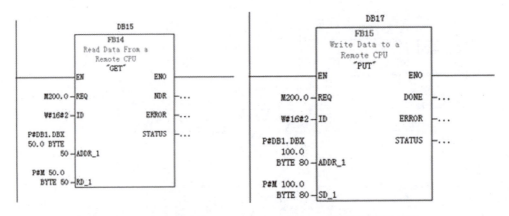

图 12-26　S7-300 PLC 与 S7-200 SMART ST30 的读取与写入指令

二、搅拌电机 M1 程序设计

搅拌电机 M1 在调试过程中，按下启动按钮 SB1 后，电机 M1 启动运行，运行 4 s、停止 2 s，运行 3 个周期后停止，电机 M1 调试结束。电机 M1 调试过程中，HL4 常亮，调试完成后，HL4 熄灭。搅拌电机 M1 由 S7-200 SMART SR40 控制。SR40 主程序中，在触摸屏上选择调试按钮 M110.0 是动作取反型按钮，按下选择调试按钮，V110.0 对应的值取反，按一次按钮，C0 值加 1，选择调试按钮按下次数 C0=1，且在触摸屏上调试界面信号 M111.0=1，通过信号传输到 SR40，使得 V111.0=1，调用搅拌电机 M1 子程序，且 V0.0=1，通过信号传输到 300 PLC，使得 M0.0=1，即触摸屏上搅拌电机指示灯点亮。子程序调用及控制程序如图 12-27 和图 12-28 所示。

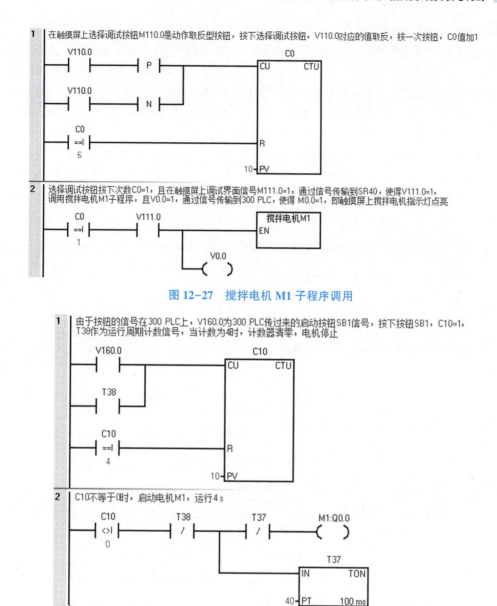

图 12-27　搅拌电机 M1 子程序调用

图 12-28　搅拌电机 M1 控制程序

三、喷涂泵电机（变频电机）M2 程序设计

根据控制要求，由触摸屏输入工件直径（工件直径数值应在 40～120 cm）后按

下启动按钮 SB1，电机 M2 正向运行 4 s，工件直径 $D<60$ cm 时，变频器输出 $f=$ 50 Hz；工件尺寸直径 60 cm≤D≤120 cm 时，变频器输出 $f=50-(D-60)/2$。运行过程中，按下停止按钮 SB2，电机 M2 停止运行；再按下启动按钮 SB1 时，电机 M2 继续以之前的状态运行，直至电机运行时间到达。喷涂泵电机（变频电机）M2 频率设置采用模拟量控制，设置变频器参数 P700＝2、P701＝1 及 P1000＝2，电机由 S7-200 SMART ST30 控制。ST30 主程序中，触摸屏上的选择调试按钮 M110.0 是动作取反型按钮，按下选择调试按钮，V110.0 对应的值取反，按一次按钮，C0 值加 1，选择调试按钮按下次数 C0＝2，且在触摸屏上调试界面信号 M111.0＝1，通过信号传输到 ST30，使得 V111.0＝1，调用变频电机 M2 子程序。子程序调用及控制程序如图 12-29 和图 12-30 所示。

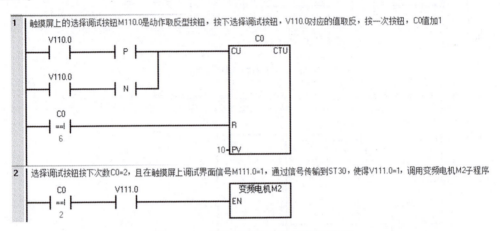

图 12-29　喷涂泵电机 M2 子程序调用

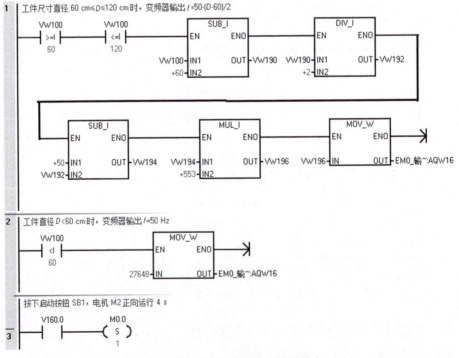

图 12-30　喷涂泵电机 M2 控制程序

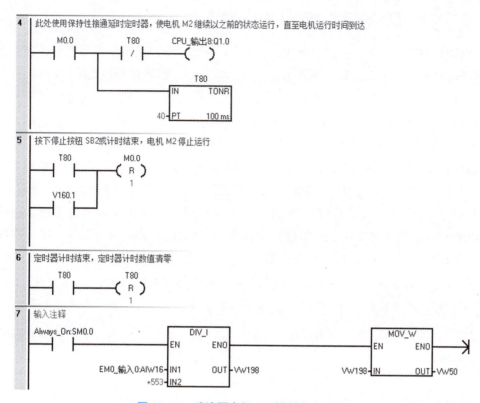

图 12-30　喷涂泵电机 M2 控制程序（续）

喷涂泵电机（变频电机）M2 调试过程中，HL4 以 1 Hz 的频率闪烁，调试结束后，HL4 熄灭。指示灯由 S7-200 SMART SR40 控制。SR40 主程序中，在触摸屏上选择调试按钮 M110.0 是动作取反型按钮，按下选择调试按钮，V110.0 对应的值取反，按一次按钮，C0 值加 1，选择调试按钮按下次数 C0＝2，且在触摸屏上调试界面信号 M111.0＝1，通过信号传输到 SR40，使得 V111.0＝1，调用喷涂泵电机（变频电机）M2 指示灯子程序，且 V0.1＝1，通过信号传输到 300 PLC，使得 M0.1＝1，即触摸屏上喷涂泵电机指示灯点亮。子程序调用及控制程序如图 12-31 所示。

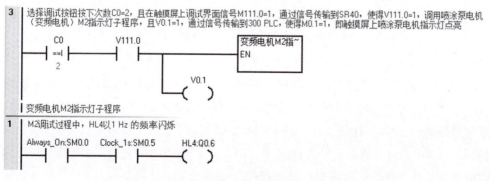

图 12-31　喷涂泵电机 M2 指示灯子程序调用及控制程序

四、喷涂高度电机（步进电机）M3 程序设计

根据控制要求，调试前将电机 M3 手动调至 SQ2 与 SQ3 之间，然后在触摸屏上设置步进电机的运行速度（设定范围为 4.0~12.0 mm/s，精确到小数点后一位），按下启动按钮 SB1，电机 M3 自动回到初始位置 SQ1，到达后，由 SQ1 位置开始运行。运行过程如下：在 SQ1 位置等待 2 s 后向 SQ2 运行，在 SQ2 位置停止 2 s 后运行至 SQ3，在 SQ3 位置停止 2 s 后返回 SQ1，返回速度为设定运行速度的 1.5 倍；在动作过程中的任意时刻按下停止按钮 SB2，电机 M3 在当前位置停止运行，HL4 以 2 Hz 的频率闪烁；再按下启动按钮 SB1 后，电机 M3 继续当前动作，直至 M3 电机调试过程结束。电机 M3 由 S7-200 SMART ST30 控制。ST30 主程序中，在触摸屏上选择调试按钮 M110.0 是动作取反型按钮，按下选择调试按钮，V110.0 对应的值取反，按一次按钮，C0 值加 1，选择调试按钮按下次数 C0=3，且触摸屏调试界面信号 M111.0=1，通过信号传输到 ST30，使得 V111.0=1，调用喷涂高度电机（步进电机）M3 子程序。子程序调用及控制程序如图 12-32 和图 12-33 所示。

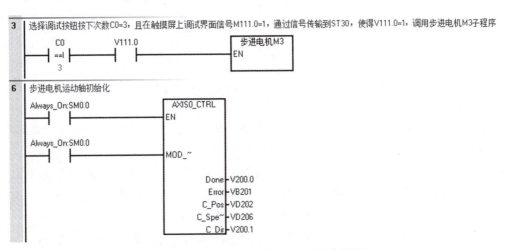

图 12-32 喷涂高度电机 M3 子程序调用

喷涂高度电机（步进电机）M3 在调试过程中，当电机 M3 由 SQ1 向 SQ3 运动时；HL1 常亮，返回 SQ1 的过程中，HL2 常亮，调试结束后，HL1、HL2 均熄灭。指示灯由 S7-200 SMART SR40 控制。SR40 主程序中，在触摸屏上选择调试按钮 M110.0 是动作取反型按钮，按下选择调试按钮，V110.0 对应的值取反，按一次按钮，C0 值加 1，选择调试按钮按下次数 C0=3，且触摸屏上调试界面信号 M111.0=1，通过信号传输到 SR40，使得 V111.0=1，调用喷涂高度电机（步进电机）M3 指示灯子程序，且 V0.2=1，通过信号传输到 300 PLC，使得 M0.2=1，即触摸屏上的喷涂高度电机指示灯点亮。子程序调用及控制程序如图 12-34 所示。

五、转台电机（伺服电机）M4 程序设计

根据控制要求，在触摸屏上设置转台的旋转速度，按下启动按钮 SB1，转台正向运行 10°，停止 2 s；再正向运行 20°，停止 2 s；然后反向运行 30°回到起始位置，电机 M4 调试结束。电机 M4 由 S7-200 SMART ST30 控制。ST30 主程序中，在触摸屏上选择调试按钮 M110.0 是动作取反型按钮，按下选择调试按钮，V110.0 对应的值取反，按一次按钮，C0 值加 1，选择调试按钮按下次数 C0＝4，且在触摸屏上调试界面信号 M111.0＝1，通过信号传输到 ST30，使得 V111.0＝1，调用转台电机（伺服电机）M4 子程序。子程序调用及控制程序如图 12-35 和图 12-36 所示。

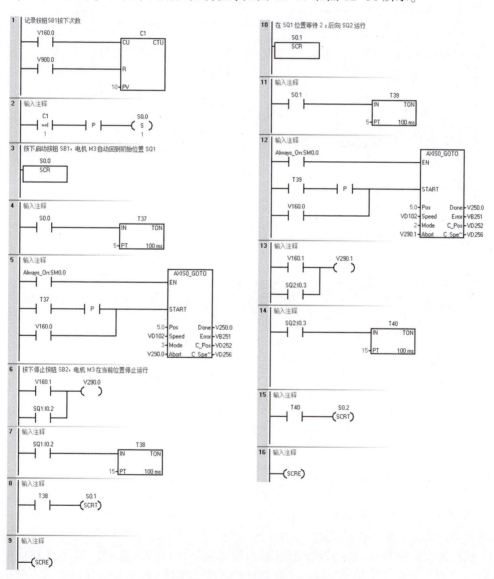

图 12-33　喷涂高度电机 M3 控制程序

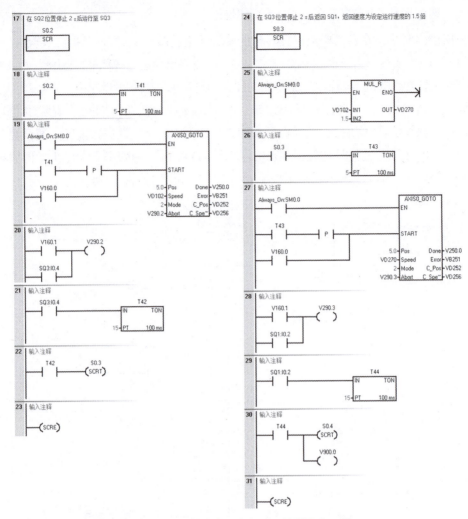

图 12-33　喷涂高度电机 M3 控制程序（续）

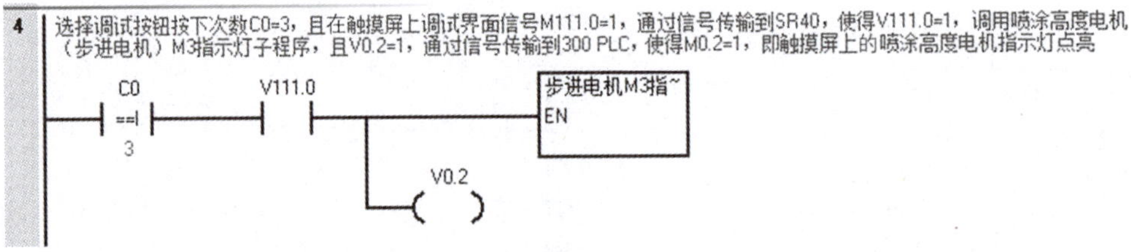

4 选择调试按钮按下次数C0=3，且在触摸屏上调试界面信号M111.0=1，通过信号传输到SR40，使得V111.0=1，调用喷涂高度电机（步进电机）M3指示灯子程序，且V0.2=1，通过信号传输到300 PLC，使得M0.2=1，即触摸屏上的喷涂高度电机指示灯点亮

图 12-34　喷涂高度电机 M3 指示灯子程序调用及控制程序

转台电机（伺服电机）M4 在调试过程中，HL4 以亮 2 s、灭 1 s 的周期闪烁。调试结束后，HL4 熄灭。指示灯由 S7-200 SMART SR40 控制，SR40 主程序中，在触摸屏上选择调试按钮 M110.0 是动作取反型按钮，按下选择调试按钮，V110.0 对应的值取反，按一次按钮，C0 值加 1，选择调试按钮按下次数 C0 = 4，且在触摸屏上调试界面信号 M111.0 = 1，通过信号传输到 SR40，使得 V111.0 = 1，调用转台电机（伺服电机）M4 指示灯子程序，且 V0.3 = 1，通过信号传输到 300 PLC，使得 M0.3 = 1，即触摸屏上转台电机指示灯点亮。子程序调用及控制程序如图 12-37 所示。

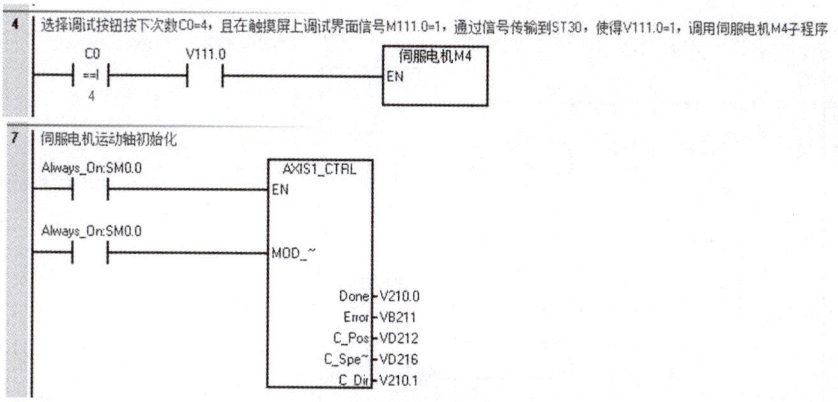

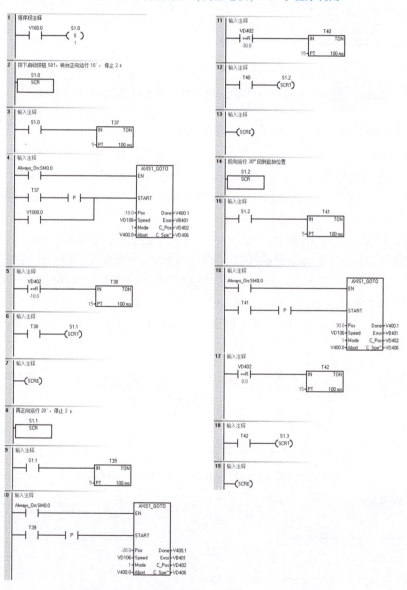

图 12-35　转台电机（伺服电机）M4 子程序调用

图 12-36　转台电机（伺服电机）M4 控制程序

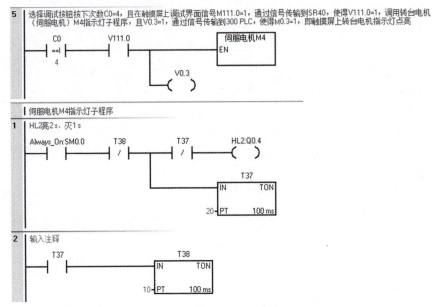

图 12-37　转台电机（伺服电机）M4 指示灯子程序调用及控制程序

六、排风扇电机（双速电机）M5 程序设计

排风扇电机（双速电机）M5 在调试过程中，按下启动按钮 SB1，M5 电机以低速运行 3 s 后转换到高速运行，高速状态运行 5 s 后停止，电机 M5 调试结束。电机 M5 调试过程中，当 M5 处于低速状态时，HL4 以 1 Hz 的频率闪烁；当 M5 处于高速状态时，HL4 以 2 Hz 的频率闪烁；当调试结束后，HL4 熄灭。排风扇电机（双速电机）M5 由 S7-200 SMART SR40 控制，SR40 主程序中，触摸屏上的选择调试按钮 M110.0 是动作取反型按钮，按下选择调试按钮，V110.0 对应的值取反，按一次按钮，C0 值加 1，选择调试按钮按下次数 C0=5，且在触摸屏上调试界面信号 M111.0=1，通过信号传输到 SR40，使得 V111.0=1，调用排风扇电机 M5 子程序，且 V0.4=1，通过信号传输到 300 PLC，使得 M0.4=1，即触摸屏上的排风扇电机指示灯点亮。子程序调用及控制程序如图 12-38 和图 12-39 所示。

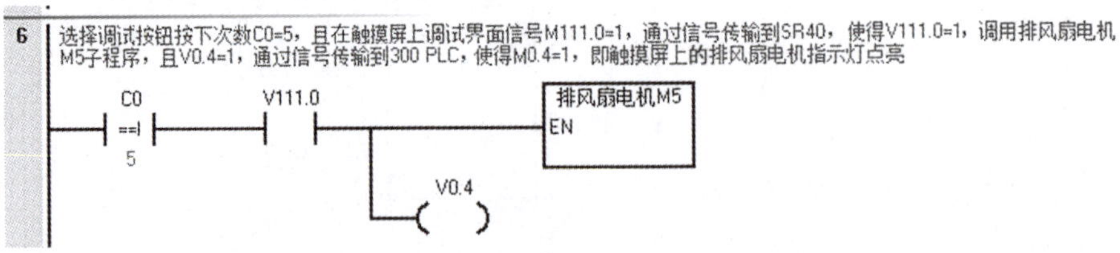

图 12-38　排风扇电机（双速电机）M5 子程序调用

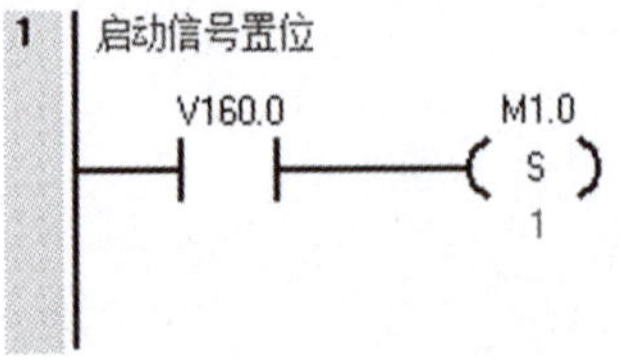

图 12-39　排风扇电机（双速电机）M5 控制程序

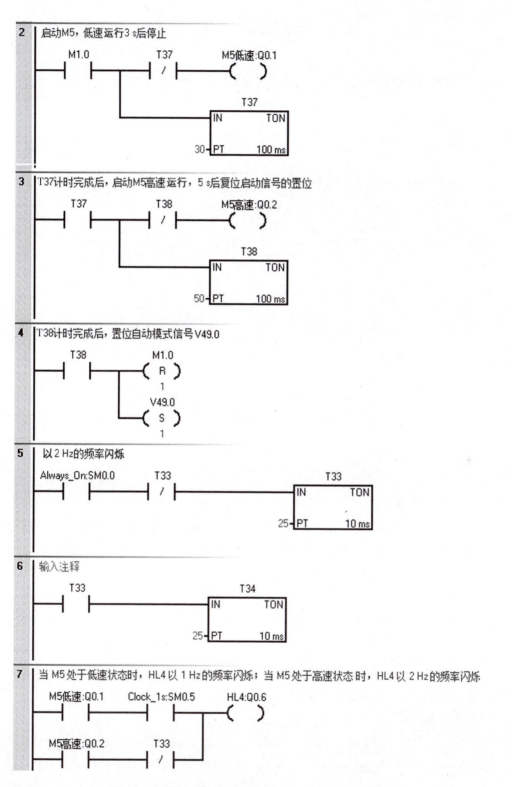

图 12-39　排风扇电机（双速电机）M5 控制程序（续）

12.5　实践演练与评价反馈

12.5.1　实践演练

一、任务分工

填写小组任务分配表。

小组任务分配表

班级			组号	
组长			学号	
组员 1		学号	组员 2	学号
组员 3		学号	组员 4	学号
组员 5		学号	组员 6	学号
任务分工		姓名	负责工作	

二、知识准备

引导问题 1：本项目中，喷涂泵电机 M2 为变频电机，根据 M2 电机控制要求，变频器频率随着工件直径的改变而改变，则变频器参数如何设置？PLC 控制程序如何编写？

_____

_____

_____

引导问题 2：本项目自动控制系统有两种工作模式：调试模式和自动涂装模式，如何根据控制要求，在触摸屏用户登录界面设置用户权限，根据不同的登录用户，进入不同的控制界面？

_____

_____

_____

引导问题 3：本项目中，步进电机 M3 要旋转一周，需要 4 000 脉冲，如何根据要求进行步进驱动器参数设置？如何在程序设计中实现步进电机暂停功能？伺服电机 M4 要旋转一周，需要 2 000 脉冲，减速比为 36∶1，则如何根据要求进行伺服驱动器参数设置？

引导问题 4：本项目中，如何将液位高度测量模拟信号（0~10 V 对应 0~1 m）、质量传感器模拟信号（4~20 mA 对应 0~30 kg）转换成 PLC 可处理的信号？

三、工作实施

各小组根据项目控制要求，参考教材内容完成以下工作。

①列出 PLC 的 I/O 分配表。

序号	输入信号	PLC 地址	序号	输出信号	PLC 地址

②根据 PLC 的 I/O 分配表，绘制 PLC 的 I/O 接线图。

③根据项目控制要求设计系统控制程序。

_____

_____

_____

_____

④下载程序并进行调试，确认是否满足系统控制要求，填写调试记录，并谈谈完成本项目的心得体会。

_____

_____

_____

_____

_____

四、自主探究

根据所学内容进行项目拓展，各小组进行讨论，编写项目拓展任务书。

_____

_____

_____

_____

_____

_____

12.5.2　评价反馈

评价反馈由个人与小组自评、小组互评以及教师评价组成，填写个人与小组自评表、小组互评表以及教师评价表。

个人与小组自评表

班级		组名		日期	年　月　日
评价指标	评价内容		配分	得分	
知识准备	1. 是否已提前熟悉本项目的控制要求； 2. 本项目涉及前序课程所学专业知识是否复习。		10		
操作实践	是否根据控制要求完成以下工作： 1. 硬件接线已调试完成； 2. 监控画面已设计完成； 3. 系统控制程序已调试完成； 4. 系统联机调试已完成。		40		

续表

评价指标	评价内容	配分	得分
学习态度	1. 上课是否按时出勤； 2. 是否积极主动参与项目的安装与调试工作； 3. 同学之间是否相互理解、相互支持； 4. 与教师沟通是否顺畅。	10	
学习方法	1. 学习方法是否得当，有工作计划； 2. 技能实操是否符合操作规程； 3. 是否可以获得进一步提升的能力。	10	
工作过程	1. 每次课的工作任务完成情况； 2. 能否主动发现并提出有价值的问题； 3. 是否有解决问题的能力。	10	
自评反馈	1. 按时保质完成工作任务； 2. 掌握本项目相关专业知识； 3. 具有较强的分析问题、解决问题的能力； 4. 具有较强的团队协作能力； 5. 具有严谨的思维能力和表达能力。	20	
自评总分			
总结反馈			

小组互评表

班级		组名		日期	年　月　日
评价指标	评价内容			配分	得分
硬件组装 与调试	1. 输入/输出信号分析； 2. 硬件选型； 3. I/O 分配表及接线图绘制； 4. 硬件安装、接线与调试。			25	
监控画面 设计	1. 合理进行监控画面设计； 2. 正确选择监控画面控件； 3. 正确设置控件属性。			25	

评价指标	评价内容	配分	得分
控制程序设计与调试	1. 能正确设计程序； 2. 按控制要求进行调试。	40	
互评反馈	1. 按时保质完成工作任务； 2. 掌握本项目相关专业知识； 3. 具有较强的分析问题、解决问题的能力； 4. 具有较强的团队协作能力； 5. 具有严谨的思维能力和表达能力； 6. 是否完成本项目的心得体会。	10	
互评总分			
合理建议			

教师评价表

班级		组名		日期		年　　月　　日	
小组成员签名							

序号	评价指标	评价内容	评价标准	配分	得分
1	任务分工	1. 根据项目要求合理分工； 2. 小组成员之间协作情况。	1. 分工不合理，扣 2 分； 2. 团队成员之间出现不和谐现象，酌情扣 2~5 分。	5	
2	硬件组装与调试	1. 输入/输出信号分析； 2. 硬件选型； 3. I/O 分配表及接线图绘制； 4. 硬件安装、接线与调试。	1. I/O 信号遗漏或者错误，每处扣 2 分； 2. 硬件选型错误或者不合适，每个扣 2 分；接线图绘制错误或者不规范，每处扣 2 分； 3. 硬件安装不规范、接线不规范或者错误，每处扣 2 分。	15	
3	监控画面设计	1. 合理进行监控画面设计； 2. 正确选择监控画面控件； 3. 正确设置控件属性。	1. 监控画面设计不合理，扣 5 分； 2. 画面控件选择错误，每处扣 5 分； 3. 控件属性设置错误，每处扣 5 分。	25	

序号	评价指标	评价内容	评价标准	配分	得分
4	控制程序设计与调试	1. 能正确设计程序； 2. 按控制要求进行调试。	1. 指令有错误，每处扣2分； 2. 搅拌电机 M1 控制要求全部未显示，扣 10 分；实现部分功能，根据完成情况酌情扣分； 3. 喷涂泵电机 M2 控制要求全部未显示，扣 10 分；实现部分功能，根据完成情况酌情扣分； 4. 喷涂高度电机 M3 控制要求全部未显示，扣 10 分；实现部分功能，根据完成情况酌情扣分； 5. 转台电机 M4 控制要求全部未显示，扣 10 分；实现部分功能，根据完成情况酌情扣分； 6. 排风电机 M5 控制要求全部未显示，扣 10 分；实现部分功能，根据完成情况酌情扣分。 注：根据控制要求进行打分，扣完为止。	45	
5	职业素养	1. 遵守教学场所规章制度； 2. 安全生产、文明操作意识。	1. 迟到、早退或不遵守教学场所规章制度，扣 5 分； 2. 设备首次上电前未进行请示，扣 2 分；带电操作者，视情况扣 5~10 分； 3. 出现重大事故或者人为损坏设备，扣 10 分； 4. 工具材料摆放不整齐，扣 2 分；踩踏导线，扣 2 分； 5. 项目完成后，未进行工位清理，扣 5 分。	10	

12.6 项目拓展

进入自动涂装模式后，触摸屏进入自动涂装运行模式界面，可参考图12-40进行设计。界面要求：

①触摸屏界面有主界面和复位按钮。

②在工件设置区，选择工件类型，设置工件直径、喷涂带区域起始位置及结束位置。

③在参数显示区，显示混料罐混合涂料实时质量、转台实时位置、喷涂泵电机运行频率、喷涂高度电机速度。

④在喷头位置显示区，实时显示喷头的位置。

⑤在储存罐显示区，实时显示储存罐中液位状态变化情况。

⑥在状态显示区，显示阀门和各个电机的动作运行状态。

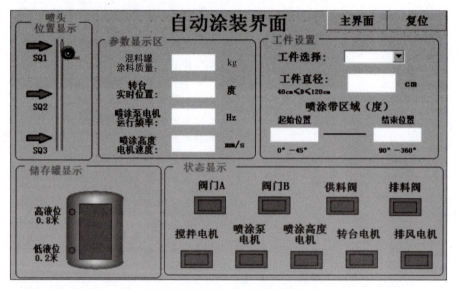

图12-40 自动涂装模式参考界面

自动涂装工艺流程与控制要求：

（1）系统初始化状态

进入自动涂装模式后，按下"复位"按钮，喷涂高度电机M3自动回到初始位置SQ1，触摸屏转台实时角度数值清零，储存罐中液位为零，混料罐中涂料质量为零，各电机处于停止状态。完成以上动作后，HL4以1 Hz的频率闪烁，表示系统已满足自动运行的初始条件。

（2）运行操作

HL4以1 Hz的频率闪烁的状态下，进行工件选择（从下拉菜单中选择甲类或乙类工件，工件选择菜单初始状态为空白状态），输入工件直径（工件直径数值应在40～120 cm）和喷涂带区域起始位置（起始位置应在0°～45°，结束位置应在90°～360°）。按下开始按钮SB1，系统开始自动运行，自动运行过程中，运行指示灯HL4常亮。

（3）进料及混料流程

当混料罐中混合涂料剩余质量小于 0.2 kg 时，供料阀关闭，进料阀 A 和进料阀 B 依次打开，A、B 两种涂料开始依次进入混料罐。涂料进料量以混料罐底部安装的质量传感器（传感器感应质量为 0~30 kg，由模拟量电流 4~20 mA 模拟输入）感应结果进行控制。甲类工件所需涂料中，B 涂料质量为 A 涂料质量的 1.5 倍；乙类工件所需涂料中，B 涂料质量为 A 涂料的 75%。涂料 A 进料开始后，当质量传感器感应质量达到 10 kg 时，进料阀 A 关闭，涂料 A 停止进料；同时，进料阀 B 打开，涂料 B 开始进料，当质量传感器感应罐内涂料总质量达到要求（根据配方质量关系）时，进料阀 B 关闭，涂料 B 停止进料。然后搅拌电机 M1 开始运转，搅拌 6 s 后，M1 停止运行。当进料阀 A 开启之后，直至混料电机动作完成的过程中，供料阀保持关闭状态。

此过程中，混料罐涂料质量、阀门 A、阀门 B、供料阀及搅拌电机动作状态应在触摸屏中实时显示。

（4）供料及储料流程

在储料罐中所储存的混合涂料液位低于高液位，且混料罐中混料电机完成混料操作的状态下，供料阀打开，涂料由混料罐进入储料罐；当混合涂料液位高于高液位时，供料阀关闭，混合涂料停止进入储料罐；当储料罐中混合涂料的液位高于低液位时，自动喷涂流程开始运行；当低于低液位时，自动涂装流程停止运行，待混合涂料液位高于低液位后，各电机自动恢复停止前的状态继续运行。

此过程中，储料罐液位、进料阀、喷涂泵电机、喷涂高度电机及转台电机运行状态应在触摸屏中实时显示。

（5）自动喷涂流程

先进行一条带状涂装，涂装高度为 SQ2 所确定的位置。带状涂装起始位置及涂装区域（工件固定在旋转台，转台带动工件旋转）由 HMI 输入（起始位置及结束位置均由所输入的角度值确定，起始位置为 0°~45°，结束位置为 90°~360°，输入值精确到个位）。首先，喷涂高度电机 M3 由初始位置 SQ1 移动到 SQ2，电机运行速度为 10 mm/s；然后转台电机 M4 旋转至喷涂起始位置（由 HMI 输入数值决定，旋转速度为 10°/s）；喷涂泵电机 M2 开始运行，同时，转台电机 M4 继续旋转至喷涂结束位置（由 HMI 输入数值决定）后停止，转台旋转速度为 10°/s；到达结束位置后，喷涂泵电机 M2 停止运行。完成带状涂装任务后，喷涂高度电机 M3 自动回到 SQ1 位置，转台电机 M4 反向旋转，旋转角度为结束位置设定角度值。喷涂高度电机 M3 运行过程中，喷涂泵电机 M2 停止动作。

喷涂高度电机 M3 与转台电机 M4 均回到初始位置等待 2 s 后，喷涂高度电机 M3 与转台电机 M4 同时开始运行，喷涂泵电机 M2 开始持续运行，喷涂高度电机 M3 由 SQ1 运行至 SQ3，转台电机 M4 正向旋转 360°，运行周期为 20 s。喷涂高度电机 M3 与转台电机 M4 应同步运行完成（喷涂高度电机 M3 与转台电机 M4 同时开始运行，且同时到达结束位置），同时，喷涂泵电机 M2 停止运行。运行完毕后，喷涂高度电机 M3 返回初始位置 SQ1、转台电机 M4 反向旋转 360°。

此过程中，喷头高度位置、转台实时位置、喷涂泵电机运行频率、喷涂高度电机速度，以及喷涂泵电机、喷涂高度电机及转台电机运行状态应在触摸屏中实时显示。

（6）排风及排料流程

为避免排风气流对涂装质量产生影响，在喷涂泵电机 M2 工作时，排风电机 M5 处于低速运行状态；喷涂泵电机 M2 停止工作时，排风电机 M5 切换至高速运行状态，全部涂装过程完成后，排风电机 M5 继续保持高速运行 10 s 后停止。同时，为防止涂装室因积液过多而造成工件质量下降，排水阀在自动运行状态下动作。动作要求如下：当自动喷涂过程开始时，排水阀启动，全部涂装过程完成后，继续保持开启状态 10 s 后关闭。

此过程中排风电机及排水阀状态应在触摸屏中实时显示。

（7）停止操作

①系统自动运行过程中，按下停止按钮 SB2，系统完成当前涂装动作后停止运行，HL1 常亮。当停止后再次启动运行时，HL1 熄灭，系统保持上次运行的记录。

②系统发生紧急事件旋转急停按钮时（SA1 闭合），系统立即停止，HL1 以 1 Hz 的频率闪烁；急停恢复后（SA1 断开），再次按下 SB1，触摸屏工件设置区域所有设定参数清零，所有阀门及电机恢复到初始状态；将所有参数重新设定后，系统从初始状态重新开始运行。

当电机 M3 出现越程（左、右超程位置开关分别为两侧微动开关 SQ4、SQ5），伺服系统自动锁住，并在触摸屏上自动弹出报警信息"报警界面，设备越程"。单击触摸屏上任意位置解除报警后，系统重新恢复到初次登录状态，按下复位按钮后，所有设置参数置零且全部电机恢复到初始状态，需重新在 HMI 上设置参数后再次运行。

项目十三

智能立体车库电气控制系统安装与调试

德育教育13
城市交通的
实践之路

学习目标

①能完成一台 S7-300 PLC 与两台 S7-200 SMART 的工业以太网组网；

②能完成触摸屏与 S7-300 PLC 的工业以太网连接；

③能完成智能立体车库控制系统的电气控制原理图的绘制；

④能完成智能立体车库控制系统中主要器件的安装与连接；

⑤能完成智能立体车库控制系统的运行与调试。

　　立体车库系统由泊车位、转盘换位装置、汽车定位装置和升降电梯组成。该智能立体车库5层，每层10个泊车位。汽车轴距（汽车前轴中心到后轴中心的距离）不同，其中，高级轿车轴距大于2.8 m，中级轿车轴距为2.5～2.8 m，小型轿车轴距为2.2～2.5 m，微型轿车轴距小于2.2 m。汽车定位装置包括支架伸缩、支架夹紧和检测装置，可以对汽车进行定位和检测。图13-1所示为系统结构简图，图中只给出3层车库的泊车位示意。

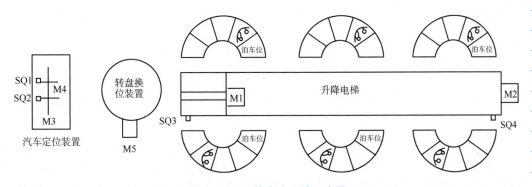

图 13-1　立体车库系统示意图

　　系统运行过程如下：有汽车时，按动按钮，升降电梯门打开，汽车开到升降电梯的转盘换位装置上，由汽车定位装置进行测量和定位，汽车由升降电梯运送到指定的层数，由转盘换位装置旋转到各层指定的位置，再由汽车定位装置托送到泊车位，存汽车过程完成。取汽车过程与存汽车过程类似。

315

汽车定位装置由伺服电机拖动，在伺服电机轴上安装编码器来测量汽车轴距。SQ1 接通开始检测，SQ2 接通停止检测，停止检测后，由定位电机将汽车定位在伸缩支架上，存、取汽车由定位装置的伸缩支架进行搬运；升降电梯由变频电机牵引，为防止电梯超出范围，设置 SQ3 和 SQ4 两个极限位置；转盘换位装置由步进电机驱动旋转。泊车位用于停放汽车，泊车位的分区编号见表 13-1。

表 13-1　泊车位的分区编号

层数	位置编号									
4	40	41	42	43	44	45	46	47	48	49
3	30	31	32	33	34	35	36	37	38	39
2	20	21	22	23	24	25	26	27	28	29
1	10	11	12	13	14	15	16	17	18	19
0	0	1	2	3	4	5	6	7	8	9

由表 13-1 可知，立体车库共有 50 个泊车位，每个泊车位最多可停放一台车辆。在汽车进入泊车位前，汽车定位装置需要测量轴距。轴距大小由编码器测定给出。

智能立体车库系统由以下电气控制回路组成：电梯门由电机 M1 驱动（M1 为三相异步电机，正转开门、反转关门）；电梯升降由电机 M2 驱动（M2 为三相异步电机（带速度继电器），由变频器进行模拟量调速控制，调速范围在 0~50 Hz，加速时间为 0.2 s，减速时间为 0.1 s）。汽车定位、夹紧装置由电机 M3 和 M4 控制（M3 为伺服电机，参数设置如下：伺服电机旋转一周，需要 1 000 个脉冲，正转/反转的转速可为 1~3 圈/s，正转对应伸缩支架伸出，反转对应伸缩支架缩回；M4 为三相高低速异步电机，低速只进行正转，对应伸缩支架夹紧，高速反转，对应伸缩支架松开）；转盘换位装置由电机 M5 驱动（M5 为步进电机，参数设置如下：步进电机旋转一周，需要 2 000 个脉冲）。电机旋转以面向电机"顺时针旋转为正向，逆时针旋转为反向"为准。

13.1　控制要求

立体车库系统设备具有两种工作模式：手动调试检测模式和存取汽车模式。设备上电后，触摸屏进入首页界面。

1. 首页界面要求

首页界面是启动界面，如图 13-2 所示。单击"进入测试"按钮，弹出"用户登录"窗口，如图 13-3 所示，在"用户名"下拉列表中选择"负责人"，输入密码"000"进入调试模式界面。调试完成后，自动返回首页界面。

单击"进入运行"按钮，弹出"用户登录"窗口，在"用户名"下拉列表中选择"操作员"，输入密码"555"进入存取汽车模式界面。可直接单击"返回"按钮返回首页界面。如出现报警，跳出报警窗口；解除报警后，返回当前窗口，继续调试或运行。

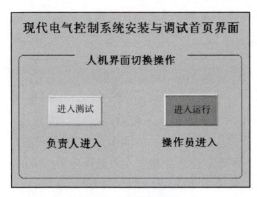

图 13-2　首页界面

图 13-3　"用户登录"窗口

2. 调试模式

设备进入调试检测模式后，在触摸屏上出现调试界面，如图 13-4 所示。通过单击"选择调试按钮"下拉按钮，在下拉列表中随意选择需调试的电机，相应的电机指示灯闪烁，并且按下 SB1 按钮，选中的电机按要求进行调试运行。没有调试顺序要求，每个电机调试完成后，对应的电机指示灯常亮，记录保存。

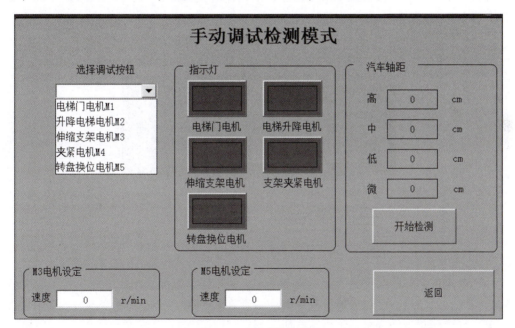

图 13-4　调试模式界面

（1）电梯门电机 M1 调试过程

按下正转按钮 SB1 后，电梯门电机 M1 运行 5 s 后停止；按下反转按钮 SB2 后，电机运行 5 s 停止。电机 M1 调试过程中，HL1 常亮。

（2）电梯升降电机 M2 调试过程

按下 SB1 按钮，电机 M2 以 5 Hz 正转启动，每隔 3 s，频率加 5 Hz 正转运行，依次为 10 Hz、15 Hz、20 Hz、…、50 Hz，然后再按下 SB1 按钮，电机 M2 正转停止，

5 s 后，电机 M2 自动从 10 Hz 反转启动运行，每隔 2 s，频率加 6 Hz 反转运行，依次为 16 Hz、22 Hz、…、40 Hz，再按下 SB1 按钮，电机 M2 反转停止。运行过程中，按下停止按钮 SB2，电机 M2 立即停止（调试没有结束），调试需重新启动。电机 M2 调试过程中，HL2 以 1 Hz 的频率闪烁。

（3）伸缩支架电机（伺服电机）M3 和支架夹紧电机 M4 调试过程

在轴距检测中，考虑竞赛设备情况，汽车的轴距尺寸范围由各定位开关位置确定。其安装示意图如图 13-5 所示，其中，SQ13、SQ12、SQ11 和 SQ10 分别为高级轿车、中级轿车、小型轿车和微型轿车轴距测量定位开关，SQ14、SQ15 分别为极限位开关。伺服电机开始调试前，手动将伸缩支架移动至任意位置，在触摸屏中设定伺服电机的速度（速度范围应为 60~180 r/min），按下启动按钮 SB1，伸缩支架运行至 SQ10 处，触摸屏记录微型车轴距为 2.2 m，轴距由编码器给定；2 s 后，伸缩支架沿丝杠向左行驶到定位开关 SQ11 处停止，触摸屏记录小型轿车轴距（2.2~2.5 m）；2 s 后，伸缩支架继续沿丝杠向左行驶到定位开关 SQ12 处停止，触摸屏记录中级轿车轴距（2.5~2.8 m）；3 s 后，伸缩支架继续沿丝杠向左行驶到定位开关 SQ13 处停止，触摸屏记录高级轿车轴距（2.8 m 以上）；4 s 后，伸缩支架自动返回至 SQ10 处停止。整个过程中按下停止按钮 SB2，电机 M3 停止，再次按下 SB1，伸缩支架从当前位置开始继续运行。电机 M3 调试过程中，伸缩支架运行时，HL2 常亮；停止时，HL2 以 2 Hz 的频率闪烁。

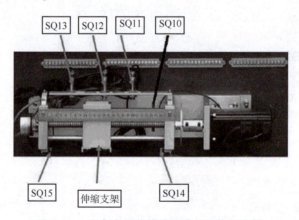

图 13-5　汽车定位装置伸缩支架结构示意图

汽车定位装置伸缩支架受丝杠长度限制，触摸屏显示的输出长度并非实际滑块运行的距离，但显示长度和滑块运行距离应该存在线性关系，即若改变 SQ11~SQ13 的位置，触摸屏测量的汽车轴距应该有所不同。

电机 M4 必须在电机 M3 停止的情况下运行。电机 M3 再次测量时，电机 M4 自动停止。电机 M4 运行中，HL1 以 1 Hz 的频率闪烁。

（4）转盘换位电机（步进电机）M5 调试过程

转盘换位电机（步进电机）M5 假设安装在减速箱上（步进电机转 20 圈，转盘转 1 圈）。步进电机开始调试前，首先在触摸屏中设定步进电机的速度（速度范围应为 60~180 r/min），按下启动按钮 SB1，步进电机 M5 正转，驱动转盘转动 36° 自动停止（0 号车位为初始位置，转盘转动 36°，相当于将转盘从 0 号车位转至 1 号车位），

3 s 后正转 108°自动停止（相当于将转盘转至 4 号车位，依此类推），5 s 后反转 108°自动停止。电机 M5 调试过程中，HL2 以亮 2 s、灭 1 s 的周期闪烁。

所有电机（M1~M5）调试完成后，按下按钮 SB3，系统将切换到自动运行模式。在未进入自动运行模式时，单台电机可以反复调试。

13.2　系统方案设计

根据控制任务描述，选用一台 S7-300 PLC 与两台 S7-200 SMART 作为本系统的控制器，一台 S7-300 PLC 为主站，两台 S7-200 SMART 为从站。电机控制、I/O、HMI 与 PLC 组合分配方案见表 13-2，本系统控制框图如图 13-6 所示。

表 13-2　设备与控制器分配方案

设备	控制器
HMI SB1~SB3 SA1	CPU314C-2PN/DP
M1、M2、M4 HL1~HL5	S7-200 SMART 6ES7288-1SR40-0AA0
M3、M5 SQ1、SQ2 SQ10~SQ15	S7-200 SMART 6ES7288-1ST30-0AA0

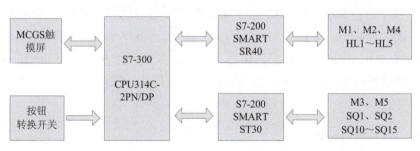

图 13-6　智能立体车库控制框图

13.3　系统电气设计与安装

13.3.1　电气原理分析

智能立体车库控制系统由 5 个电机组成。M1 为电梯门驱动电机，M2 为电梯升降驱动电机，M3 为伸缩支架电机，M4 为汽车夹紧电机，M5 为转盘换位装置驱动电机。智能立体车库控制系统原理图如图 13-7 所示。

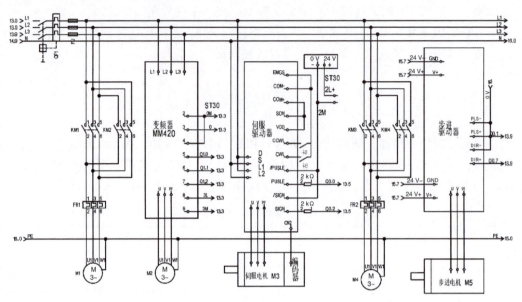

图 13-7　智能立体车库控制系统电气原理图

工作原理如下。

M1：按下正转启动按钮 SB1，KM1 线圈得电，KM1 主触点吸合，电机正转运行，KM1 常闭辅助触点断开，形成互锁。5 s 后，KM1 线圈失电，KM1 主触点断开，电机停止正转，KM1 常闭辅助触点吸合，形成互锁。按下反转启动按钮 SB2，KM2 线圈得电，KM2 主触点吸合，电机反转运行，KM2 常闭辅助触点断开，形成互锁。5 s 后，KM2 线圈失电，KM2 主触点断开，电机停止反转，KM2 常闭辅助触点吸合，形成互锁。在调试过程中，HL1 常亮。

M2：按下按钮 SB1，电机 M2 以 5 Hz 的频率正转启动，每隔 3 s，频率加 5 Hz 正转运行，依次为 10 Hz、15 Hz、20 Hz、…、50 Hz，再按 SB1 按钮，M2 电机正转停止。5 s 后，电机自动从 10 Hz 反转运行，每隔 2 s，频率加 6 Hz 反转运行。再按 SB1 按钮，M2 电机反转停止。按下停止按钮 SB2，M2 停止。在调试过程中，HL2 以 1 Hz 的频率闪烁。

13.3.2　I/O 地址分配

根据对智能立体车库控制系统的分析，本系统 S7-300 PLC 输入信号有按钮 SB1、SB2、SB3，主令开关 SA1；输出信号无。S7-200 SMART PLC SR40 输入信号无；输出信号有 M1 正、反转三相异步电机，M2 由变频器模拟量控制的带有速度继电器的三相异步电机，M4 双速电机，指示灯 HL1、HL2、HL3、HL4、HL5。S7-200 SMART PLC ST30 输入信号有编码器，位置传感器 SQ1、SQ2、SQ10、SQ11、SQ12、SQ13、SQ14、SQ15；输出信号有 M3 伺服电机、M5 步进电机。具体输入/输出信号地址分配情况见表 13-3～表 13-5。

表 13-3　S7-300 PLC 地址分配

S7-300 PLC					
输入信号			输出信号		
序号	信号名称	PLC 地址	序号	信号名称	PLC 地址
1	按钮 SB1	I0.0	1	无	
2	按钮 SB2	I0.1	2		
3	按钮 SB3	I0.2	3		
4	主令开关 SA1	I0.3			

表 13-4　S7-200 SMART PLC SR40 地址分配

S7-200 SMART PLC SR40					
输入信号			输出信号		
序号	信号名称	PLC 地址	序号	信号名称	PLC 地址
1	无		1	M1 正转线圈	Q0.0
			2	M1 反转线圈	Q0.1
			3	M2 DIN1	Q1.0
			4	M4 低速线圈	Q0.2
			5	M4 高速线圈	Q0.3
			6	指示灯 HL1	Q0.4
			7	指示灯 HL2	Q0.5
			8	指示灯 HL3	Q0.6
			9	指示灯 HL4	Q0.7
			10	指示灯 HL5	Q1.4

表 13-5　S7-200 SMART PLC ST30 地址分配

S7-200 SMART PLC ST30					
输入信号			输出信号		
序号	信号名称	PLC 地址	序号	信号名称	PLC 地址
1	编码器	I0.0	1	M3 PULSE	Q0.0
2	编码器	I0.1	2	M3 SIGN	Q0.2
3	位置传感器 SQ10	I0.2	3	M5 PLS+	Q0.1
4	位置传感器 SQ11	I0.3	4	M5 DIR+	Q0.7
5	位置传感器 SQ12	I0.4			
6	位置传感器 SQ13	I0.5			
7	位置传感器 SQ14	I0.6			

S7-200 SMART PLC ST30					
输入信号			输出信号		
序号	信号名称	PLC 地址	序号	信号名称	PLC 地址
8	位置传感器 SQ15	I0.7			
9	位置传感器 SQ1	I1.0			
10	位置传感器 SQ2	I1.1			

13.3.3　系统安装与接线

智能立体车库控制系统接线图如图 13-8 所示。

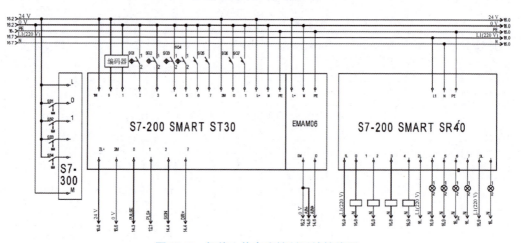

图 13-8　智能立体车库控制系统接线图

13.4　系统软件设计与调试

13.4.1　MCGS 组态设计

一、新建工程

在"文件"工具栏选择"新建"项目，弹出对话框，选择触摸屏型号 TPC7062Ti，在设备组态窗口选择通用 TCP/IP 串口父设备及西门子 CP443-1 以太网模块，双击以太网模块，创建 MCGS 界面变量、设置本地 IP 地址及远程 IP 地址。"设备编辑窗口"如图 13-9 所示。

二、新建窗口

在用户窗口新建 3 个窗口，分别为窗口 0（首页界面）、窗口 1（手动调试检测模式）及窗口 2（汽车存取模式）。在实时数据库新建一个变量，将变量改为字符型，

设备编辑窗口

驱动构件信息：
驱动版本信息：5.000000
驱动模版信息：新驱动模版
驱动文件路径：C:\MCGSE\Program\drivers\plc\西门子\s7cp3
驱动预留信息：0.000000
通道处理拷贝信息：无

索引	连接变量	通道名称	通道处理
0000		通讯状态	
0001	电梯门电机	读写M000.0	
0002	电梯升降电机	读写M000.1	
0003	伸缩支架电机	读写M000.2	
0004	支架加紧电机	读写M000.3	
0005	转盘换位电机	读写M000.4	
0006	微	读写MDF050	
0007	低	读写MDF054	
0008	中	读写MDF058	
0009	高	读写MDF062	
0010	库1	读写M066.0	
0011	库2	读写M066.1	
0012	库3	读写M066.2	
0013	库4	读写M066.3	
0014	库5	读写M066.4	
0015	库6	读写M066.5	
0016	库7	读写M066.6	
0017	库8	读写M066.7	
0018	库9	读写M067.0	
0019	库10	读写M067.1	
0020	库11	读写M067.2	
0021	库12	读写M067.3	
0022	存车数量	读写MWB070	
0023	取车数量	读写MWB072	
0024	报警画面	读写M099.0	
0025	下拉框	读写MWB100	
0026	M3电机设定	读写MWUB102	
0027	M5电机设定	读写MWUB104	
0028	开始检测	读写M110.0	
0029	手动模式	读写M110.1	
0030	自动模式	读写M110.2	
0031	SB3按钮	读写M160.2	

设备属性名	设备属性值
[内部属性]	设置设备内部属性
采集优化	1-优化
设备名称	设备0
设备注释	西门子CP443-1以太网模块
初始工作状态	1 - 启动
最小采集周期(ms)	100
TCP/IP通讯延时	200
重建TCP/IP连接等待时间[s]	10
机架号[Rack]	0
槽号[Slot]	2
快速采集次数	0
本地IP地址	192.168.2.5
本地端口号	3000
远端IP地址	192.168.2.1
远端端口号	102

图 13-9　"设备编辑窗口"的变量及 IP 地址

名字可自定义为"zf0"。在登录界面插入两个按钮，将按钮文本分别改为"进入测试"和"进入运行"，然后在两个按钮下方各插入一个标签，将"进入测试"按钮下方的标签改为"负责人"，将"进入运行"按钮下方的标签改为"操作员"，再在按钮的脚本程序里写入如图 13-10 和图 13-11 所示程序。

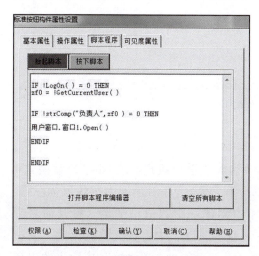

图 13-10　"进入测试"脚本程序

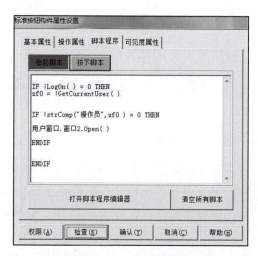

图 13-11　"进入运行"脚本程序

在"工具"下拉列表中选择"用户权限管理"，新建一个操作员、一个负责人，将负责人密码改为000，将操作员密码改为555。具体操作如图13-12和图13-13所示。

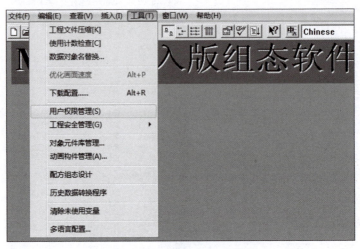

图13-12 用户管理权限

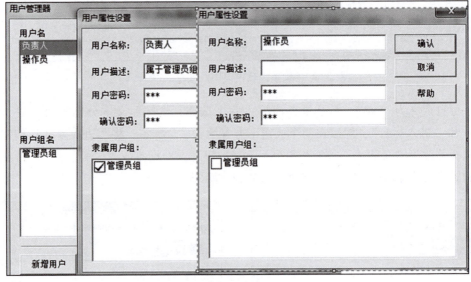

图13-13 设置用户密码

三、调试界面设计

双击打开窗口1，在窗口1的启动脚本中输入"手动模式=1"和"自动模式=0"。从工具箱中选择组合框控件（倒数第二行第二个），在触摸屏中按住鼠标左键，画出需要的组合框控件大小，在实时数据库中创建一个数值型变量，将其命名为"下拉框"。返回调试界面，双击组合框，在"基本属性"中将数据关联改成"下拉框"，ID号关联为空，构件类型选择"列表组合框"。在"选项设置"中输入"电梯门电机M1""升降电梯电机M2""伸缩支架电机M3""夹紧电机M4""转盘换位电机 M5"，如图 13-14 所示。从工具箱中选择"插入元件"命令，选择指示灯 6，在触摸屏中按住鼠标左键，画出 5 个指示灯，并对指示灯单元进行属性设置，如图 13-15 所示。最后插入 4 个标签和 2 个输入框，用于显示大、中、小、微车的轴距和 M3、M5 电机的速度。"手动调试检测模式"界面如图 13-16 所示。

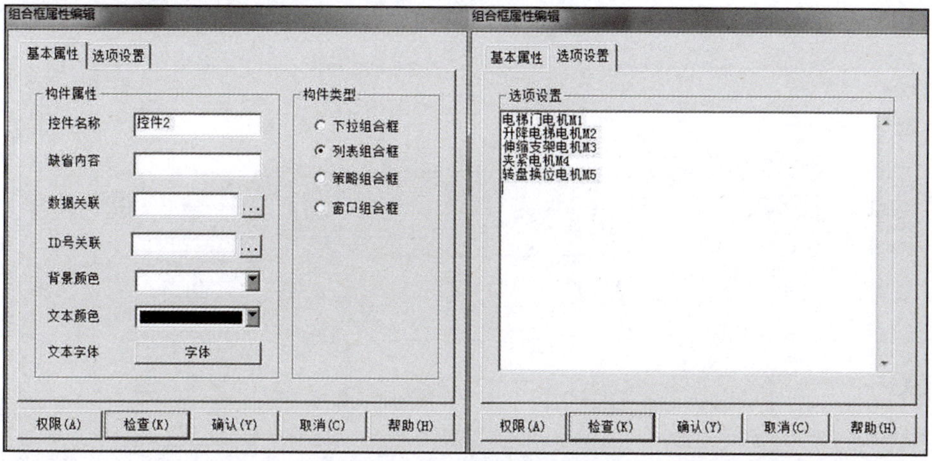

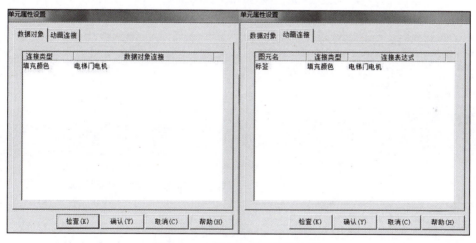

图 13-14 组合框属性设置

图 13-15 指示灯单元属性设置

13.4.2 PLC 程序设计

一、PLC 组网设计

（一）新建 Ethernet 子网

S7-300 PLC 硬件组态完成之后，双击硬件组态中的"PN-IO"，弹出 PN-IO 属性对话框。在属性对话框"常规"的接口处单击"属性"，弹出 Ethernet 接口属性对话框，输入 S7-300 PLC 的 IP 地址"192.168.2.1"，然后单击"新建"按钮，创建 Ethernet 网络，如图 13-17 所示。

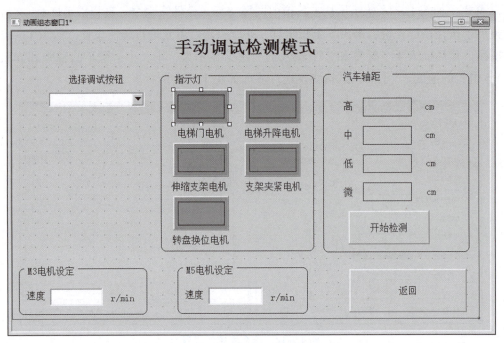

图 13-16 "手动调试检测模式"界面

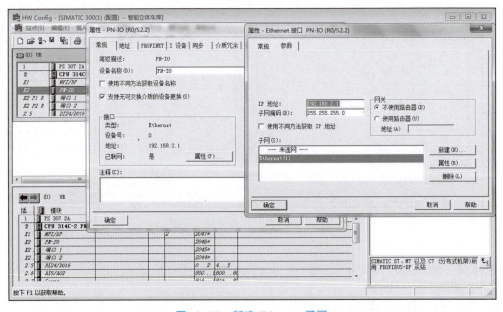

图 13-17 新建 Ethernet 子网

（二）S7-300 PLC 与 S7-200 SMART 的组网

完成新建 Ethernet 子网之后，退出硬件组态窗口，返回项目设计窗口。双击图 13-18 中的"连接"，弹出 NetPro 网络窗口，在 SIMATIC 300（1）的 CPU 处右击，单击图 13-19 中的"插入新连接"，弹出"插入新连接"对话框，连接伙伴选择"未指定"，连接类型选择"S7 连接"，如图 13-20 所示。

图 13-18　项目设计窗口

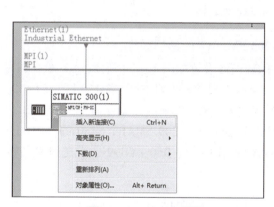

图 13-19　NetPro 网络

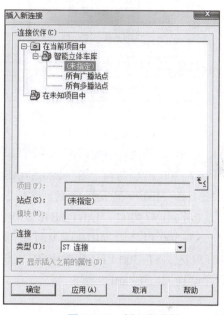

图 13-20　插入新连接

在图 13-20 中单击"确定"按钮，弹出 S7 连接属性对话框。在"块参数"中设置本地 ID 地址，SR40 设置为 1（W#16#1），ST30 设置为 2（W#16#2）。在伙伴的地址中设置 SR40 和 ST30 的 IP 地址为 192.168.2.2 和 192.168.2.3，如图 13-21 和图 13-22 所示。

块参数设置完成之后，S7-300 PLC 与两个 S7-200 SMART 组网完成，NetPro 网络窗口出现 Ethernet 网络连接，保存并编译，如图 13-23 所示。

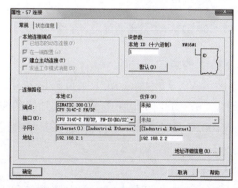

图 13-21　SR40 块参数本地 ID 及伙伴地址

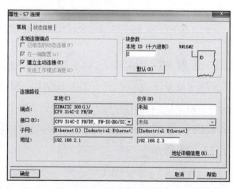

图 13-22　ST30 块参数本地 ID 及伙伴地址

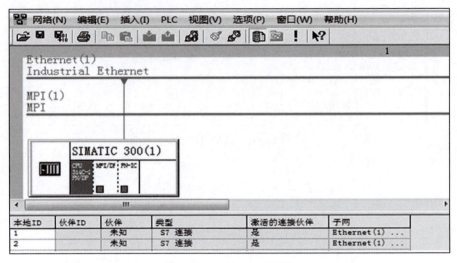

图 13-23　Ethernet 组网

（三）设置 S7-300 PLC 与两个 S7-200 SMART 的通信区

S7-300 PLC 与两个 S7-200 SMART 的通信区设置如图 13-24 所示。S7-300 PLC 由 MB100~MB179 区发送数据到 S7-200 SMART SR40 的 VB100~VB179 区，S7-300 PLC 接收由 S7-200 SMART SR40 的 VB0~VB49 区发送过来的数据存储到 MB0~MB49 区。S7-300 PLC 由 MB100~MB179 区发送数据到 S7-200 SMART ST30 的 VB100~VB179 区，S7-300 PLC 接收由 S7-200 SMART ST30 的 VB50~VB99 区发送过来的数据存储到 MB50~MB99 区。

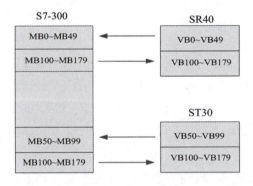

图 13-24　S7-300 PLC 与两个 S7-200 SMART 的通信区

1. 设置 S7-300 PLC 与 S7-200 SMART SR40 的通信区

S7-300 PLC 读取 S7-200 SMART SR40 存储区 V0.0 开始的 50 个字节的信号存放到 S7-300 PLC 存储区 M0.0 开始的 50 个字节中。S7-300 PLC 发送 M100.0 开始的 80 个字节的信号到 S7-200 SMART SR40 存储区 V100.0 开始的 80 个字节中。具体指令如图 13-25 所示。

2. 设置 S7-300 PLC 与 S7-200 SMART ST30 的通信区

S7-300 PLC 读取 S7-200 SMART ST30 存储区 V50.0 开始的 50 个字节的信号存放到 S7-300 PLC 存储区 M50.0 开始的 50 个字节中。S7-300 PLC 发送 M100.0 开始

的 80 个字节的信号到 S7-200 SMART ST30 存储区 V100.0 开始的 80 个字节中。具体指令如图 13-26 所示。

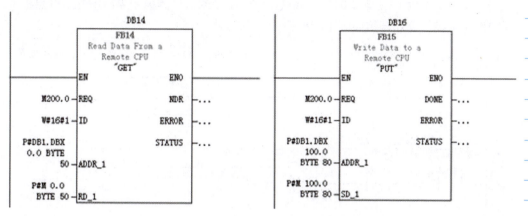

图 13-25　S7-300 PLC 与 S7-200 SMART SR40 的读取与写入指令

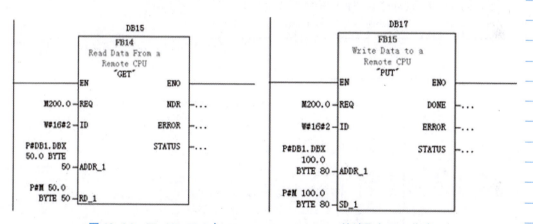

图 13-26　S7-300 PLC 与 S7-200 SMART ST30 的读取与写入指令

二、电梯门电机 M1 程序设计

根据控制要求，电梯门电机 M1 由 S7-200 SMART SR40 控制。SR40 主程序中，在触摸屏下拉框中选择升降电梯门 VW100＝0，且在触摸屏上调试界面信号 M110.1＝1，通过信号传输到 SR40，使得 V110.1＝1，调用升降电梯门电机 M1 子程序。升降电梯门调试时，VW100＝0。手动调试检测模式界面中升降电梯门指示灯 M0.0，以 1 Hz 频率闪烁。调试结束后，手动调试检测模式界面中升降电梯门指示灯 M0.0 常亮。程序调用如图 13-27 所示。

在升降电梯门电机子程序中，要求按下正转按钮 SB1 后，升降电梯门电机运行 5 s 后停止，按下反转按钮 SB2 后，电机运行 5 s 停止。M1 电机调试过程中，HL1 常亮。控制程序如图 13-28 所示。

三、升降电梯电机 M2 程序设计

根据控制要求，升降电梯电机 M2 正、反转信号及指示灯信号由 S7-200 SMART SR40 控制。SR40 主程序中，在触摸屏下拉框中选择升降电梯 VW100＝1，且在触摸

屏上调试界面信号 M110.1＝1，通过信号传输到 SR40，使得 V110.1＝1，调用升降电梯电机 M2 子程序。升降电梯调试时，VW100＝1，手动调试检测模式界面中升降电梯指示灯 M0.1 以 1 Hz 频率闪烁。调试结束，手动调试检测模式界面中升降电梯指示灯 M0.1 常亮。程序调用如图 13-29 所示。

1 在触摸屏下拉框中选择升降电梯门VW100=0，且在触摸屏上调试界面信号M110.1=1，通过信号传输到SR40，使得V110.1=1，调用升降电梯门电机M1子程序

```
  V110.1      VW100                                          升降电梯门电~
───┤ ├────────┤==I├──────────────────────────────────────┤EN
               0
```

2 当选择调试的信号VW100不等于0时，通过下降沿置位信号保持常亮

```
  V110.1      VW100                                 M20.0
───┤ ├────────┤==I├───────────┤N├──────────────────( S )
               0                                      1
```

3 升降电梯门调试时，VW100=0，手动调试检测模式界面中升降电梯门指示灯M0.0，以1Hz频率闪烁。
调试结束，手动调试检测模式界面中升降电梯门指示灯M0.0常亮。

```
  V110.1      VW100        Clock_1s:SM0.5      V0.0
───┤ ├────────┤==I├────────────┤ ├────────────( )
               0
  M20.0
───┤ ├──
```

图 13-27　电梯门电机 M1 子程序调用

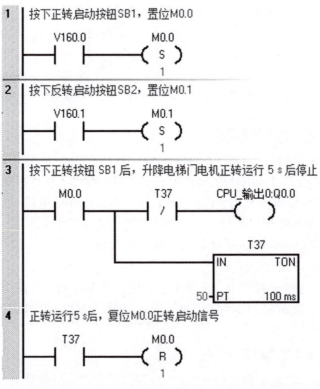

1 按下正转启动按钮SB1，置位M0.0

```
  V160.0            M0.0
───┤ ├─────────────( S )
                     1
```

2 按下反转启动按钮SB2，置位M0.1

```
  V160.1            M0.1
───┤ ├─────────────( S )
                     1
```

3 按下正转按钮 SB1 后，升降电梯门电机正转运行 5 s 后停止

```
  M0.0        T37          CPU_输出0:Q0.0
───┤ ├────────┤/├───────────( )

                                     T37
                              ┌──────────────┐
                              │IN         TON│
                           50─┤PT     100 ms │
                              └──────────────┘
```

4 正转运行5 s后，复位M0.0正转启动信号

```
  T37              M0.0
───┤ ├─────────────( R )
                     1
```

图 13-28　电梯门电机 M1 控制程序

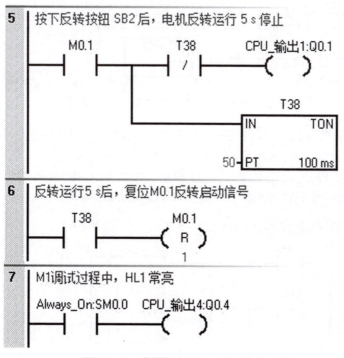

图 13-28　电梯门电机 M1 控制程序（续）

图 13-29　升降电梯电机 M2 正反转控制子程序调用

　　根据控制要求，升降电梯 M2 正、反转频率信号由 S7-200 SMART ST30 控制。ST30 主程序中，在触摸屏下拉框中选择升降电梯 VW100=1，且在触摸屏上调试界面信号 M110.1=1，通过信号传输到 ST30，使得 V110.1=1 时，调用升降电梯电机 M2 频率控制子程序。程序调用如 13-30 所示。

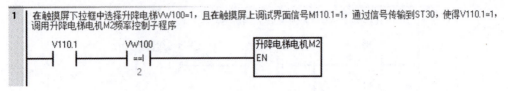

图 13-30　升降电梯电机 M2 频率控制子程序调用

在升降电梯电机 M2 正、反转控制子程序中，要求按下按钮 SB1 后，升降电梯电机 M2 正转，再次按下按钮 SB1 后，正转停止，5 s 后升降电梯电机 M2 反转，再次按下按钮 SB1，反转停止。M2 电机调试过程中，HL2 以 1 Hz 频率闪烁。S7 - 200 SMART SR40 中正、反转信号控制程序如图 13-31 所示。

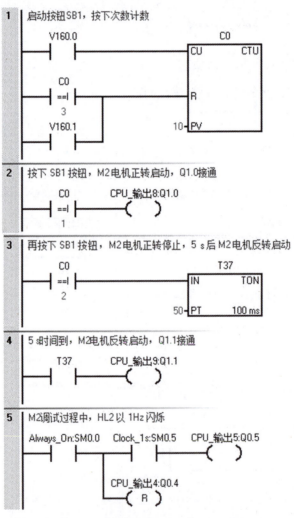

图 13-31　升降电梯电机 M2 正、反转控制程序

在升降电梯电机 M2 频率控制子程序中，要求电机 M2 以 5 Hz 正转启动，每隔 3 s，频率加 5 Hz 正转运行，依次为 10 Hz、15 Hz、20 Hz、…、50 Hz，再按下 SB1 按钮，M2 电机正转停止，5 s 后，M2 电机从 10 Hz 反转启动运行，每隔 2 s，频率加 6 Hz 反

转运行，依次为 16 Hz、22 Hz、…、40 Hz。S7-200 SMART ST30 中的频率控制程序如图 13-32 所示。

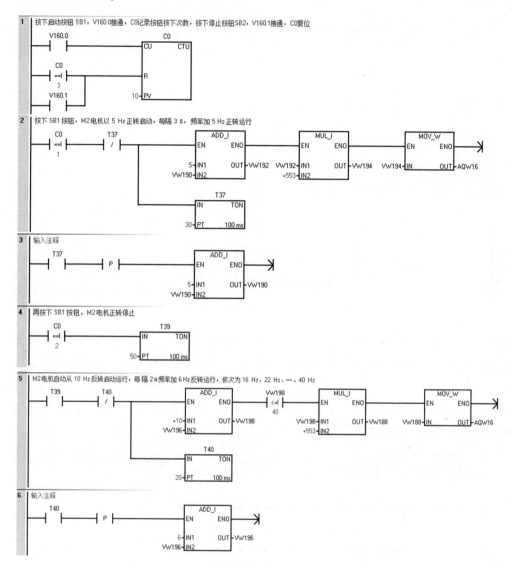

图 13-32　升降电梯电机 M2 频率控制程序

四、伸缩支架电机（伺服电机）M3 和支架夹紧电机 M4 程序设计

根据控制要求，汽车定位装置伸缩支架电机（伺服电机）M3 和支架夹紧电机 M4 联调，M3 电机控制由 S7-200 SMART ST30 控制。ST30 主程序中，在触摸屏下拉框中选择伸缩支架电机 VW100=2 或者夹紧电机 VW100=3，且在触摸屏上调试界面信号 M110.1=1，通过信号传输到 ST30，使得 V110.1=1，调用 M3 与 M4 子程序。程序调用及运动轴初始化如图 13-33所示。

根据控制要求，汽车定位装置伸缩支架电机（伺服电机）M3 指示灯和支架夹紧电机 M4 由 S7-200 SMART SR40 控制。SR40 主程序中，在触摸屏下拉框中选择伸缩支架电机VW100=2 或者夹紧电机 VW100=3，且在触摸屏上调试界面信号 M110.1=1，

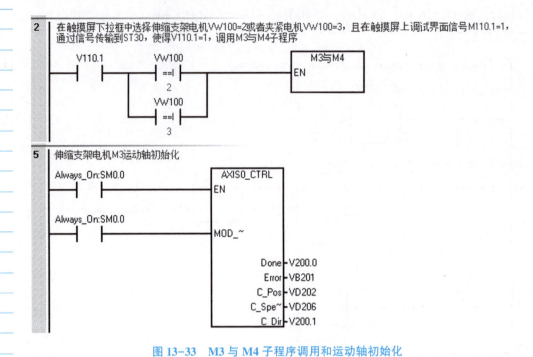

图 13-33　M3 与 M4 子程序调用和运动轴初始化

通过信号传输到 SR40，使得 V110.1=1，调用 M3 指示灯与 M4 子程序。伸缩支架电机调试或者夹紧电机调试时，VW100=2 或者 VW100=3，手动调试检测模式界面伸缩支架电机指示灯 M0.2 与夹紧电机指示灯 M0.3 以 1 Hz 频率闪烁，调试结束后，手动调试检测模式界面伸缩支架电机指示灯 M0.2 与夹紧电机指示灯 M0.3 常亮。M3 指示灯与 M4 子程序调用如图 13-34 所示。

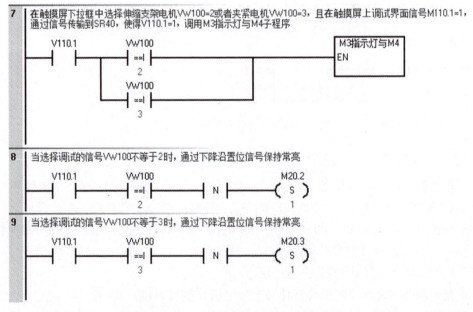

图 13-34　M3 指示灯与 M4 子程序调用

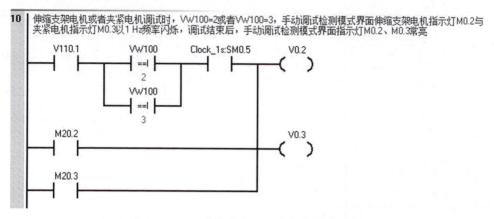

图 13-34　M3 指示灯与 M4 子程序调用（续）

　　在汽车定位装置伸缩支架电机（伺服电机）M3 与支架夹紧电机 M4 控制子程序中，伺服电机开始调试前，手动将伸缩支架移动至任意位置，在触摸屏中设定伺服电机的速度（速度范围应为 60~180 r/min），按下启动按钮 SB1，伸缩支架运行至 SQ10 处，触摸屏记录微型车轴距为 2.2 m，轴距由编码器给定；2 s 后，伸缩支架沿丝杠向左行驶到定位开关 SQ11 处停止，触摸屏记录小型轿车轴距（2.2~2.5 m）；2 s 后，伸缩支架继续沿丝杠向左行驶到定位开关 SQ12 处停止，触摸屏记录中级轿车轴距（2.5~2.8 m）；3 s 后，伸缩支架继续沿丝杠向左行驶到定位开关 SQ13 处停止，触摸屏记录高级轿车轴距（2.8 m 以上）；4 s 后，伸缩支架自动返回至 SQ10 处停止。整个过程中按下停止按钮 SB2，M3 停止，再次按下 SB1，伸缩支架从当前位置开始继续运行。S7-200 SMART ST30 中汽车定位装置伸缩支架电机 M3（伺服电机）控制程序如图 13-35 所示，M3 指示灯及支架夹紧电机 M4 控制程序如图 13-36 所示。

　　在子程序中，M3 电机调试过程中，伸缩支架运行时，HL2 常亮，停止时，HL2 以 2 Hz 闪烁。支架夹紧电机 M4 必须在 M3 电机停止情况下运行，M3 电机再次测量时，M4 电机自动停止。M4 电机运行中，HL1 以 1 Hz 闪烁。S7-200 SMART SR40 中 M3 指示灯与 M4 控制程序如图 13-37 所示。

五、转盘换位电机（步进电机）M5 程序设计

　　根据控制要求，转盘换位电机（步进电机）M5 由 S7-200 SMART ST30 控制。ST30 主程序中，在触摸屏下拉框中选择转盘换位电机 VW100=4，且在触摸屏上调试界面信号 M110.1=1，通过信号传输到 ST30，使得 V110.1=1，调用转盘换位（步进电机）M5 子程序。程序调用及运动轴初始化如图 13-38 所示。

　　在转盘换位电机（步进电机）M5 子程序中，首先在触摸屏中设定步进电机的速度（速度范围应为 60~180 r/min），按下启动按钮 SB1，步进电机 M5 正转，驱动转盘转动 36°自动停止（0 号车位为初始位置，转盘转动 36°，相当于将转盘从 0 号车位

转至 1 号车位），3 s 后正转 108°自动停止（相当于将转盘转至 4 号车位，依此类推），5 s 后反转 108°自动停止。转盘换位电机（步进电机）M5 控制程序如图 13-39 所示。

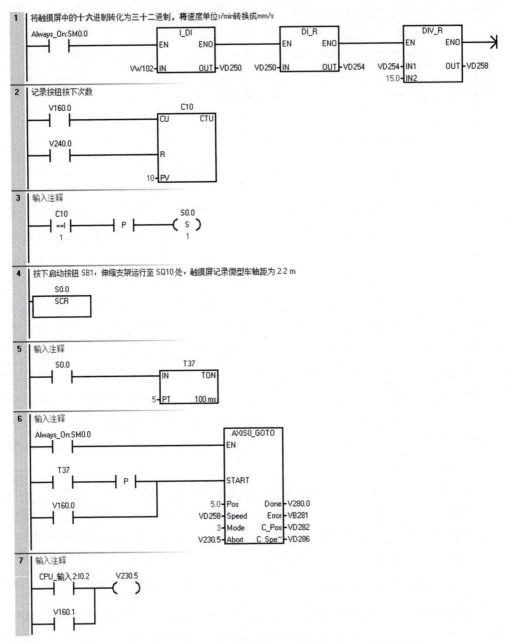

图 13-35　汽车定位装置伸缩支架电机（伺服电机）M3 控制程序

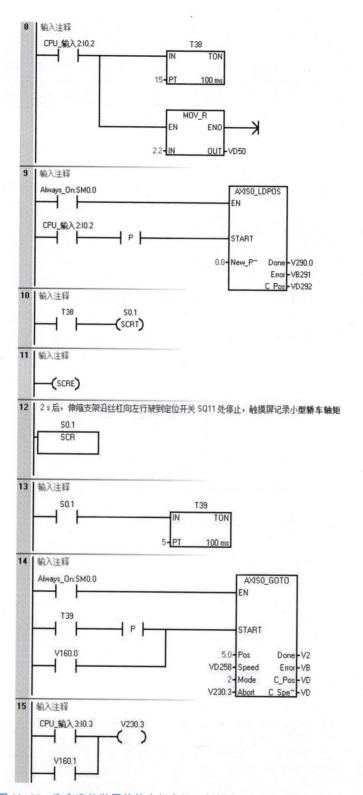

图13-35 汽车定位装置伸缩支架电机（伺服电机）M3 控制程序（续）

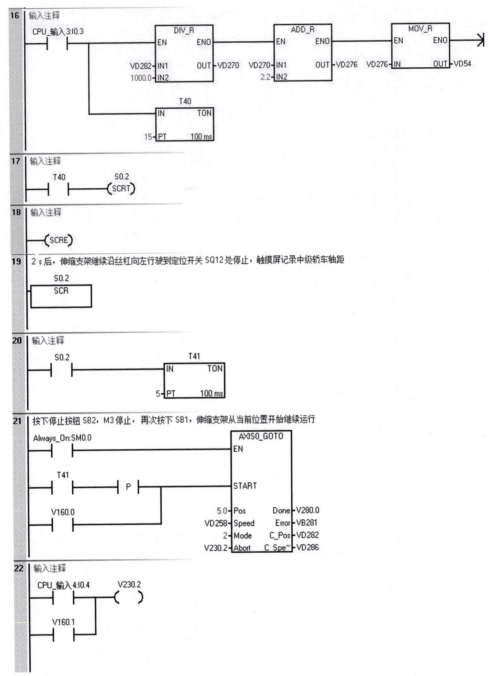

图 13-35　汽车定位装置伸缩支架电机（伺服电机）M3 控制程序（续）

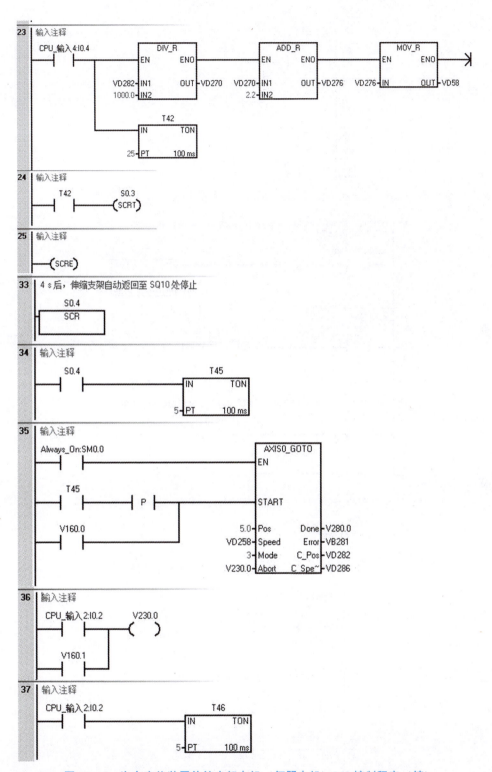

图 13-35　汽车定位装置伸缩支架电机（伺服电机）M3 控制程序（续）

38 | 输入注释

```
      T46
      ┤├────┤├────( S0.5 )
                   (SCRT)
                 ┌───────
                   ( V240.0 )
```

39 | 输入注释

```
      ────( SCRE )
```

图 13-35　汽车定位装置伸缩支架电机（伺服电机）M3 控制程序（续）

40 | M3 电机调试过程中，伸缩支架运行时，HL2 常亮，停止时，HL2 以 2 Hz 闪烁，频率 2 Hz，即周期 0.5 s

```
   Always_On:SM0.0      T34                    T33
      ┤├──────────────┤/├────────────┤ IN    TON │
                                    25┤ PT    10 ms │
```

41 | 输入注释

```
      T33                             T34
      ┤├────────────────────────┤ IN    TON │
                              25┤ PT    10 ms │
```

42 | V90.0 通过 300 PLC 的 M90.0 传送给 SR40 的 V170.0，控制伺服电机 HL2 指示灯

```
    VD206                              V90.0
   ┤<>R├──────────────────────────────( )
    0.0
    VD206          T34
   ┤==R├────────┤/├
    0.0
```

43 | V90.1 通过 300 PLC 的 M90.1 传送给 SR40 的 V170.1，控制夹紧电机 M4

```
    VD206          V90.1
   ┤==R├────────────( )
    0.0
```

图 13-36　ST30 中 M3 指示灯与 M4 控制程序

1 | V170.0 为 ST30 中 HL2 指示灯信号 V90.0

```
    V170.0         CPU_输出 5:Q0.5
   ┤├──────────────( )
```

2 | V170.1 为伺服电机停止信号，控制夹紧电机 M4 启动

```
    V170.1         CPU_输出 3:Q0.3
   ┤├──────────────( )
```

3 | M4 指示灯 HL1 以 1 Hz 频率闪烁

```
  CPU_输出 3:Q0.3   Clock_1s:SM0.5   CPU_输出 4:Q0.4
   ┤├──────────────┤├──────────────( )
```

图 13-37　SR40 中 M3 指示灯与 M4 控制程序

3　在触摸屏下拉框中选择转盘换位电机VW100=4，且在触摸屏上调试界面信号M110.1=1，通过信号传输到ST30，使得V110.1=1，调用转盘换位（步进电机）M5子程序

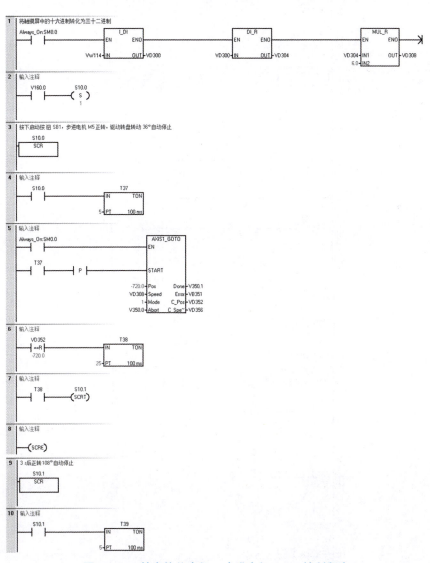

图 13-38　转盘换位（步进电机）M5 子程序调用及运动轴初始化

图 13-39　转盘换位电机（步进电机）M5 控制程序

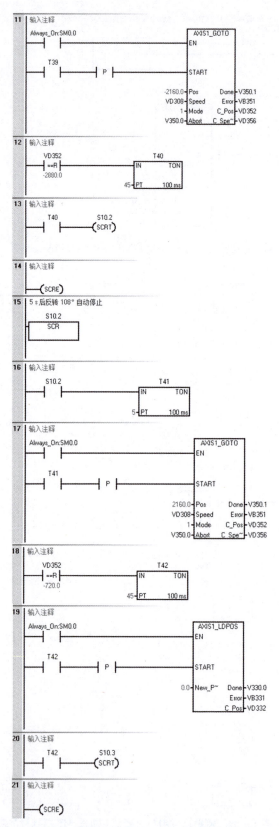

图 13-39　转盘换位电机（步进电机）M5 控制程序（续）

根据控制要求，转盘换位电机（步进电机）M5 调试过程中，HL2 以亮 2 s、灭 1 s 的周期闪烁。M5 指示灯由 S7-200 SMART SR40 控制。SR40 主程序中，在触摸屏下拉框中选择转盘换位电机 VW100＝4，且触摸屏调试界面信号 M110.1＝1，通过信号传输到 SR40，使得 V110.1＝1，调用转盘换位 M5 指示灯子程序。转盘换位电机调试时，VW100＝4，手动调试检测模式界面转盘换位电机指示灯 M0.4 以 1 Hz 频率闪烁调试结束，调试结束后，手动调试检测模式界面转盘换位电机指示灯 M0.4 常亮。转盘换位电机（步进电机）M5 指示灯程序调用如图 13-40 所示，控制程序如图 13-41 所示。

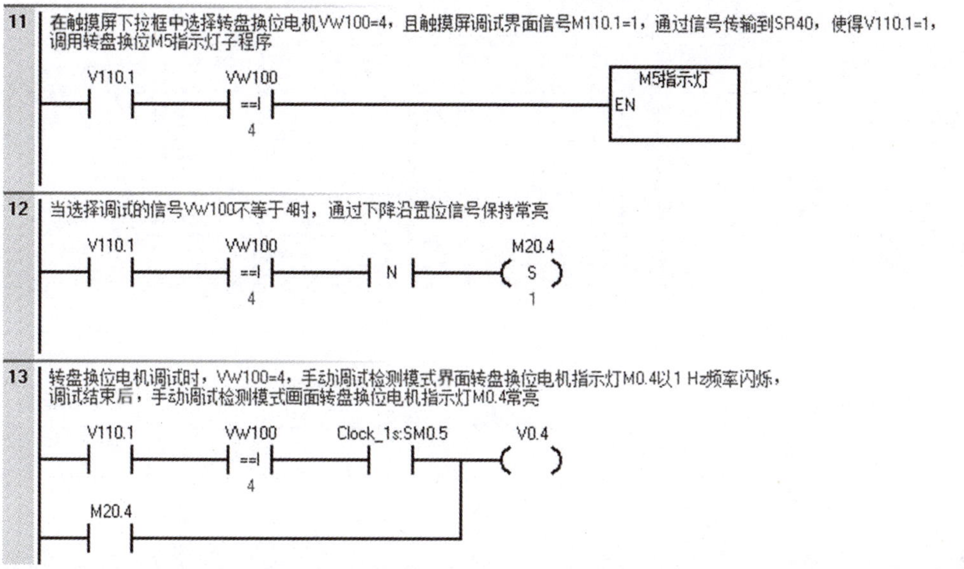

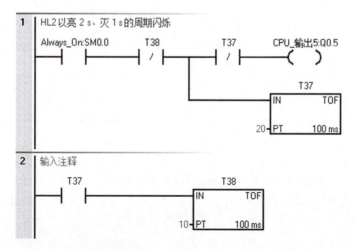

图 13-40　转盘换位电机（步进电机）M5 指示灯程序调用

图 13-41　转盘换位电机（步进电机）M5 指示灯控制程序

13.5 实践演练与评价反馈

13.5.1 实践演练

一、任务分工

填写小组任务分配表。

小组任务分配表

班级			组号		
组长			学号		
组员 1		学号	组员 2		学号
组员 3		学号	组员 4		学号
组员 5		学号	组员 6		学号
任务分工	姓名		负责工作		

二、知识准备

引导问题 1：本项目中，电梯升降电机 M2 为变频电机，根据 M2 电机控制要求，变频器参数如何进行设置？在程序设计中，如何实现间隔 3 s，电机频率加 5 Hz 正转或者减 10 Hz 反转？

_____

_____

_____

引导问题 2：本项目中，汽车定位装置由伺服电机拖动，在伺服电机轴上安装编码器测量汽车轴距，编码器是如何测量汽车轴距的？编码器测量值与伺服电机运行距离有什么关系？

_____

_____

_____

_____

引导问题 3：本项目中，转盘换位电机 M5 为步进电机，要旋转一周，需要 2 000 脉冲，步进电机安装在转速箱上，步进电机旋转 20 圈，转盘旋转 1 圈，如何确定转盘每转动 36°，步进电机旋转多少圈？

_____

_____

_____

_____

_____

_____

_____

_____

_____

三、工作实施

各小组根据项目控制要求，参考教材内容完成以下工作：

①列出 PLC 的 I/O 分配表。

序号	输入信号	PLC 地址	序号	输出信号	PLC 地址

②根据 PLC 的 I/O 分配表，绘制 PLC 的 I/O 接线图。

③根据项目控制要求设计系统控制程序。

_____

_____

_____

_____

_____

④下载程序并进行调试，确认是否满足系统控制要求，填写调试记录，并谈谈完成本项目的心得体会。

_____

_____

_____

_____

_____

_____

四、自主探究

根据所学内容进行项目拓展，各小组进行讨论，编写项目拓展任务书。

_____

_____

_____

_____

_____

13.5.2 评价反馈

评价反馈由个人与小组自评、小组互评以及教师评价组成，填写个人与小组自评表、小组互评表以及教师评价表。

个人与小组自评表

班级		组名		日期	年　月　日
评价指标	评价内容			配分	得分
知识准备	1. 是否已提前熟悉本项目的控制要求； 2. 本项目涉及前序课程所学专业知识是否复习。			10	
操作实践	是否根据控制要求完成以下工作： 1. 硬件接线已调试完成； 2. 监控画面已设计完成； 3. 系统控制程序已调试完成； 4. 系统联机调试已完成。			40	

续表

评价指标	评价内容	配分	得分
学习态度	1. 上课是否按时出勤； 2. 是否积极主动参与项目的安装与调试工作； 3. 同学之间是否相互理解、相互支持； 4. 与教师沟通是否顺畅。	10	
学习方法	1. 学习方法是否得当，有工作计划； 2. 技能实操是否符合操作规程； 3. 是否可以获得进一步提升的能力。	10	
工作过程	1. 每次课的工作任务完成情况； 2. 能否主动发现并提出有价值的问题； 3. 是否有解决问题的能力。	10	
自评反馈	1. 按时保质完成工作任务； 2. 掌握本项目相关专业知识； 3. 具有较强的分析问题、解决问题的能力； 4. 具有较强的团队协作能力； 5. 具有严谨的思维能力和表达能力。	20	
自评总分			
总结反馈			

小组互评表

班级		组名		日期	年　月　日
评价指标	评价内容			配分	得分
硬件组装与调试	1. 输入/输出信号分析； 2. 硬件选型； 3. I/O分配表及接线图绘制； 4. 硬件安装、接线与调试。			25	
监控画面设计	1. 合理进行监控画面设计； 2. 正确选择监控画面控件； 3. 正确设置控件属性。			25	

续表

评价指标	评价内容	配分	得分
控制程序设计与调试	1. 能正确设计程序； 2. 按控制要求进行调试。	40	
互评反馈	1. 按时保质完成工作任务； 2. 掌握本项目相关专业知识； 3. 具有较强的分析问题、解决问题的能力； 4. 具有较强的团队协作能力； 5. 具有严谨的思维能力和表达能力； 6. 是否完成本项目的心得体会。	10	
互评总分			
合理建议			

教师评价表

班级		组名		日期	年　月　日		
小组成员签名							
序号	评价指标	评价内容	评价标准		配分		得分
1	任务分工	1. 根据项目要求合理分工； 2. 小组成员之间协作情况。	1. 分工不合理，扣 2 分； 2. 团队成员之间出现不和谐现象，酌情扣 2~5 分。		5		
2	硬件组装与调试	1. 输入/输出信号分析； 2. 硬件选型； 3. I/O 分配表及接线图绘制； 4. 硬件安装、接线与调试。	1. I/O 信号遗漏或者错误，每处扣 2 分； 2. 硬件选型错误或者不合适，每个扣 2 分；接线图绘制错误或者不规范，每处扣 2 分； 3. 硬件安装不规范、接线不规范或者错误，每处扣 2 分		15		
3	监控画面设计	1. 合理进行监控画面设计； 2. 正确选择监控画面控件； 3. 正确设置控件属性。	1. 监控画面设计不合理，扣 5 分； 2. 画面控件选择错误，每处扣 5 分； 3. 控件属性设置错误，每处扣 5 分。		25		

序号	评价指标	评价内容	评价标准	配分	得分
4	控制程序设计与调试	1. 能正确设计程序； 2. 按控制要求进行调试。	1. 指令有错误，每处扣2分； 2. 电梯门电机 M1 控制要求全部未显示，扣 10 分；实现部分功能，根据完成情况酌情扣分； 3. 电梯升降电机 M2 控制要求全部未显示，扣 10 分；实现部分功能，根据完成情况酌情扣分； 4. 汽车定位电机 M3 控制要求全部未显示，扣 10 分；实现部分功能，根据完成情况酌情扣分； 5. 汽车夹紧电机 M4 控制要求全部未显示，扣 10 分；实现部分功能，根据完成情况酌情扣分； 6. 转盘换位电机 M5 控制要求全部未显示，扣 10 分；实现部分功能，根据完成情况酌情扣分。 注：根据控制要求进行打分，扣完为止。	45	
5	职业素养	1. 遵守教学场所规章制度； 2. 安全生产、文明操作意识。	1. 迟到、早退或不遵守教学场所规章制度，扣 5 分； 2. 设备首次上电前未进行请示，扣 2 分；带电操作者，视情况扣 5~10 分； 3. 出现重大事故或者人为损坏设备，扣 10 分； 4. 工具材料摆放不整齐，扣 2 分；踩踏导线，扣 2 分； 5. 项目完成后，未进行工位清理，扣 5 分。	10	

13.6　项目拓展

切换到自动运行模式后，触摸屏自动进入"汽车存取模式"界面，可参考图13-42进行设计。

界面要求：触摸屏界面应当有显示智能立体车库各流程工作状态、存取车过程和泊车位指示，实训装置中相关电机应该有动作；各泊车位有汽车进入时，对应位置应显示汽车类型"高""中""小"或"微"；触摸屏中有存车和取车指示，以及可存汽车数量显示。

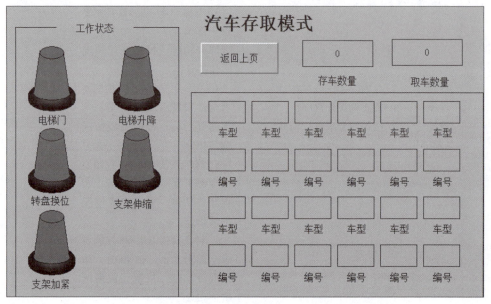

图13-42　"汽车存取模式"界面

立体车库工艺流程与控制要求：

1）系统初始化状态。

升降电梯在0层，电梯门关闭，各电机处于初始状态，泊车位无汽车，伸缩支架位于SQ10位置处。

2）运行操作。

①设定存入汽车顺序和位置规则，按照49"高"→1"高"→4"中"→7"小"→12"小"→15"中"→18"高"→23"高"→26"中"→29"小"→33"微"→46"微"的顺序和类型自动模拟存车过程。整个存车过程可分为检测和存车两部分。

检测动作流程如下：按下按钮SB1，打开升降电梯门，汽车开进，SQ1接通开始检测，SQ2接通停止检测。例如，第一辆汽车为高级汽车，则动作顺序为：按下按钮SB1，M1电机正转5 s，按下SQ1，M3电机带动伸缩支架由SQ10位置运行至SQ13位置，按下SQ2，M4电机（夹紧电机）运行5 s后停止，M1电机反转5 s，将电梯门关闭。至此，检测动作完成。

存车动作流程如下：首先升降电梯将汽车运送至相应楼层，然后转盘换向装置将汽车送至相应车位。已知升降电梯每升高一层，变频器电机 M2 以 30 Hz 的速度正转 8 s，反之，电梯每降低一层，变频器电机以 30 Hz 的速度反转 8 s。例如，若要将汽车存放至 23 号车位，则电梯需要升高两层，即 M2 电机正转 16 s，然后 M5 电机驱动转盘正转 108°，等待 5 s（期间完成汽车入库动作）后，转盘换向装置复位，升降电梯回到 0 层。至此，存车动作完成。

根据规则设计控制系统程序实现自动存车，并且在触摸屏相应位置显示存车类型和已存入汽车数量。所有存车过程完成后，自动转入取车程序。

②设定取出汽车顺序和位置规则，按照 1 "高" →18 "高" →23 "高" →49 "高" →4 "中" →15 "中" →26 "中" →29 "小" →7 "小" →12 "小" →33 "微" →46 "微" 的顺序和类型自动模拟取车过程。例如，在 1 号泊车位取走高级汽车之后，继续在 18 号泊车位取走高级汽车，依此类推。

取车动作流程如下：首先按下 SB1，升降电梯运行至相应楼层，然后转盘换向装置转至相应车位将汽车取出。例如，要将存放在 23 号车位的汽车取出，电梯首先升高两层，即 M2 电机正转 16 s，然后 M5 电机驱动转盘正转 108°，等待 5 s（期间完成汽车出库动作）后，转盘换向装置复位，升降电梯回到 0 层。之后 M1 电机正转 5 s，电梯门打开，等待 5 s 后（期间汽车被开走），电梯门关闭。至此，取车动作完成。

根据规则设计控制系统程序实现自动取车，并且在触摸屏相应位置显示取车类型和已取出汽车数量。所有取车过程完成后，系统自动停止。

③一次智能立体车库存取车过程完成时，报警指示灯 HL3 闪烁（周期为 0.5 s），系统可以循环运行，即按下按钮 SB3，系统重新开始一次存取车过程。

3）停止操作。

①系统自动运行过程中，按下停止按钮 SB2，系统完成当前汽车存取后停止运行。当停止后再次启动运行，系统保持上次运行的记录。

②系统发生急停事件按下急停按钮时（SA1 被切断），系统立即停止。急停恢复后（SA1 被接通），再次按下 SB1，系统自动从之前状态启动运行。

4）整个过程的动作要求连贯，执行动作要求顺序执行，运行过程不允许出现硬件冲突。

5）系统状态显示。

系统存车时，绿灯 HL4 长亮；取车时，绿灯 HL5 闪（周期为 1 s）；系统停止时，红灯 HL3 常亮。

当智能立体车库存取车循环运行时，若伸缩支架出现越程（左、右超程位置开关分别为两侧微动开关 SQ14、SQ15），则伺服系统自动锁住，并在触摸屏自动弹出报警信息 "报警界面，设备越程"。解除报警后，系统重新从之前的状态开始运行。

参 考 文 献

[1] 徐建俊. 电机与电气控制 [M]. 北京：清华大学出版社，2010.

[2] 范丛山. 常用电气设备控制电路制作与调试 [M]. 北京：化学工业出版社，2014.

[3] 向晓汉. S7 - 200 SMART PLC 完全精通教程 [M]. 北京：机械工业出版社，2013.

[4] 张娟，吕志香. 变频器应用与维护项目教程 [M]. 北京：化学工业出版社，2014.

[5] 汤晓华. 现代电气控制系统安装与调试 [M]. 北京：中国铁道出版社，2017.